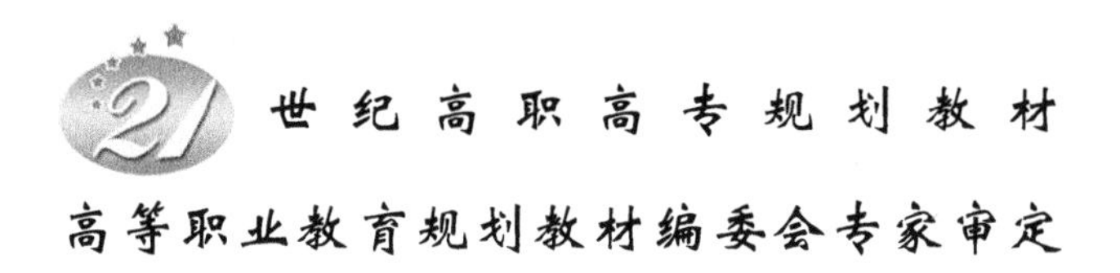

高等职业教育规划教材编委会专家审定

第四代移动通信网络原理与维护

主　编　梁德厚　张　洋　刘兆瑜
副主编　张　宇　马鹏阁　毛建景

北京邮电大学出版社
www.buptpress.com

内 容 简 介

本书秉承“专业务实、学以致用”的理念以及“工学结合”的思想，以第四代移动通信 LTE 技术原理及典型工作任务为依据，以培养第四代移动通信网络建设与运行维护的核心职业能力为目标，围绕 LTE 基本原理、LTE 关键技术、LTE 基站设备典型配置、LTE 基站维护、基站设备安装任务，由浅入深、循序渐进地进行阐述。书中配置了大量的图示说明，深入浅出，突出应用性、实践性，容易被学生接受。

本书可作为高职高专院校通信技术类专业的教材，也可作为相关专业师生和移动通信开发人员参考用书。

图书在版编目(CIP)数据

第四代移动通信网络原理与维护 / 梁德厚，张洋，刘兆瑜主编. -- 北京 ：北京邮电大学出版社，2016.10(2018.8 重印)

ISBN 978-7-5635-4933-7

Ⅰ. ①第… Ⅱ. ①梁…②张…③刘… Ⅲ. ①移动网—理论②移动网—计算机维护 Ⅳ. ①TN929.5

中国版本图书馆 CIP 数据核字(2016)第 217786 号

书　　名：第四代移动通信网络原理与维护
著作责任者：梁德厚　张　洋　刘兆瑜　主编
责 任 编 辑：徐振华　孙宏颖
出 版 发 行：北京邮电大学出版社
社　　址：北京市海淀区西土城路 10 号(邮编：100876)
发 行 部：电话：010-62282185　传真：010-62283578
E-mail：publish@bupt.edu.cn
经　　销：各地新华书店
印　　刷：北京九州迅驰传媒文化有限公司
开　　本：787 mm×1 092 mm　1/16
印　　张：14.25
字　　数：351 千字
版　　次：2016 年 10 月第 1 版　2018 年 8 月第 2 次印刷

ISBN 978-7-5635-4933-7　　　　定　价：30.00 元

·如有印装质量问题请与北京邮电大学出版社发行部联系·

前　言

第四代移动通信已成为当代通信领域内发展潜力最大、市场前景最广的热点技术。第四代移动通信与第三代移动通信相比，在技术和应用上有质的飞跃。4G适合所有的移动通信用户，最终实现商业无线网络、局域网、蓝牙、广播、电视卫星通信的无缝衔接与相互兼容。移动通信网络可以说已经深入社会生活的各个领域，融入了办公自动化、企业管理、金融、军事、科研、商业、教育、医疗卫生等各领域。随着我国通信产业的发展，社会需要大量具有第四代移动通信技术基本技能和综合职业能力的一线高级技术应用型人才。

第四代移动通信是技术性很强的专业领域，如何工学结合，使学生尽快适应工作岗位的需要，是高职高专院校教学改革的重点，作者基于这种背景，结合教学、科研和生产实践编写本教材。

全书共分为5章，主要内容包括LTE基本原理、LTE关键技术、LTE基站设备典型配置、LTE基站维护、基站设备安装任务等。

第1章　LTE基础知识。主要包含移动通信技术演进（第一代、第二代、第三代、第四代移动通信技术）、LTE技术特点、LTE技术演进、LTE标准体系与规范、LTE及其他制式之间的比较。

第2章　LTE关键技术简介。主要包含复用与多址技术、双工技术、HARQ技术、OFDM技术、多天线技术。

第3章　eNodeB产品描述及典型配置。主要包含eNodeB产品概述、eNodeB硬件结构、典型场景及配置、配套解决方案。

第4章　eNodeB维护与故障处理。主要包含eNodeB例行维护、日志管理、eNodeB告警管理。

第5章　eNodeB硬件安装项目实训。主要包含安装施工前准备、安装场景、BBU硬件安装、RRU硬件安装、检查与评价。

全书以理论与实际结合的方式编写，从基础理论、基本技能到操作任务，涵盖知识要点、关键技术解析、产品描述、任务操作步骤、练习与评价等内容，并配置了大量的图示说明，深入浅出，通俗易懂，便于帮助学生分析、理解并掌握第四代移动通信网络组建与运行维护方面的基本技能。

本书由北京信息职业技术学院梁德厚老师、张洋老师及郑州航空工业管理学院刘兆瑜老师担任主编，郑州航空工业管理学院张宇老师、马鹏阁老师及郑州工业应用技术学院毛建景老师担任副主编，在本书的编写过程中得到了北京政法职业学院信息技术系张博、高松、李益、雷静老师以及北京金戈大通通信技术有限公司的大力协助，特此鸣谢。

由于编者的水平有限，加之技术和相关学术领域的不断变化、更新，书中的错谬和不足之处在所难免，恳请读者批评指正。

目　　录

第 1 章　LTE 基础知识

学习目标

本章主要从对无线通信技术的介绍入手，针对 LTE 技术发展情况、新业务、技术特点、技术的演进、标准的演进、产业发展状况及体现规范进行了介绍，并对当前主流的 WiMAX、WiFi、3G 与 LTE 无线技术进行了比较。通过本章的学习，能够了解和掌握如下几个方面的知识：

- 移动通信技术的演进；
- LTE 技术特点及其标准体系和规范；
- LTE 产业的发展状况；
- LTE 与其他无线通信技术的比较；
- 无线电波传播与射频原理；
- 无线电频谱概况。

1.1　移动通信技术演进

移动通信技术系统历经 20 世纪 80 年代的第一代模拟系统到目前现网运行的第三代(3G)移动通信系统，以及正在建网运行的第四代(LTE)移动通信系统，不断发展和演进，每一代移动通信技术都有各自的技术特点，都有相应的技术规范和制式以便适应不断发展的技术和业务需求，如图 1-1 所示。

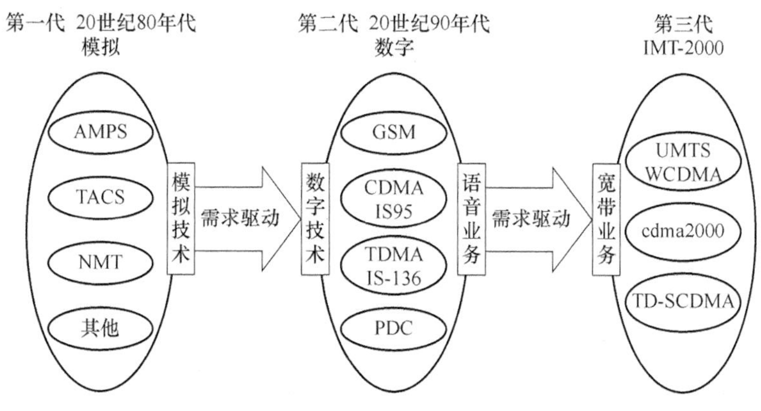

图 1-1　第一代到第三代移动通技术演进图

1.1.1 第一代移动通信技术

第一代移动通信技术(1G)是指最初的模拟、仅限语音的蜂窝电话标准,制定于20世纪80年代。Nordic移动电话(NMT)就是这样一种标准,应用于北欧国家、东欧以及俄罗斯。其他还包括美国的高级移动电话系统(AMPS)、英国的全接入通信系统(TACS)、日本的JTAGS(移动式信息处理系统)、西德的C-Netz、法国的Radiocom 2000和意大利的RTMI。模拟蜂窝服务在许多地方被逐步淘汰。

第一代移动通信主要采用的是模拟技术和频分多址(FDMA)技术。由于受到传输带宽的限制,不能进行移动通信的长途漫游,只能是一种区域性的移动通信系统。第一代移动通信有多种制式,我国主要采用的是TACS。第一代移动通信有很多不足之处,如容量有限、制式太多、互不兼容、保密性差、通话质量不高、不能提供数据业务和不能提供自动漫游等。

20世纪70年代末,美国AT&T公司通过使用电话技术和蜂窝无线电技术研制了第一套蜂窝移动电话系统,取名为先进的移动电话系统,即AMPS(Advanced Mobile Phone Service)系统。第一代无线网络技术的一大成就就在于它去掉了将电话连接到网络的用户线,用户第一次能够在移动的状态下拨打电话。这一代主要有3种窄带模拟系统标准,即北美蜂窝系统AMPS、北欧移动电话系统NMT和全接入通信系统TACS,我国采用的主要是TACS制式,即频段为890~915 MHz与935~960 MHz。第一代移动通信的各种蜂窝网系统有很多相似之处,但是也有很大差异,它们只能提供基本的语音会话业务,不能提供非语音业务,并且保密性差,容易并机盗打,它们之间还互不兼容,显然移动用户无法在各种系统之间实现漫游。

一个典型的模拟蜂窝电话系统是在美国使用的高级移动电话系统,系统采用7小区复用模式,并可在需要时采用扇区化和小区分裂来提高容量。与其他第一代蜂窝系统一样,AMPS在无线传输中采用了频率调制,在美国,从移动台到基站的传输使用824~849 MHz的频段,而基站到移动台使用869~894 MHz的频段。每个无线信道实际上由一对单工信道组成,它们彼此有45 MHz分隔。每个基站通常有一个控制信道发射器(用来在前向控制信道上进行广播)、一个控制信道接收器(用来在反向控制信道上监听蜂窝电话呼叫建立请求),以及8个或更多频分复用双工语音信道。

在一个典型的呼叫中,随着用户在业务区内移动,移动交换中心发出多个空白-突发指令,使该用户在不同基站的不同语音信道间进行切换。在高级移动电话系统中,当正在进行服务的基站的反向语音信道(RVC)上的信号强度低于一个预定的阀值,则由移动交换中心产生切换决定。预定的阀值由业务提供商在移动交换中心进行调制,它必须不断进行测量和改变,以适应用户的增长、系统扩容,以及业务流量模式的变化。移动交换中心在相邻的基站中利用扫描接收机,即所谓定位接收机来确定需要切换的特定用户的信号水平。这样,移动交换中心就能找出接受切换的最佳邻近基站,从而完成交换的工作。

1.1.2 第二代移动通信技术

为了解决由于采用不同模拟蜂窝系统造成互不兼容无法漫游服务的问题,1982年北欧四国向欧洲邮电行政大会CEPT(Conference Europe of Post and Telecommunications)提交了一份建议书,要求制定900 MHz频段的欧洲公共电信业务规范,建立全欧统一的蜂窝网移动通信系统。同年成立了欧洲移动通信特别小组(Group Special Mobile，GSM)。第二代移动通信数字无线标准主要有GSM、D-AMPS、PDC和IS-95CDMA等。

为了适应数据业务的发展需要，在第二代技术中还诞生了2.5G，也就是GSM系统的GPRS和CDMA系统的IS-95B技术，大大提高了数据传送能力。第二代移动通信系统在引入数字无线电技术以后，数字蜂窝移动通信系统提供了更好的网络，不仅改善了语音通话质量，提高了保密性，防止了并机盗打，而且也为移动用户提供了无缝的国际漫游。

GSM系统包括GSM900：900 MHz，GSM1800：1 800 MHz及GSM-1900：1 900 MHz等几个频段。

GSM系列主要有GSM900、DCS1800和PCS1900三部分，三者之间的主要区别是工作频段的差异。

目前我国主要的两大GSM系统为GSM900及GSM1800，由于采用了不同频率，因此适用的手机也不尽相同。不过目前大多数手机基本是双频手机，可以自由在这两个频段间切换。欧洲国家普遍采用的系统除GSM900和GSM1800外，还加入了GSM1900，手机为三频手机。在我国随着手机市场的进一步发展，现也已出现了三频手机，即可在GSM900、GSM1800、GSM1900 3种频段内自由切换的手机，真正做到了一部手机可以畅游全世界。

第二代移动通信技术基本可被分为两种，一种是基于TDMA所发展出来的，以GSM为代表，另一种则是采用复用（ Multiplexing ）形式的CDMA。

第二代手机通信技术规格标准主要有如下几种。

① GSM：基于TDMA所发展，源于欧洲，目前已全球化。

② IDEN：基于TDMA所发展，美国独有的系统，被美国电信系统商Nextell使用。

③ IS-136(也称作D-AMPS)：基于TDMA所发展，是美国最简单的TDMA系统，用于美洲。

④ IS-95(也称作CDMA One)：基于CDMA所发展，是美国最简单的CDMA系统，用于美洲和亚洲一些国家。

⑤ PDC （ Personal Digital Cellular ）：基于TDMA所发展，仅在日本普及。

与第一代模拟蜂窝移动通信相比，第二代移动通信技术系统采用了数字化，具有保密性强、频谱利用率高、能提供丰富的业务、标准化程度高等特点，使得移动通信得到了空前的发展，从过去的补充地位跃居通信的主导地位。

在我国，现有的移动通信网络主要以第二代移动通信系统的GSM和CDMA为主，网络运营商运营的主要是GSM系统，现在中国移动、中国联通使用的是GSM系统，中国电信使用的是CDMA系统。

1. GSM移动通信网结构

由如图1-2所示的系统结构图可以看出，GSM由MS(移动台)、BSS(基站子系统)、MSS(移动交换子系统，也叫网络子系统-NSS)和OSS(操作维护子系统)这四部分组成。

(1) 移动台

移动台是GSM系统的用户设备，包括车载台、便携台和手持机。

每个移动台都有自己的识别码，即国际移动设备识别号(IMEI)，IMEI主要由型号许可代码和厂家有关的产品号构成。

每个移动用户有自己的国际移动用户识别号(IMSI)，这个号码全球唯一，存储在用户的SIM卡上。

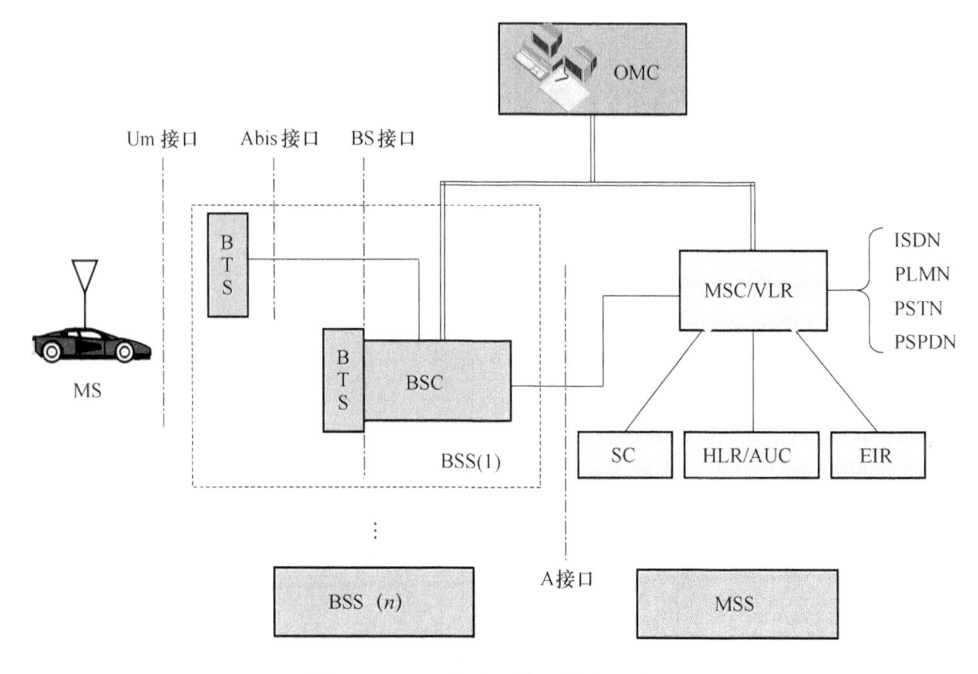

图 1-2　GSM 移动通信网结构示意图

(2) 基站子系统

功能：基站子系统在 GSM 网络的固定部分和无线部分之间提供中继，BSS 通过无线接口直接与移动台实现通信连接，同时 BSS 又连接到网络端的移动交换机。

(3) 基站收发信台

基站收发信台(BTS)完成无线与有线的转换，属于基站系统的无线部分，由 BSC 控制，服务于小区的无线收发信设备，完成 BSC 与无线信道之间的转换，实现 BTS 与 MS 之间通过空中接口的无线传输及相关的控制功能。

(4) 基站控制器

基站控制器(BSC)是 BSS 的控制部分，在 BSS 中起交换作用。BSC 一端可与多个 BTS 相连，另一端与 MSC 和操作维护中心(OMC)相连，BSC 面向无线网络，主要负责完成无线网络、无线资源管理及无线基站的监视管理，并能完成对基站子系统的操作维护功能。

BSS 中的 BSC 所控制的 BTS 的数量随业务量的大小而改变。

(5) 移动交换子系统

移动交换子系统主要包含有 GSM 系统的交换功能和用于用户数据与移动性管理、安全性管理所需要的数据库功能，它对 GSM 移动用户之间的通信和 GSM 移动用户与其他通信网用户之间的通信起着管理作用。

(6) 移动业务交换中心

移动业务交换中心(MSC)是网络的核心。它提供交换功能，把移动用户与固定网用户连接起来，或把移动用户互相连接起来。为此，它提供到固定网(即 PSTN、ISDN、PDN 等)的接口，及与其他 MSC 互连的接口。

MSC 从 3 种数据库——归属位置寄存器(HLR)、拜访位置寄存器(VLR)和鉴权中心(AUC)——中取得处理用户呼叫请求所需的全部数据。反之，MSC 根据其最新数据更新数据库。

(7) 归属位置寄存器

归属位置寄存器(HLR)是GSM系统的中央数据库,存储着该HLR控制的所有存在的移动用户的相关数据,一个HLR能够控制若干个移动交换区域或整个移动通信网,所有用户的重要的静态数据都存储在HLR中,包括移动用户识别号码、访问能力、用户类别和补充业务等数据。HLR还存储且为MSC提供移动台实际漫游所在的MSC区域的信息(动态数据),这样就使任何入局呼叫立即按选择的路径送往被叫用户。

(8) 拜访位置寄存器

拜访位置寄存器(VLR)存储进入其覆盖区的移动用户的全部有关信息,这使得MSC能够建立呼入/呼出呼叫,可以把它看作动态用户数据库。VLR从移动用户的归属位置寄存器处获取并存储必要的数据,一旦移动用户离开该VLR的控制区域,则重新在另一个VLR登记,原VLR将取消临时记录的该移动用户数据。

(9) 鉴权中心

鉴权中心(AUC)属于HLR的一个功能单元部分,专用于GSM系统的安全性管理。鉴权中心存储着鉴权信息与加密密钥,用来进行用户鉴权及对无线接口上的话音、数据、信令信号进行加密,防止无权用户接入和保证移动用户通信安全。

(10) 设备识别寄存器

设备识别寄存器(EIR)存储着移动设备的国际移动设备识别号(IMEI),通过核查白色清单、黑色清单、灰色清单这3种表格,分别列出准许使用、出现故障需监视、失窃不准使用的移动设备识别号。运营部门可据此确定被盗移动台的位置并将其阻断,对故障移动台能采取及时的防范措施。

(11) 短消息中心

短消息中心(SC)提供在GSM网络中移动用户和固定用户或移动用户和移动用户之间发送信息长度较短的信息。

(12) 操作维护子系统

OSS是维护人员和系统设备之间的中介,它实现了系统的集中操作和维护,完成包括移动用户管理、移动设备管理及网络操作维护等功能。

用于操作维护的设备成为操作维护中心(OMC),它又分为OMC-S和OMC-R两部分,其中OMC-S用于MSC、HLR和VLR的维护和管理,OMC-R用于整个BSS系统的操作与维护。

2. CDMA系统组成结构

CDMA蜂窝通信系统的网络结构与GSM系统相类似,主要由网络子系统、基站子系统、操作管理中心、移动台子系统等组成,如图1-3所示。

(1) 网络子系统

网络子系统位于市话网与基站控制器之间,它主要由移动交换中心(MSC)或称为移动电话交换局(MTSO)、本地用户位置寄存器(HLR)、访问用户位置寄存器(VLR)、操作管理中心(OMC)、鉴权中心(AC)等设备组成。

(2) 基站子系统

基站子系统(BSS)包括基站控制器(BSC)和基站收发设备(BTS)。每个基站的有效覆盖范围即为无线小区,简称小区。小区可分为全向小区(采用全向天线)和扇形小区(采用定向天线),常用的小区分为3个扇形区,分别用α、β和γ表示。

一个基站控制器可以控制多个基站，每个基站含有多部收发信机。

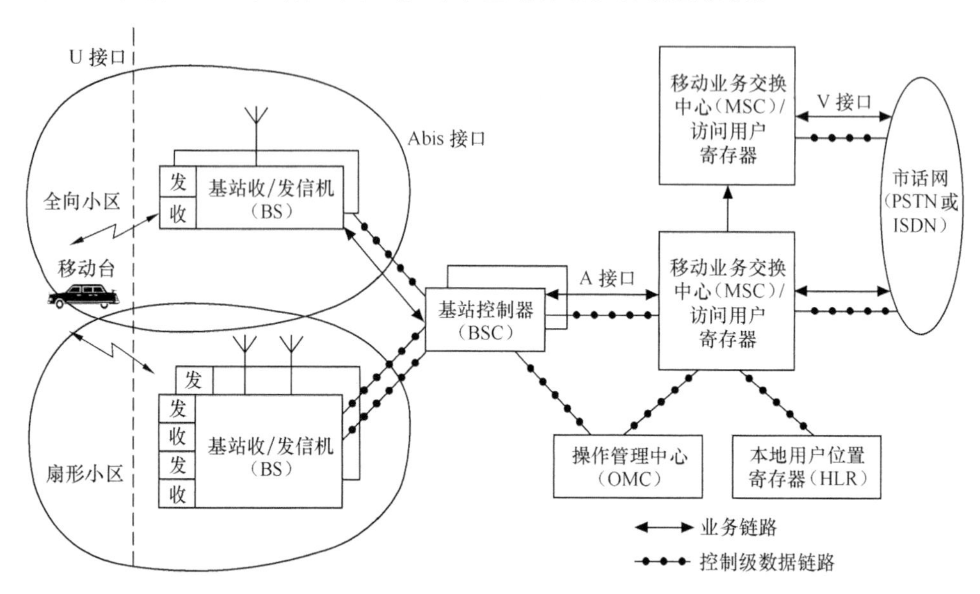

图 1-3　CDMA 系统结构示意图

1.1.3　第三代移动通信技术

第三代移动通信系统(IMT-2000)是在第二代移动通信技术的基础上进一步演进的以宽带 CDMA 技术为主，并能同时提供话音和数据业务的移动通信系统。是一代有能力彻底解决第一、二代移动通信系统主要弊端的最先进的移动通信系统。第三代移动通信系统一个突出的特色就是，要在未来移动通信系统中实现个人终端用户能够在全球范围内的任何时间、任何地点，与任何人，用任意方式、高质量地完成任何信息之间的移动通信与传输。

1. 第三代移动通信系统的特点

第三代移动通信的基本特征：

① 具有全球性的系统设计，具有高度的兼容性，能与固定网络业务及用户互连；

② 具有与固定通信网络相比拟的高话音质量和高安全性；

③ 具有在本地采用 2 Mbit/s 高速率接入和在广域网采用 384 kbit/s 接入速率的数据率分段使用功能；

④ 具有在 2 GHz 左右的高效频谱利用率，且能最大限度地利用有限带宽；

⑤ 移动终端可连接地面网和卫星网，可移动使用和固定使用，可与卫星业务共存和互连；

⑥ 能够处理包括国际互联网和视频会议、高数据率通信和非对称数据传输的分组和电路交换业务；

⑦ 支持分层小区结构，也支持包括用户向不同地点通信时浏览国际互联网的多种同步连接；

⑧ 语音只占移动通信业务的一部分，大部分业务是非话数据和视频信息；

⑨ 一个共用的基础设施，可支持同一地方的多个公共的和专用的运营公司；

⑩ 手机体积小、重量轻，具有真正的全球漫游能力；

⑪ 具有以数据量、服务质量和使用时间为收费参数，而不是以距离为收费参数的新收费

机制。

2. 第三代移动通信网络结构

根据 IMT-2000 系统的基本标准，第三代移动通信系统（如图 1-4 所示）主要由 4 个功能子系统构成，它们是核心网（CN）、无线接入网（RAN）、移动台（MT）和用户识别模块（UIM），且基本对应于 GSM 系统的交换子系统、基站子系统、移动台和 SIM 卡四部分。

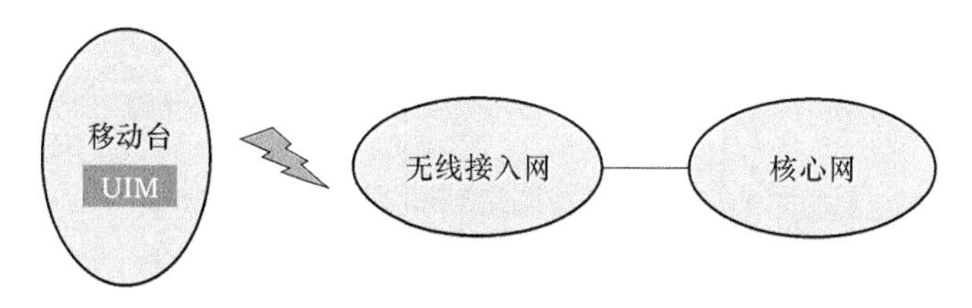

图 1-4 第三代移动通信系统构成示意图

通过融合，目前形成 3 种主流的第三代移动通信技术标准（如图 1-5 所示）：WCDMA、cdma2000、TD-SCDMA，其中：

- 3GPP 发展 WCDMA、CDMA TDD 和 EDGE；
- 3GPP2 发展 cdma2000 的技术规范。

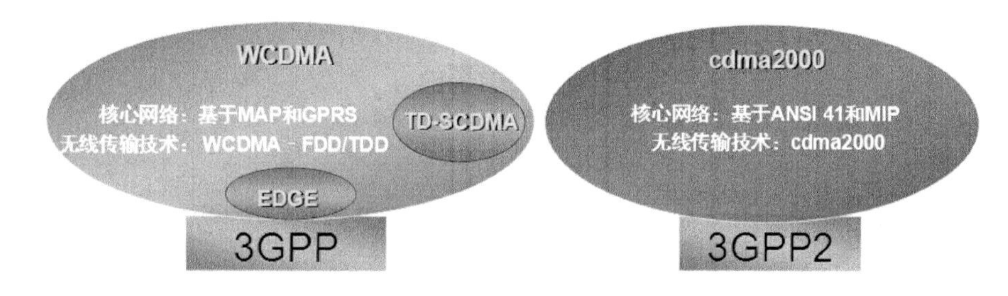

图 1-5 第三代移动通信技术标准体系

第三代移动通信的三大技术制式中 TD-SCDMA 和 WCDMA 的网络结构类似，它们的核心网都是基于 MAP 和 GPRS 的，无线传输技术支持 WCDMA FDD 和 TDD；而 cdma2000 的核心网是基于 ANSI 41 和 MIP 的，其无线传输技术采用 cdma2000 的无线技术。典型的网络结构如图 1-6 和图 1-7 所示。

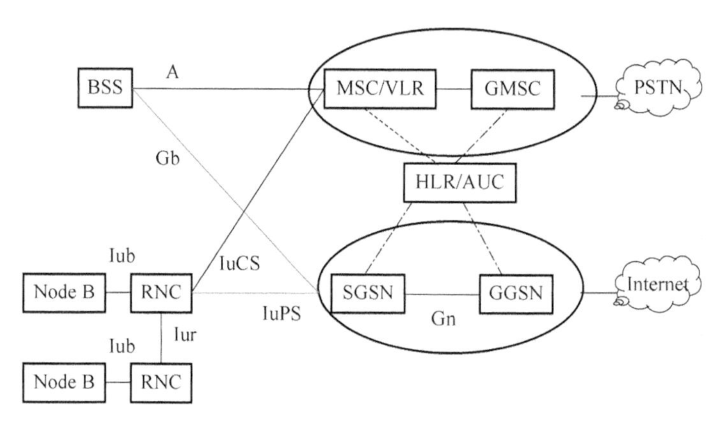

图 1-6 R99 网络示意图

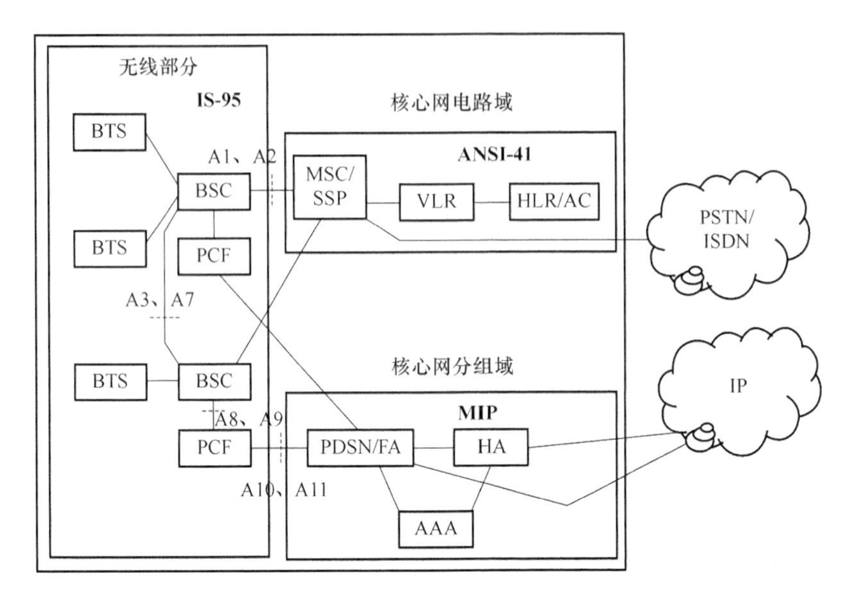

图 1-7 cdma2000 系统构成示意图

1.1.4 第四代移动通信技术

4G(第四代移动通信技术)的概念可称为宽带接入和分布网络,具有非对称的超过 2 Mbit/s的数据传输能力。它包括宽带无线固定接入、宽带无线局域网、移动宽带系统和交互式广播网络。第四代移动通信标准比第三代移动通信标准具有更多的功能。第四代移动通信可以在不同的固定、无线平台和跨越不同频带的网络中提供无线服务,可以在任何地方用宽带接入互联网(包括卫星通信和平流层通信),能够提供定位定时、数据采集、远程控制等综合功能。此外,第四代移动通信系统是集成多功能的宽带移动通信系统,是宽带接入 IP 系统。

1. 第四代移动通信技术演进

第四代移动通信系统是从 3G 技术系统演进过来的,由于在第三代移动通信技术系统中存在几大技术体系,因而其向 4G 演进时也需要兼容和融合相关技术制式,大致的演进路线是 cdma2000、WCDMA 和 TD-SCDMA、WiMAX 各自沿 3 条路线进行演进,并在后 4G 时代逐步融合在一起,如图 1-8 所示。

2. 第四代移动通信技术特点

与第三代移动通信系统相比,第四代移动通信系统是集成多功能的宽带移动通信系统,其主要特点如下所示。

(1) 通信速度更快

第四代移动通信具有更快的无线通信速度,从移动通信系统数据传输速率作比较:第一代模拟式仅提供语音服务;第二代数字式移动通信系统传输速率也只有 9.6 kbit/s,最高可达到 32 kbit/s;而第三代移动通信系统数据传输速率可达到 2 Mbit/s;第四代移动通信系统传输速率可达到 100 Mbit/s,甚至更高。

(2) 网络频谱更宽

要想使 4G 通信达到 100 Mbit/s 的传输,通信运营商必须在 3G 通信网络的基础上,进行大幅度的改造和研究,以便使 4G 网络在通信带宽上比 3G 网络的蜂窝系统的带宽高出更多,每个 4G 信道将占有 100 MHz 的频谱，相当于 W-CDMA(3G)网路的 20 倍。

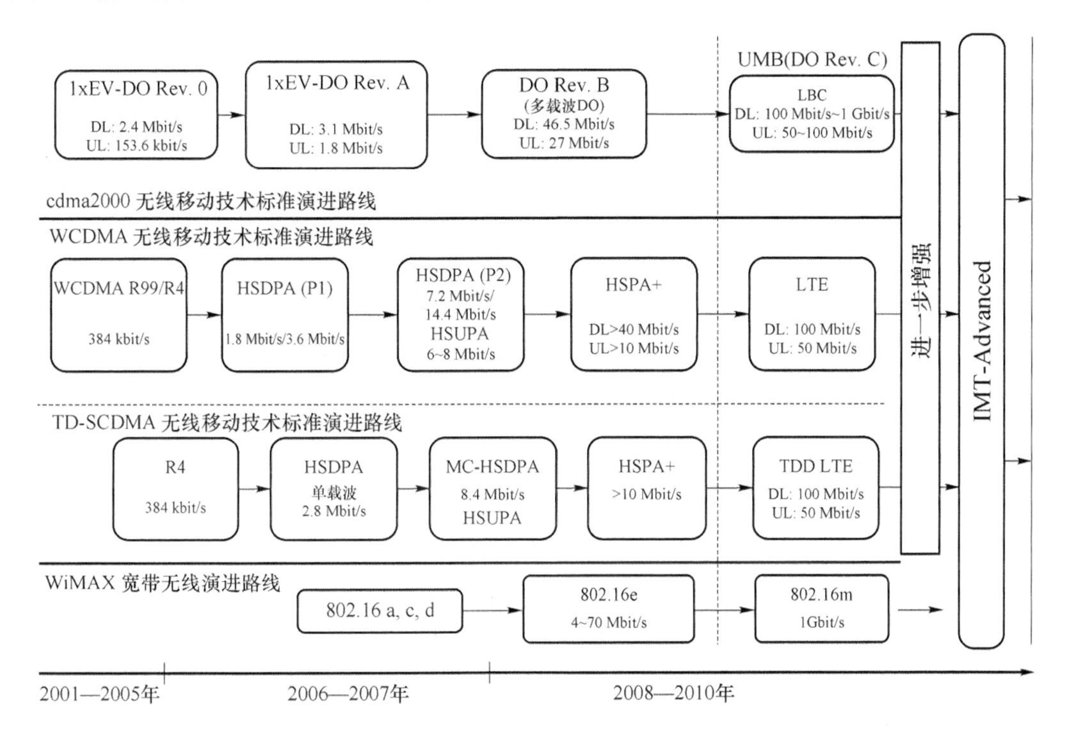

图 1-8　4G 技术演进示意图

(3) 通信更加灵活

4G 手机终端不仅具备通信功能，也可双向下载传递资料、图画、影像及网上联线游戏。

(4) 智能性能更高

第四代移动通信的智能性更高，不仅表现在 4G 通信的终端设备的设计和操作具有智能化，更重要的是 4G 手机可以实现许多难以想象的功能，如提醒功能、电视功能、网络购物、网络银行等。

(5) 兼容性能更平滑

第四代移动通信系统具备全球漫游，接口开放，能跟多种网络互联，终端多样化以及能从第二代平稳过渡等特点。

(6) 提供各种增值服务

4G 通信并不是从 3G 通信的基础上经过简单的升级而演变过来的，它以 CDMA 、OFDM、FDMA 为核心技术，可以实现如无线区域环路(WLL)、数字音讯广播(DAB)等方面的无线通信增值服务。

(7) 实现更高质量的多媒体通信

尽管第三代移动通信系统也能实现各种多媒体通信，但 4G 通信能满足第三代移动通信尚不能达到的在覆盖范围、通信质量、造价上支持的高速数据和高分辨率多媒体服务的需要。

(8) 频率使用效率更高

相比第三代移动通信技术而言，第四代移动通信运用路由技术为主的网络架构，提高了频率使用效率。

(9) 通信费用更加便宜

4G通信不仅解决了与3G通信的兼容性问题,让更多的现有通信用户能轻易地升级到4G通信,而且4G通信引入了许多尖端的通信技术,这些技术保证了4G通信能提供一种灵活性非常高的系统操作方式,4G通信部署起来就容易迅速得多;同时在建设4G通信网络系统时,通信营运商们将考虑直接在3G通信网络的基础设施之上,采用逐步引入的方法,这样就能够有效地降低运行者和用户的费用。

1.2 LTE技术特点

1.2.1 LTE设计目标

LTE的重要性能目标设计主要包括如下几点。

(1) 高峰值速率

LTE改进并增强了3G的空中接入技术,采用OFDM和MIMO作为其无线网络演进的唯一标准。20 MHz频谱带宽能够提供下行100 Mbit/s、上行50 Mbit/s的峰值速率。为了实现系统下行100 Mbit/s峰值速率的目标,在3G原有的QPSK、16QAM基础上,LTE系统增加了64QAM高阶调制。LTE上行主要问题是控制峰均比,降低终端成本及功耗,目前主要考虑采用位移BPSK和频域滤波两种方案进一步降低上行SC-FDMA的峰均比。

(2) 高频谱效率

LTE在频谱利用上可以充分利用非对称的零散频谱,频谱效率是3G的2~5倍。

(3) 高移动性

LTE无线网络的目标是提供无缝移动性,同时确保网络管理简单易行,能够为350 km/h高速移动用户提供大于100 kbit/s的接入服务(某些频段甚至支持500 km/h)。

(4) 低延时

LTE显著降低了用户平面和控制平面的时延,用户平面内部单向传输时延低于5 ms,控制平面从睡眠状态到激活状态迁移时间低于50 ms,从驻留状态到激活状态的迁移时间小于100 ms。

(5) 低成本

LTE不需要成对的频率,能使用各种频率资源,适用于不对称的上下行数据传输速率,特别适用于IP型的数据业务。上下行工作于同一频率,电波传播的对称特性使之便于使用智能天线等新技术,达到提高性能、降低成本的目的。

(6) 扁平化构架

LTE网络由通用地面无线接入网基站(E-UTRAN基站即eNB)和接入网关(AGW)组成,相比WCDMA(HSDPA)网络采用了更为扁平化的网络架构。这一方面减少了设备的数量,同时也大大降低了业务时延。LTE的总体系统结构如图1-9所示。

LTE网络架构涉及的功能包括:无线资源管理(RRM),UE与网络的QoS协议,位置管理,寻呼、空闲和激活状态移动性管理,不同接入技术间的移动性,安全和加密,报头压缩,上层自动请求重发(OuterARQ),IP 地址分配,漫游,多媒体广播与组播(MBMS)等。

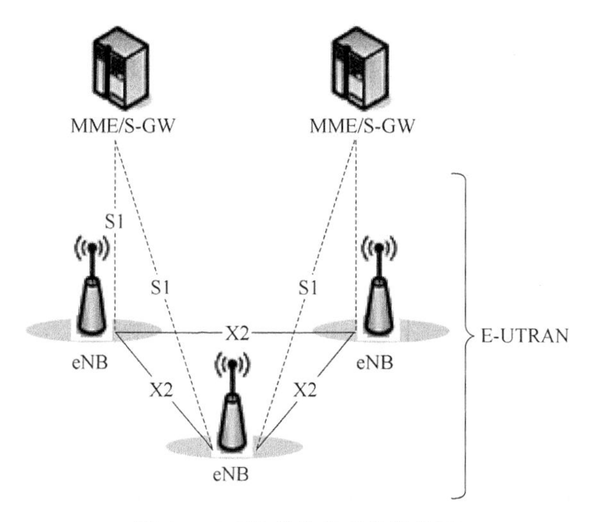

图 1-9　LTE 的总体系统结构图

1.2.2　LTE 网络架构

LTE 网络是一个简化的体系架构,其业务平面与控制平面完全分离,核心网趋同,交换功能路由化。核心网的网元数目减少,协议层次得到优化,整个网络变得扁平化,如图 1-10 所示。

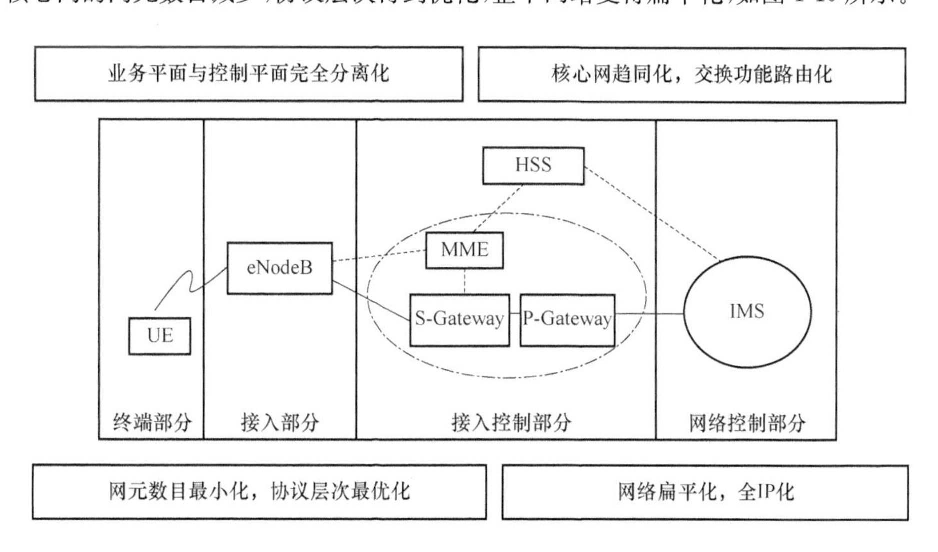

图 1-10　简化的 LTE 网络整体架构

LTE 定义的是一个纯分组交换网络,为 UE 与分组数据网之间提供无缝的移动 IP 连接。一个 EPS 承载式分组数据网关与 UE 之间满足一定 QoS 要求的 IP 流。所有网元都通过标准接口连接,满足多供应商产品间的互操作性。

LTE 的网络结构主要包含 E-UTRAN 和 EPC 两部分,E-UTRAN 由 eNB 构成,是 LTE 的接入网。EPC(Evolved Packet Core)是 LTE 的核心网,由 MME(Mobility Management Entity)、S-GW(Serving Gateway)及 P-GW(PDN Gateway)构成,网络架构如图 1-11 所示。

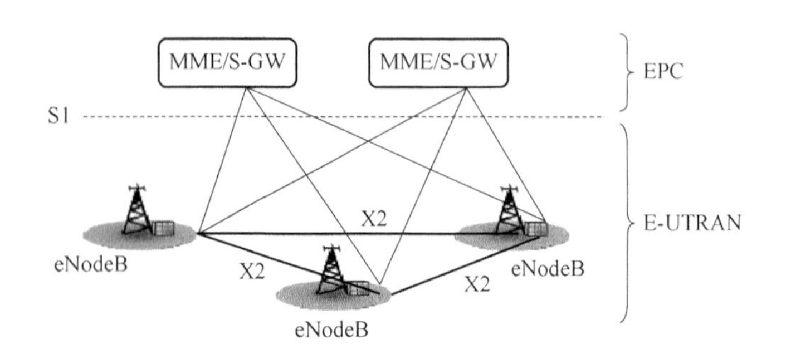

图 1-11 LTE 网络结构图

(1) eNodeB 功能

① 无线资源管理包括无线承载控制、无线接入控制、连接移动性控制、UE 的上下行动态资源分配。

② IP 头压缩和用户数据流加密。

③ UE 附着时的 MME 选择。

④ 用户面数据向 S-GW 的路由。

⑤ 寻呼消息调度和发送。

⑥ 广播信息的调度和发送。

⑦ 移动性测量和测量报告的配置。

(2) MME 功能

① 分发寻呼信息给 eNB。

② 接入层安全控制。

③ 移动性管理涉及核心网节点间的信令控制。

④ 空闲状态的移动性管理 SAE 承载控制。

⑤ 非接入层(NSA)信令的加密及完整性保护。

⑥ 跟踪区列表管理。

⑦ 选择 P-GW 与 S-GW。

⑧ 向 2G/3G 切换时的 SGSN 选择。

⑨ 漫游。

⑩ 鉴权。

(3) Serving Gateway 功能

① 终止由于寻呼原因长生的用户平面数据包。

② 支持由于 UE 移动性产生的用户面切换。

③ 合法监听。

④ 分组数据的路由与转发。

⑤ 传输层分组数据的标记。

⑥ 运营商间计费的数据统计。

⑦ 用户计费。

(4) PDN Gateway 功能

① 基于用户的包过滤。

② 合法监听。

③ IP 地址分配。

④ 上下行传输层数据包标识。

⑤ DHCPv4 和 DHCPv6(client,relay,server)。

1.2.3 LTE 系统性能

相对于现有 3G 技术,LTE 通信系统具备以下的特点。

(1) 具有更高的传输速率和传输质量

LTE 系统能够承载大量的多媒体信息,具备 50～100 Mbit/s 的最大传输速率、非对称的上下行链路速率、地区的连续覆盖、QoS 机制、很低的比特开销等功能。

(2) 灵活多样的业务功能

LTE 网络能使各类媒体、通信主机及网络之间进行"无缝"连接,使得用户能够自由地在各种网络环境间无缝漫游,并察觉不到业务质量上的变化;系统具备媒体转换、网间移动管理及鉴权、Adhoc 网络(自组网)、代理等功能。

(3) 开放的平台

LTE 系统在移动终端、业务节点及移动网络机制上具有"开放性",使得用户能够自由地选择协议、应用和网络。

(4) 高度智能化的网络

LTE 移动通信网是一个高度自治、自适应的网络,具有很好的重构性、可变性、自组织性等,以便满足不同用户在不同环境下的通信需求。

(5) 智能化多模式终端

基于公共平台,通过各种接入技术,在各种网络平台之间实现无缝连接和协作。在 4G 移动通信中,各种专门的接入系统都基于一个公共平台,相互协作,以最优化的方式工作,来满足不同用户的通信需求。

当多模式终端接入系统时,网络会自适应分配频带、给出最优化路由,以达到最佳通信效果。目前,4G 移动通信的主要接入技术有无线蜂窝移动通信系统、无绳系统、短距离连接系统(如蓝牙)、WLAN 系统、固定无线接入系统、卫星系统、平流层通信(STS)、广播电视接入系统等。

(6) 接入技术分层

LTE 根据不同类型的接入技术针对不同业务进行设计,根据接入技术的适用领域、移动小区半径和工作环境,对接入技术进行分层。

① 分配层:主要由平流层通信、卫星通信和广播电视通信组成,服务范围覆盖面积大。

② 蜂窝层:主要由 2G、3G 通信系统组成,服务范围覆盖面积较大。

③ 热点小区层:主要由 WLAN 网络组成,服务范围集中在校园、社区、会议中心等,移动通信能力很有限。

④ 个人网络层:主要应用于家庭、办公室等场所,服务范围覆盖面积很小。移动通信能力有限,但可通过网络接入系统连接其他网络层。

⑤ 固定网络层:主要指双绞线、同轴电缆、光纤组成的固定通信系统。

(7) LTE 的软件系统

LTE 的软件系统趋于标准化、复杂化、智能化,大量采用 Web 服务模式,以代替现行的客户/服务器模式。

1.3 LTE技术演进

1.3.1 LTE标准化历程

2004年,LTE概念被正式提出,在LTE规范制定过程中来自全球不同国家和地区的众多企业提供了相关技术文稿,LTE已成为由全球多家企业共同参与制定的国际通用标准。在移动通信系统演进过程中,包含着很多技术的发展,但最为基础、最为核心的技术是多址技术,多址技术的发展引领了无线通信系统的发展与演进,LTE的标准化分为发展阶段和演进阶段,如图1-12所示。

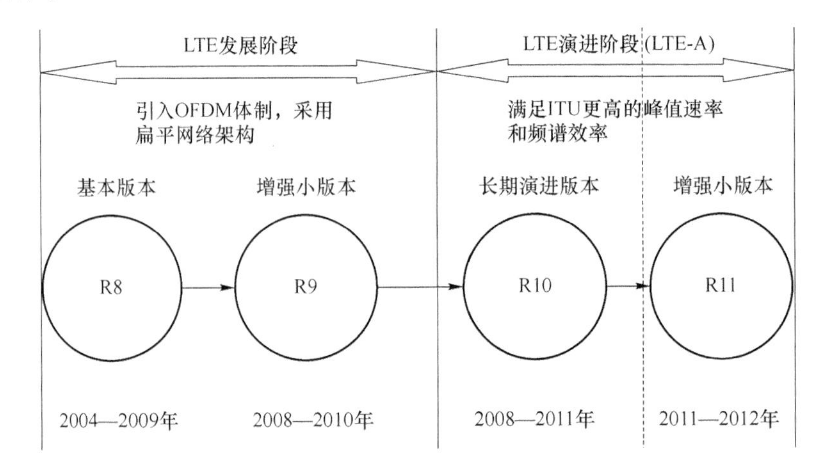

图1-12 LTE标准演进图

2004年11月在加拿大多伦多会议上提出了长期演进的需求研究,研究项目的目的是可行性研究,征集可用于LTE的技术并评估验证其是否符合LTE的需求,并将输出包含可行技术的技术报告。2004年12月,希腊雅典二十六全会正式通过LTE的研究立项,2005年11月明确了全新的空中接口、多址技术和网络构架,奠定了LTE标准化工作的基础。

2006年6月,3GPP启动LTE Work Item(Release 8),同年9月LTE的可行性研究阶段基本结束,确定了基本框架。

2007年9月在召开的RAN第37次会议上,建议对当时LTE TDD的两种帧结构(即基于TD-SCDMA的Type2帧结构和基本帧结构Type1的TDD)进行优化,最终只保留一种TDD模式的帧结构。11月3GPP正式通过基于LTE TDD Type2帧结构(即基于TD-SCDMA的帧结构)的融合框架方案,使LTE TDD模式只存在一种TDD模式方案,即TD-LTE方案,从标准化上保证了TD-LTE作为唯一的TDD模式的技术方案。

2008年3月,3GPP启动LTE-Advance研究(SI)。

2008年12月,第一个可商用的LTE R8版本系列规范发布,随后,立即正式启动了LTE R9工作,LTE R9主要针对R8阶段没有完成和包含的特征,总体上定位于R8版本的完善和增强。

2009 年 9 月，LTE-A 作为 IMT-Advanced 技术提案提交到 ITU，同时 3GPP 启动 LTE-A WI(R10 版本)。

2009 年 9 月，中国向 ITU 提交了 TD-LTE-Advanced，被采纳为 IMT-Advanced 候选技术之一。

2009 年 12 月，R9 正式发布，并完成功能性冻结，该标准主要包括 LTE 终端定位技术、增强的下行双流波束赋形传输、eMBMS 基本功能、网络自优化(SON)、Home eNode B 功能等特性。

2010 年 3 月，双流赋形技术和单基站定位技术完成标准化，成为第二版本(R9)的重要增强特性，进一步树立了 TD-LTE 显著的技术特色和优势，4 月 ASN.1 冻结。

2010 年 9 月，ITU WP5D 第 9 次会议通过了 6 个候选技术提案都满足 ITU-R 规定的 IMT-Advanced 最小要求。

2010 年 12 月，3GPP 完成 LTE-A R10 基本版本。

2011 年 3 月，完成 R10 标准工作，主要涉及 CA、MIMO 增强、Relay 等。

2012 年 9 月，完成 Rel-11 版本，同时启动 Rel-12 研究项目。

1.3.2　3GPP 版本简介

3GPP 标准化组织主要包括项目合作组(PCG)和技术规范组(TSG)两类。其中 PCG 工作组主要负责 3GPP 总体管理、时间计划、工作的分配等，具体的技术工作则由各 TSG 工作组完成。

3GPP 包括 3 个技术规范组，分别负责 EDGE 无线接入网(GERAN)、无线接入网(RAN)、系统和业务方面(SA)、核心网和终端(CT)。每一个技术规范组进一步分为不同的工作子组，每个工作子组分配具体的任务。

之前，3GPP 已经正式发布 R99、R4、R5、R6、R7、R8 等几个版本。R8 版本于 2009 年 3 月正式发布，R9/R10 的标准工作也陆续展开和完善，3GPP 的标准演进如图 1-13 所示。

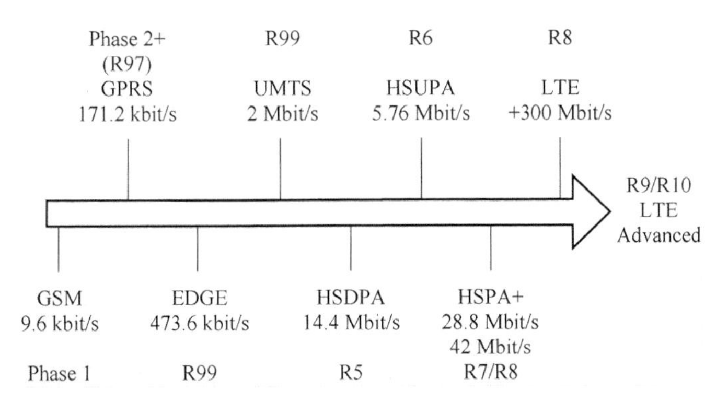

图 1-13　3GPP 标准演进

另外，3GPP 相关的标准工作可以分为两个阶段：SI(Study Item，技术可行性研究阶段)和 WI(Work Item，具体技术规范撰写阶段)。

SI 阶段主要以研究的形式确定系统的基本框架，并进行主要的候选技术选择，以对标准化的可行性进行判断。

WI 阶段分为 Stage2、Stage3 两个子阶段。其中，Stage2 主要通过对 SI 阶段中初步讨论的系统框架进行确认，同时进一步完善技术细节。该阶段规范并不能够直接用于设备开发，而是对系统的一个总体描述，仅是一个参考规范，根据 Stage2 形成的初步设计，进一步验证了系统的性能。Stage3 主要是确定具体的流程、算法及参数等。

3GPP 各版本针对核心网的演进如图 1-14 所示。

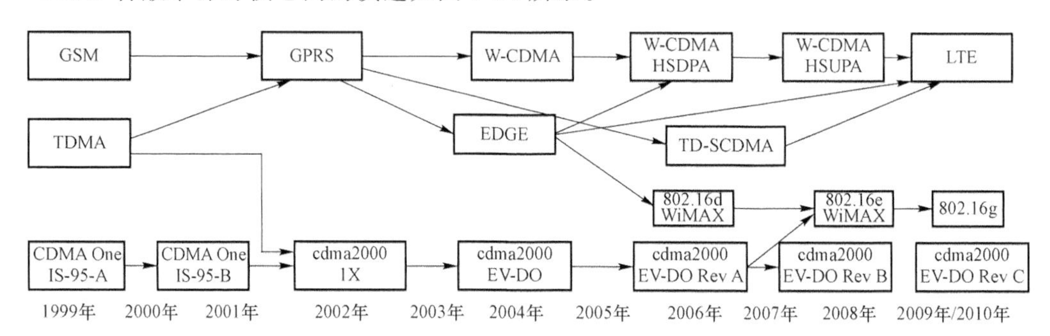

图 1-14　3GPP 各版演进图

1. R99 阶段

这是 3G 标准的第一个阶段，于 2000 年 3 月发布，延续了 GSM/GPRS 系统的核心网系统结构，即分为电路域和分组域分别处理语音和数据业务。

2. R4 阶段

R4 版本于 2001 年 3 月发布。R4 在 R99 的基础上引入了软交换思想，将 MSC 的承载与控制功能分离，即呼叫控制与移动性管理功能由 MSC Server 承担，语音传输承载和媒体转换功能由 MGW 完成。

3. R5 阶段

R5 版本于 2002 年 6 月发布，3GPP R5 阶段组网示意如图 1-15 所示。为了能够在 IP 平台上支持丰富的移动多媒体业务，R5 版本引入了基于 SIP 的 IP 多媒体子系统即 IMS。同时，R5 引入了 Flex 技术(就是 POOL 技术，如 MSC in POOL/SGSN in POOL)，突破了一个 RNC 只能连接一个 MSC 或 SGSN 的限定，即允许一个 RNC 同时连接至多个 MSC 或 SGSN 实体。在业务方面，R5 版本增加了支持 SIP 业务的功能，如 VOIP 语音、定位、即时消息、在线游戏以及多媒体邮件等。

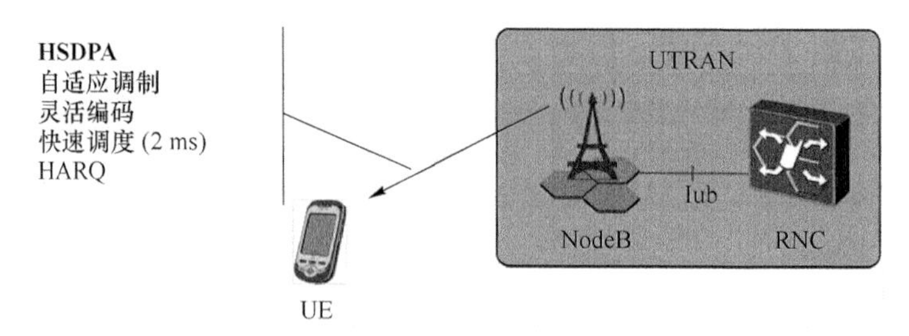

图 1-15　3GPP R5 阶段组网示意图

4. R6 阶段

R6 版本于 2004 年 12 月发布，3GPP R6 阶段组网示意如图 1-16 所示。对核心网系统架构未做大的改动，主要是对 IMS 技术进行了功能增强，尤其是对 IMS 与其他系统的互操作能力做了完善，并引入了策略控制功能实体 PCRF 作为 QoS 规则控制实体。业务方面，增加了对广播多播业务(MBMS)的支持；针对 IMS 业务如 Presence、多媒体会议、Push、Poc 等业务进行了定义和完善。

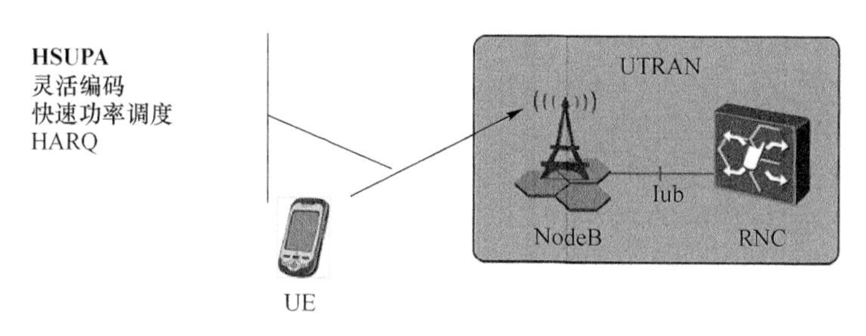

图 1-16 3GPP R6 阶段组网示意图

5. R7 阶段

R7 版本于 2007 年 3 月发布，3GPP R7 阶段组网示意如图 1-17 所示。继续对 IMS 技术进行了增强，提出了语音连续性(VCC)、CS 域与 IMS 域融合业务(CSI)等课题，在安全性方面引入了 Early IMS 技术，以解决 2G 卡接入 IMS 网络的问题。提出了策略控制和计费的新架构，但 R7 版本的 PCC 是一个不可商用的版本。在业务方面，R7 对组播业务、IMS 多媒体电化、紧急呼叫等业务进行了严格定义，使整个系统的业务能力进一步丰富。

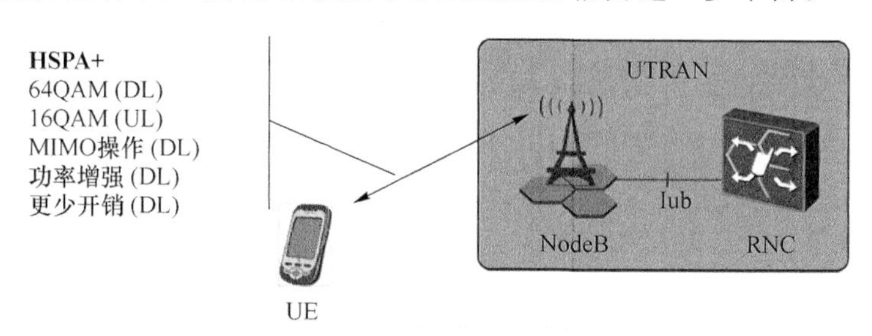

图 1-17 3GPP R7 阶段组网示意图

6. R8 阶段

R8 版本于 2009 年 3 月发布，3GPP R8 阶段组网示意如图 1-18 所示。R8 版本是 LTE 的第一个版本。迫于 WiMAX 等移动通信技术的竞争压力，为继续保证 3GPP 系统在未来 10 年内的竞争优势，3GPP 标准组织在 R8 阶段正式启动了 LTE 和系统架构演进(SAE)两个重要项目的标准制定工作。R8 阶段重点针对 LTE/SAE 网络的系统架构、无线传输关键技术、接口协议与功能、基本消息流程、系统安全等方面均进行了细致的研究和标准化。在无线接入网方面，将系统的峰值数据速率提高至下行 100 Mbit/s、上行 50 Mbit/s；在核心网方面，引入了全新的纯分组域核心网系统架构，并支持多种非 3GPP 接入网技术接入该统一的核心网。

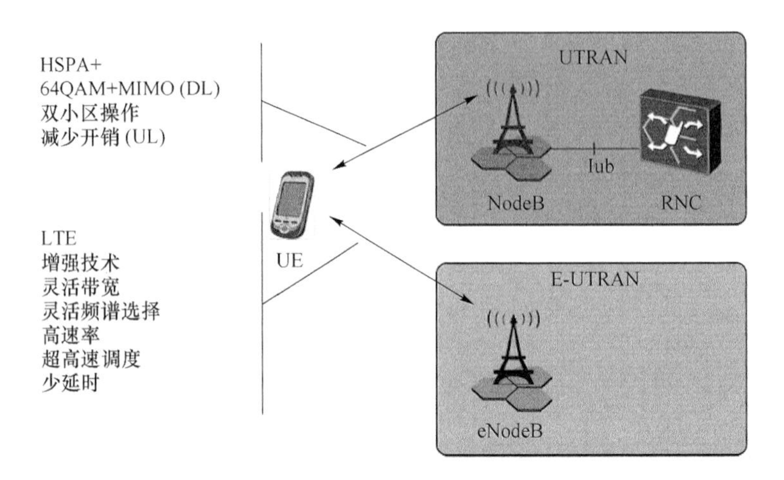

图 1-18　3GPP R8 阶段组网示意图

1.4　LTE 标准体系与规范

3GPP 对内部协议规范有相应的编号方法,LTE E-UTRAN 系列规范主要集中在 36 系列,与 3GPP UTRAN 25 系列规范的编号方法相同,36 系列的 36.1××系列为射频相关规范,36.2××系列为物理层相关规范,36.3××系列为空中接口高层系列规范,36.4××系列规范为各个接入网网元接口规范,36.5××系列规范为终端一致性规范。

1.4.1　射频系列规范

射频系列规范如表 1-1 所示。

表 1-1　射频系列规范

规范编号	规范名称	内　容
TS 36.101	UE 无线发送与接收	描述 FDD 和 TDD E-UTRA UE 的最小射频(RF)特性
TS 36.104	BS 无线发送与接收	描述 E-UTRA BS 在成对频谱和非成对频谱的最小 RF 特性
TS 36.106	FDD 直放站无线发送与接收	描述 FDD 直放站的射频要求和基本测试条件
TS 36.113	BS 与直放站的电磁兼容	包含对 E-UTRA 基站、直放站和补充设备的电磁兼容(EMC)评估
TS 36.124	移动终端和辅助设备的电磁兼容的要求	建立了对于 E-UTRA 终端和附属设备的主要 EMC 要求,保证不对其他设备产生电磁干扰,并保证自身对电磁干扰有一定的免疫性。定义了 EMC 测试方法、频率范围、最小性能要求等
TS 36.133	支持无线资源管理的要求	描述支持 FDD 和 TDD E-UTRA 的无线资源管理需求,包括对 E-UTRAN 和 UE 测量的要求,以及针对延迟和反馈特性的点对点动态性和互动的要求
TS 36.141	BS 一致性测试	描述对 FDD/TDD E-UTRA 基站的射频测试方法和一致性要求
TS 36.143	FDD 直放站一致性测试	描述了 FDD 直放站的一致性规范,基于 36.106 中定义的核心要求和基本方法,对详细的测试方法、过程、环境和一致性要求等进行详细说明

续 表

规范编号	规范名称	内　容
TS 36.171	支持辅助全球导航卫星系统(A-GNSS)的要求	描述了基于 UE 和 UE 辅助 FDD 或 TDD 的辅助全球导航卫星系统终端的最低性能
TS 36.307	UE 支持零散频段的要求	定义了终端支持与版本无关频段时所要满足的要求

1.4.2　物理层系列规范

物理层系列规范如表 1-2 所示。

表 1-2　物理层系列规范

规范编号	规范名称	内　容
TS 36.201	LTE 物理层——总体描述	物理层综述协议主要包括物理层在协议结构中的位置和功能,包括物理层 4 个规范 36.211、36.212、36.213、36.214 的主要内容和相互关系等
TS 36.211	物理信道和调制	主要描述物理层信道和调制方法。包括物理资源的定义和结构,物理信号的产生方法,上行和下行物理层信道的定义、结构、帧格式,参考符号的定义和结构,下行 OFDM 和上行 SC-FDMA 调制方法描述,预编码设计,定时关系和层映射等内容
TS 36.212	复用和信道编码	主要描述了传输信道和控制信道数据的处理,主要包括复用技术,信道编码方案,第一层/第二层控制信息的编码、交织和速率匹配过程
TS 36.213	物理信道过程	定义了 FDD 和 TDD E-UTRA 系统的物理过程的特性,主要包括同步过程(包括小区搜索和定时同步)、功率控制过程、随机接入过程、物理下行共享信道相关过程(CQI 报告和 MIMO 反馈)、物理上行共享信道相关过程(UE 探测和 HARQ ACK/NACK 检测)、物理下行共享控制信道过程(包括共享信道分配)、物理多点传送相关过程
TS 36.214	物理层——测量	主要描述物理层测量的特性,主要包括 UE 和 E-UTRAN 中的物理层测量、向高层和网络报告测量结果、切换测量、空闲模式测量等
TS 36.216	物理层的中继操作	描述了物理信道和调制、复用和信道编码、中继节点程序
TS 36.300	E-UTRA 和 E-UTRAN 的总体描述	提供了 E-UTRAN 无线接口协议框架的总体描述,主要包括 E-UTRAN 协议框架、E-UTRAN 各功能实体功能划分、无线接口协议栈、物理层框架描述、空口高层协议栈框架描述、RRC 服务和功能、HARQ 功能、移动性管理、随机接入过程、调度、QoS、安全、MBMS、RRM、S1 接口、X2 接口、自优化的功能等内容
TS 36.302	物理层提供的服务	主要描述了 E-UTRA 物理层向高层提供的功能,主要包括物理层的服务和功能,共享信道、广播信道、寻呼信道和多播信道传输的物理层模型,物理信道传输组合,物理层可以提供的测量等内容
TS 36.304	Idle 状态的 UE 过程	主要描述了 UE 空闲模式下的过程,主要包括空闲模式的功能以及空闲模式下的 PLMN 选择、小区选择和重选、小区登记和接入限制、广播信息接收和寻呼
TS 36.305	E-UTRAN 中 UE 的功能说明	主要描述了 UE 的定位功能,包括 E-UTRAN UE 的定位架构、定位相关的信令和接口协议、主要定位流程、定位方法和配套程序

续 表

规范编号	规范名称	内　容
TS 36.306	UE 的无线接入能力	主要描述 UE 的无线接入能力，包括 UE 等级划分方式、UE 各个参数的能力定义
TS 36.314	层 2——测量	主要针对所有空口高层测量的描述和定义，这些测量用于 E-UTRA 的无线链路操作、RRM、OAM 和 SON 等
TS 36.321	媒体接入控制(MAC)协议规范	主要是对 MAC 层的描述，包括 MAC 层框架、MAC 实体功能、MAC 过程、MAC PDU 格式和定义等
TS 36.322	无线链路控制(RLC)协议规范	主要是对 RLC 层的描述，包括 RLC 层框架、RLC 实体功能、RLC 过程、RLC PDU 格式和参数等
TS 36.323	分组数据汇聚协议(PDCP)规范	描述了 PDCP 层协议，主要包括 PDCP 层框架、PDCP 结构和实体、PDCP 过程、PDCP PDU 格式和参数等
TS 36.331	无线资源控制(RRC)协议规范	主要是对 RRC 层的描述，包括 RRC 层框架、RRC 层对上下层提供的服务、RRC 功能、RRC 过程，UE 使用的变量和计数器、RRC 信息编码、特定和非特定的无线框架、通过网络节点转移 RRC 信息、UE 的能力相关的制约和性能要求
TS 36.355	LTE 定位协议(LPP)	主要是对 LTE 定位协议的描述

1.4.3 接口系列规范

接口系列规范如表 1-3 所示。

表 1-3　接口系列规范

规范编号	规范名称	内　容
TS 36.401	架构描述	主要是对 E-UTRAN 整体架构和整体功能的描述，包括用户平面和控制平面协议、E-UTRAN 框架结构、E-UTRAN 的主要功能和接口介绍
TS 36.410	S1 总体方面和原理	主要是对 S1 接口的总体描述，包括 S1 接口协议和功能划分、S1 接口协议结构、S1 接口的 3GPP TS36.41X 技术规范
TS 36.411	S1 接口层 1	主要描述支持 S1 接口的物理层功能
TS 36.412	S1 信令传输	定义了在 S1 接口使用的信令传输的标准
TS 36.413	S1 应用协议(S1AP)	主要描述 S1 应用协议，是 S1 接口最主要的协议，包括 S1 接口信令过程、S1AP 功能、S1AP 过程、S1AP 消息
TS 36.414	S1 数据传输	定义了用户数据传输协议和相应的信令协议，以通过 S1 接口建立用户面传输承载
TS 36.420	X2 总体方面和原理	主要是对 X2 接口的总体描述，包括 X2 接口协议结构、X2 接口功能、X2 接口的 3GPP TS36.42X 技术规范
TS 36.421	X2 接口层 1	描述了 X2 接口层 1
TS 36.422	X2 信令传输	主要描述 X2 信令承载协议栈承载能力
TS 36.423	X2 应用协议	主要描述 X2 应用协议，是 X2 接口最主要的协议，包括 X2 接口信令过程、X2AP 功能、X2AP 过程、X2AP 消息

续 表

规范编号	规范名称	内　容
TS 36.424	X2 数据传输	主要描述 X2 接口用户平面协议栈及功能
TS 36.440	支持 E-UTRAN 中 MBMS 的接口的总体方面和原理	主要是对 MBMS 框架的总体情况介绍,包括 MBMS 的总体架构,用于支持 MBMS 业务的 M1、M2、M3 接口功能,以及 MBMS 相关协议的介绍
TS 36.441	支持 E-UTRAN 中 MBMS 的接口的层 1	描述支持 MBMS M1、M2、M3 接口的物理层功能
TS 36.442	支持 E-UTRAN 中 MBMS 的接口的信令传输	主要是 M2 接口的 M2 应用协议栈及功能,M3 接口的 M3 应用协议栈及功能
TS 36.443	M2 应用协议(M2AP)	主要是 M2 接口的 M2 应用协议控制平面信令,包括 M2AP 业务、功能、过程以及消息描述
TS 36.444	M3 应用协议(M3AP)	主要是 M3 接口的 M3 应用协议控制平面信令,包括 M3AP 业务、功能、过程以及消息描述
TS 36.445	M1 数据传输	主要是 M1 接口的用户平面传输承载,用户平面协议栈及功能
TS 36.446	M1 用户平面协议	
TS 36.455	LTE 定位协议 A(LPPa)	主要描述 LTE 定位协议 A,包括定位辅助信息的获取和传输、定位相关测量信息和位置信息的交互等

1.4.4　终端一致性系列规范

终端一致性系列规范如表 1-4 所示。

表 1-4　终端一致性系列规范

规范编号	规范名称	内　容
TS 36.508	UE 一致性测试的通用测试环境	主要描述终端一致性测试公共测试环境的配置,包含小区参数配置以及基本空口消息定义等
TS 36.509	UE 的特殊一致性测试功能	主要描述了终端为满足一致性测试而支持的特殊功能定义,包括数据回环测试功能等
TS 36.521-1	一致性测试	描述了终端一致性射频测试中对于终端收发信号能力等的测试
TS 36.521-2	实现一致性声明	描述了终端一致性射频测试中终端为支持测试而需满足的特性条件
TS 36.521-3	无线资源管理一致性测试	主要描述了终端一致性射频测试中对无线资源管理能力的测试
TS 36.523-1	协议一致性声明	描述了终端一致性信令测试的测试流程
TS 36.523-2	实现一致性声明形式规范	描述了终端一致性信令测试中终端为支持测试而满足的特性条件
TS 36.523-3	测试套件	描述了终端一致性信令测试 TTCN 代码
TS 36.571-1	最低性能的一致性	
TS 36.571-2	协议一致性	
TS 36.571-3	实现一致性声明	
TS 36.571-4	测试套件	
TS 36.571-5	UE 的定位测试场景和辅助数据	

1.5 LTE及其他制式之间的比较

随着无线技术的不断发展，一系列宽带无线技术已经带领无线技术走向关键应用领域，现在无线技术面临着标准林立、市场错综复杂、带宽资源不足等挑战。无线通信受长距离传输信号衰减、成本、辐射、QoS、安全脆弱和更高带宽需求的限制，决定了无线应用环境和需求更加复杂，也决定了无线技术必然是以多种技术标准来满足不同应用需求。通信市场正在呈现出话音业务移动化、数据业务宽带化的发展趋势，常用的无线技术有WiFi、WiMAX、IEEE 802.20/3G、LTE等，它们各自常用的应用领域如图1-19所示。

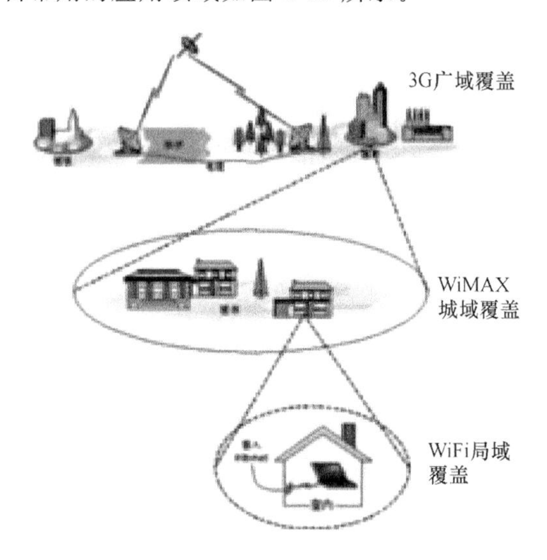

图1-19 WiFi、WiMAX、LTE的应用领域图

在以ITU和3GPP/3GPP2引领的蜂窝移动通信从3G到LTE，再走向4G的演进道路上，3G、WiMAX、LTE、ZigBee等各种无线宽带技术在竞争中互相借鉴和学习，技术不断完善，在网络实用性上形成互补。

传统的无线话音业务趋于宽带化(即无线宽带化)，以3G、LTE等移动通信协议为代表。高速数据业务趋于无线化(即宽带无线化)，以WiMAX、McWill等无线接入技术为代表。

1.5.1 WiMAX与LTE技术的比较

WiMAX和LTE是两种最新的无线宽带接入技术。二者在争夺4G标准主流技术上持续升温。两种技术的差别不大，都采用了核心的OFDMA无线通信标准和MIMO技术。作为WiMAX提出者的英特尔公司执行副总裁Sean Maloney甚至暗示："这两种标准应能相互融合，因为它们的相似度达到80%左右。"

WiMAX从IT的角度发展而来，LTE则由传统通信技术发展而来。虽然众多厂商标榜LTE可以提供语音服务，但实际上LTE是以VOIP、一种IT数据传输的方式来提供语音服务的。这点与WiMAX是相同的。

虽然同为 4G 主流技术的候选，但是 WiMAX 技术的发展起步是早于 LTE 的。从目前的发展来看，WiMAX 技术的成熟度仍高于 LTE。同时 WiMAX 的产业链也已经完善。产业链中已经出现可整合 WiMAX、GSM 与 WiFi 3 种网络的手机硬件产品。WiMAX 技术已经进入传输的商用领域。

1.5.2 WiMAX、WiFi、3G 与 LTE 技术对比

WiFi、WiMAX、3G 和 LTE 在高速无线数据通信领域都将扮演重要角色，但是在最初设计时，它们采用了不同的技术手段来解决不同的应用问题。WiFi、WiMAX、3G 和 LTE 的主流是互补的，在局部会有部分融合，但不能相互取代。另外，在应用和需求上它们也有着显著的差距，它们都将在越来越细化的市场中，找到自己的生存空间。它们的主要技术情况如表 1-5 所示。

表 1-5　WiMAX、WiFi、3G 与 LTE 技术对比

技术类别 技术特性	WiMAX	WiFi	3G	LTE
标准组织	IEEE	IEEE	3GPP、3GPP2、ITU	3GPP LTE
频带	2～11 GHz，部分需许可证	2.4 GHz，不需许可证	2 GHz，需许可证	4 GHz，需要许可证
多址方式	OFDM/FDD、TDD	CKK、OFDM	CDMA、TDD、FDD	OFDM、MIMO
速率	70 Mbit/s	54 Mbit/s	HSDPA：7.2 Mbit/s EVDO：3.1 Mbit/s	下行 100 Mbit/s 上行 50 Mbit/s
时延	低	低	高	低
QoS	3 种	无	4 种	4 种
覆盖	＜100 m	宏蜂窝（＜50 km）	宏蜂窝（＜7 km）	宏蜂窝（＜7 km）
移动性	静止、步行	静止、步行	静止、步行、车载	静止、步行、车载
支持切换	弱	强	强	强
安全性	中	低	高	高
商业模式	商业	公众、商业	公众、商业	公众、商业
成熟度	差	很好	较好	较好

任务与练习

一、填空题

1. 无线通信与有线通信相比具有如下优势：________、________、________、________。

2. 在 LTE 中可提供的新业务包括________、________、________、________等多种业务。

3. 目前，中国已经发放LTE运营牌照的运营商有____________、____________、____________。

4. ______年______月第一个可商用的LTE R8版本系列规范发布。

5. LTE显著降低了用户平面和控制平面的时延，用户平面内部单向传输时延低于__________，控制平面从睡眠状态到激活状态迁移时间低于________，从驻留状态到激活状态的迁移时间小于________。

6. 在微波中继通信系统中，由于存在__________衰落，使通信________受到严重威胁。采用__________是抗多径衰落的有效措施之一。

7. 分集接收技术有__________、__________和__________3种。

8. 第二代移动通信技术主要使用了__________、__________技术，大大提高了网络的数据传输能力。

9. 定位是指移动终端位置的测量方法和计算方法，它主要分为基于____________、____________、____________3种方式。

二、判断题

1. LTE改进并增强了3G的空中接入技术，采用OFDM和MIMO作为其无线网络演进的唯一标准。在20 MHz频谱带宽下能够提供下行50 Mbit/s、上行100 Mbit/s的峰值速率。

2. LTE的网络结构主要包含3GPP和EPC两部分。

3. 2010年12月，3GPP完成LTE-A R10基本版本。

4. 第二代移动通信技术基本可被分为两种：一种是采用复用（Multiplexing）形式，以GSM为代表；另一种则是基于TDMA所发展出来的CDMA。

5. 目前，3GPP已经正式发布R99、R4、R5、R6、R7、R8 6个版本。

6. GSM上最早的数据服务是通过电路交换来实现的。

7. 切换技术是LTE移动终端在众多通信系统、移动小区之间建立可靠移动通信的基础和重要技术，LTE完全采用软切换技术。

8. LTE采用OFDM和MIMO作为其无线网络演进的唯一标准。

9. 智能天线技术能够在较大程度上抑制多用户干扰、降低发射功率。

10. 3GPP的R5版本突破了一个RNC只能连接一个MSC或SGSN的限定，即允许一个RNC同时连接至多个MSC或SGSN实体。

三、选择题

1. 作为当前主流的WLAN标准，以下__________标准规定WLAN工作频段在2.4～2.483 5 GHz，数据传输速率达到11 Mbit/s，传输距离控制在43～135 m。

A. IEEE 802.11b　　B. IEEE 802.11e

C. IEEE 802.11g　　D. IEEE 802.11h

2. 根据IMT-2000系统的基本标准，以下__________子系统属于第三代移动通信子系统。

A. SIM卡　　B. 移动台子系统

C. 无线接入网子系统　　D. 基站子系统

3. ________是第四代移动通信技术的特点。

A. 网络频谱更宽　　B. 能提供更多的增值服务

C. 智能性能更高　　D. 通信速度更快

4. LTE 网络对于三层交换能力的需求主要体现在__________。

A. S-GW 对于 VLAN 能力处理较弱需要三层功能的支持

B. 单独一个 eNode 基站可与多个 P-GW 互通

C. 多个 eNode 基站之间可以互通

D. 单独一个 eNode 基站可与多个 S-GW 互通

5. 在 LTE 网络中,下列属于 eNodeB 的功能有__________。

A. 接入层安全控制　　B. 空闲状态的移动性管理

C. SAE 承载控制　　D. IP 头压缩和用户数据流加密

6. 第一个可商用的 LTE R8 版本系列规范发布时间是__________。

A. 2007 年 9 月　　B. 2008 年 3 月

C. 2008 年 12 月　　D. 2009 年 9 月

7. WiFi 的 IEEE 802.11a 技术规范采用 5 GHz 的频段,其速率为________,无障碍的接入距离为________。

A. 54 Mbit/s　　B. 100 m

C. 34 Mbit/s　　D. 30～50 m

8. TD-SCDMA 在 Release 5 版本引入了 HSDPA 技术,在 1.6 MHz 带宽上理论峰值速率可达到________。

A. 54 Mbit/s　　B. 2.8 Mbit/s

C. 34 Mbit/s　　D. 384 kbit/s

四、简答题

1. 与 3GPP 相比 LTE 技术有哪些优势?

2. 简述 WiMAX 与 3G 制式相比有哪些优势?

3. 简述 LTE 网络对于三层交换能力的需求主要体现在哪几个方面?

第2章　LTE关键技术简介

学习目标

TD-LTE是采用TDD双工方式的新一代无线通信标准体系，相对之前的2G和3G移动通信标准，在物理层技术方面有着根本的变化。对物理层传输技术的认识，是掌握TD-LTE技术与标准的基础。

通过本章的学习，能够了解和掌握LTE如下几个方面关键技术的知识：

- 复用与多址技术；
- 双工技术；
- 编码技术；
- 调制技术；
- 多天线技术；
- OFDM技术；
- AMC技术等。

2.1　复用与多址技术

2.1.1　复用与多址技术的定义

多路复用技术和多址技术都是现代通信技术中最重要和最基本的概念之一。它们的基本原理相近，而应用目的不同。

多路复用技术用于多路信号的集中传输，多址技术则用于多路信号在一个网络系统中的选址通信。

多路复用是指一个地球站(用户终端)内的多路低频信号在基带信道上的复用，以达到两个地球站(用户终端)之间双边点对点的通信。

复用和多址的概念如图2-1所示。

多址技术是指多个地球站(用户终端)发射的信号在射频信道上的复用，以达到各地球站(用户终端)之间同一时间、同一方向的用户间的多边通信。多路复用与多址技术的映射如图2-2所示。

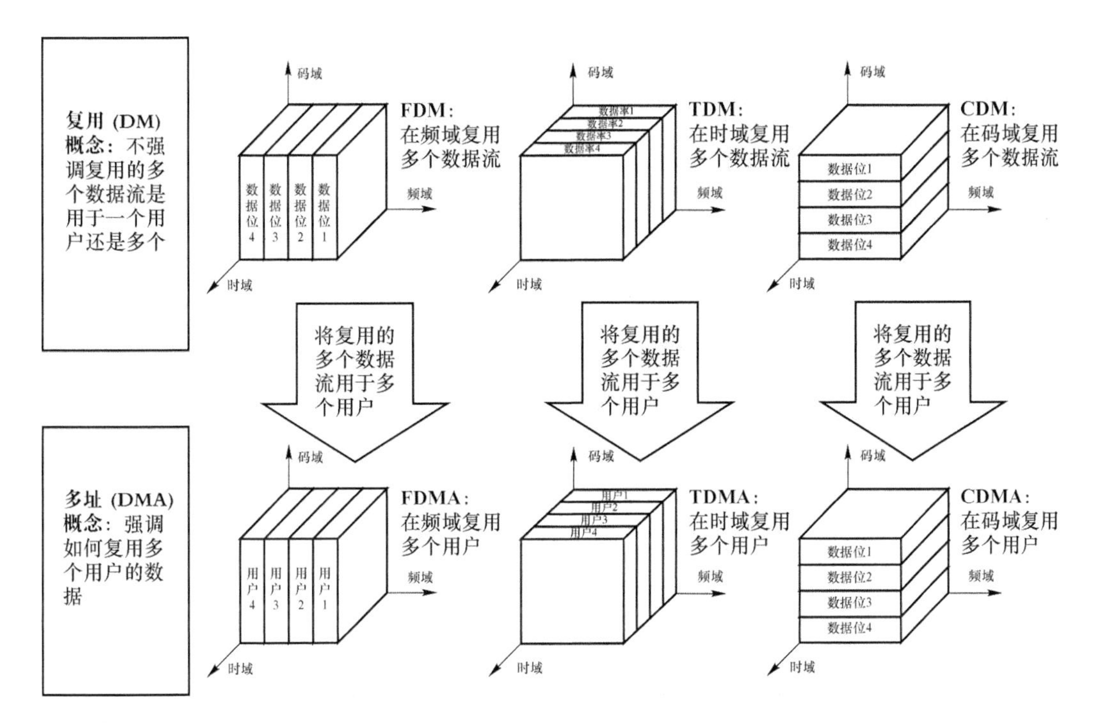

图 2-1　复用和多址的概念

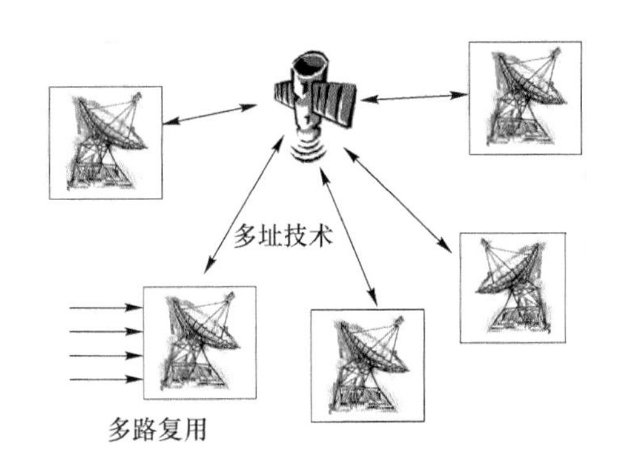

图 2-2　多路复用与多址技术的映射

2.1.2　频分多路复用

1. 频分多路复用概念

频分复用(Frequency Division Multiplexing，FDM)就是将用于传输信道的总带宽划分成若干个子频带(或称子信道)，每一个子信道传输 1 路信号。频分复用要求总频率宽度大于各个子信道频率之和，同时为了保证各子信道中所传输的信号互不干扰，应在各子信道之间设立隔离带，这样就保证了各路信号互不干扰(条件之一)。频分复用技术的特点是所有子信道传输的信号以并行的方式工作，每一路信号传输时可不考虑传输时延，因而频分复用技术取得了非常广泛的应用。

2. 频分复用基本原理

以 n 路为例，模拟信号经过 FDM 复用过程到达同一传输介质上。图 2-3 和图 2-4 列出了主要的设备，图 2-5 给出了频分多路复用的原理图。

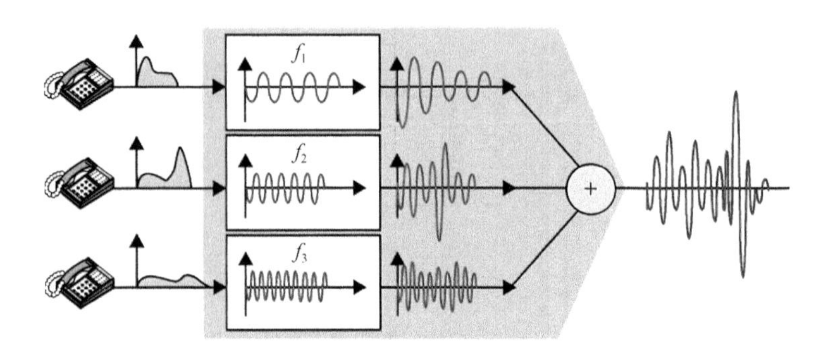

图 2-3　多路器

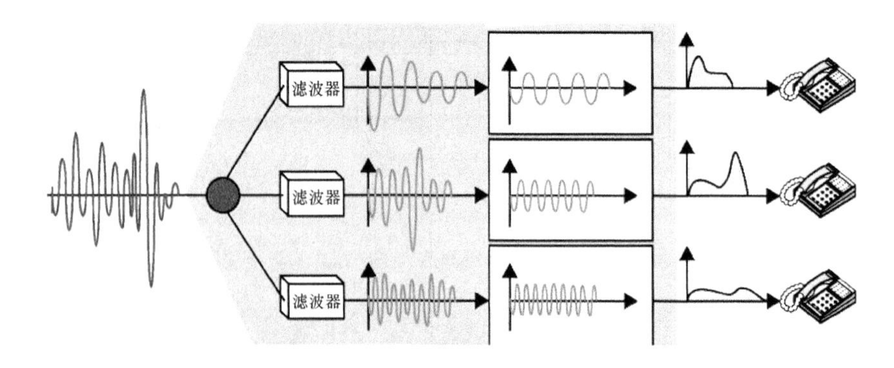

图 2-4　信号分离器

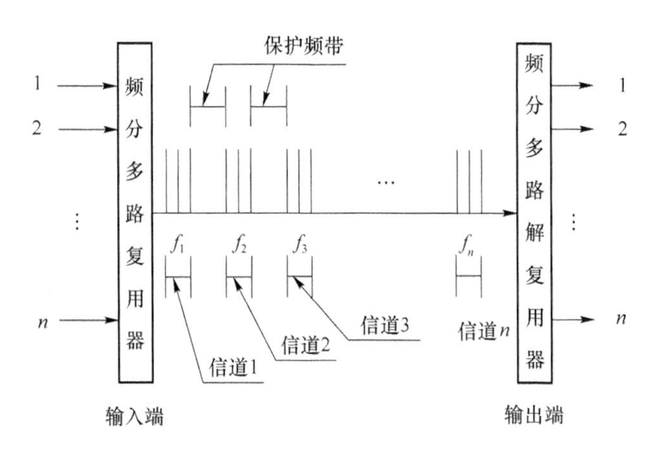

图 2-5　频分多路复用原理

2.1.3　时分多路复用

1. 时分多路复用概念

所谓时分复用，是指在时域上各信号分别占有不同的时间片断。

时分多路复用是以时间作为信号分隔的参量，既信号在时间位置上分开，但它们所占用的频带是重叠的。当传输介质所能达到的数据传输速率超过了传输信号所需的数据传输速率时，利用每个信号在时间上交叉，可以在一个传输通道上传输多路信号，实现信号的时分多路复用。图 2-6 是发送端进行多路信号复用的过程，图 2-7 是接收端进行信号分离的过程。

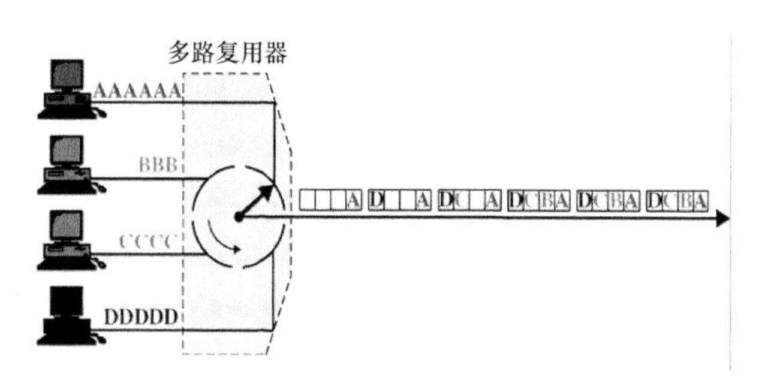

图 2-6　多路复用器

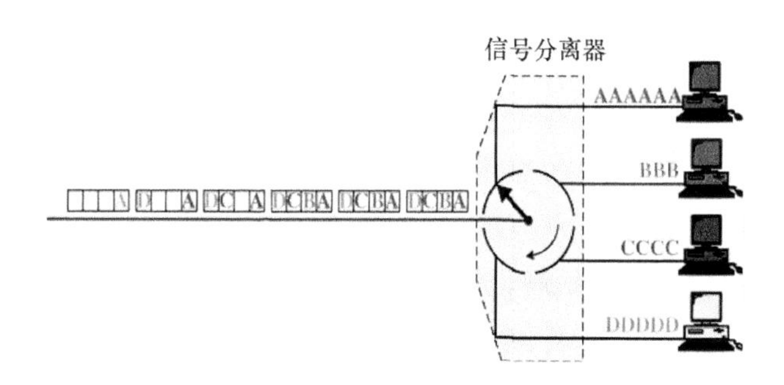

图 2-7　信号分离器

2. 时分复用基本原理

由于单路抽样信号在时间上离散的相邻脉冲间有很大的空隙，在空隙中插入若干路其他抽样信号，只要各路抽样信号在时间上不重叠并能区分开，那么一个信道就有可能同时传输多路信号，达到多路复用的目的，原理如图 2-8 所示。

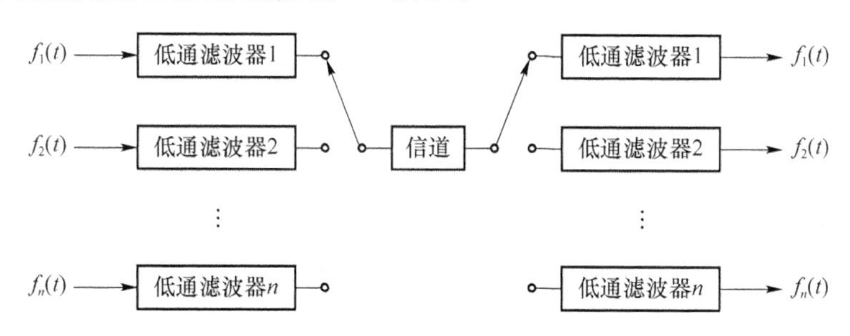

图 2-8　时分复用基本原理

由于时分复用的这样原理，所以可以在一条数据链路上多路信号分别在不同的时隙上同时传输，如图 2-9 所示。

2.1.4　码分复用

CDMA(Code Division Multiple Access)是数字技术的分支——扩频通信技术上发展起来的一种崭新而成熟的无线通信技术。CDMA 最早应用于军用通信，现已广泛应用到全球不同的民用通信中。在CDMA移动通信中，将话音频号转换为数字信号，给每组数据话音分组增加一个地址，进行扰码处理，并且将它发射到空中。CDMA最大的优点就是相同的带宽下可以容纳更多的呼叫，而且它还可以随话音传送数据信息。

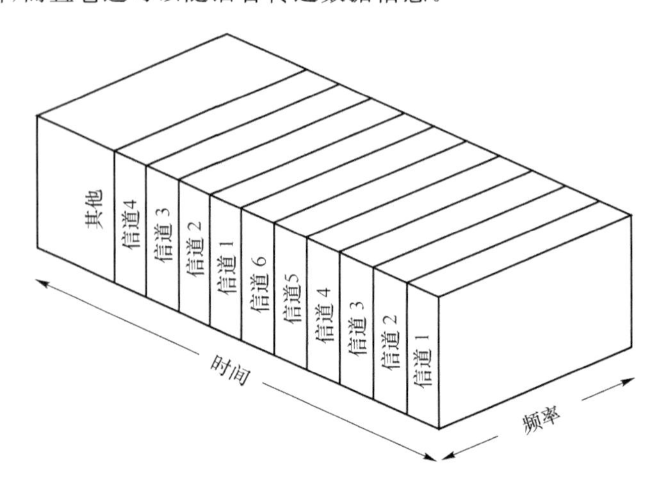

图2-9　多路信号分别在不同的时隙上同时传输

1. 码分多址原理

CDMA(码分多址)通过独特的代码序列建立信道，可用于二代和三代无线通信中的任何一种协议。CDMA是一种多路方式，多路信号只占用一条信道，极大地提高了带宽使用率，应用于800 MHz和1.9 GHz的超高频(UHF)移动电话系统。CDMA使用带扩频技术的模-数转换(ADC)，输入音频首先数字化为二进制元。传输信号频率按指定类型编码，因此只有频率响应编码一致的接收机才能拦截信号。由于有无数种频率顺序编码，因此很难出现重复，增强了保密性。在码分多址中，不同地址的用户均占用信道的全部带宽和时间，但是每个用户都被分配给一个唯一的、互不相关的"码序列"。

发送时使用该"码序列"对基带信号进行调制，接收机采用相关检测器将具有特定码型的用户信号解调出来，而其他不相关的信号相当于"背景噪声"。

码分多址原理用图2-10来介绍。

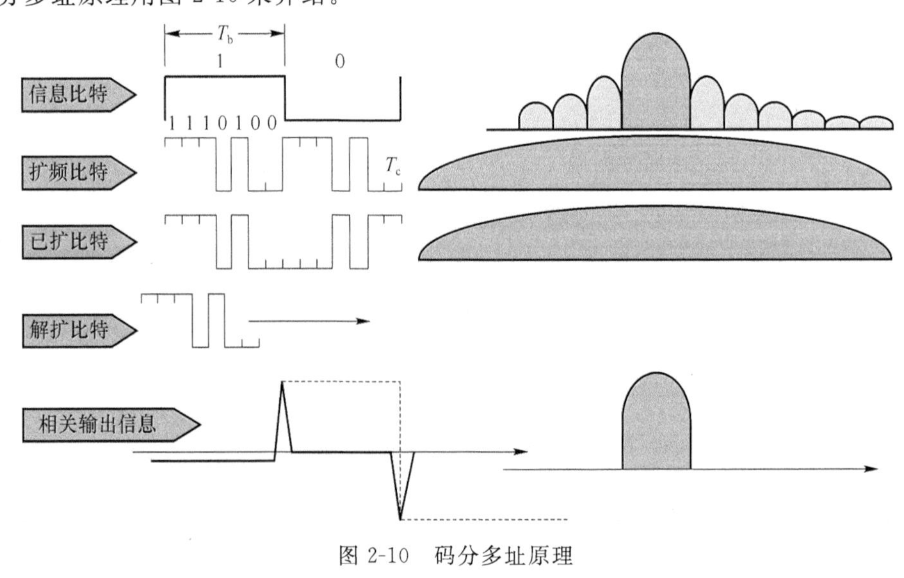

图2-10　码分多址原理

2. 直接序列扩频通信的频谱变换

直接序列扩频通信的频谱变换用图 2-11～图 2-15 来解释。

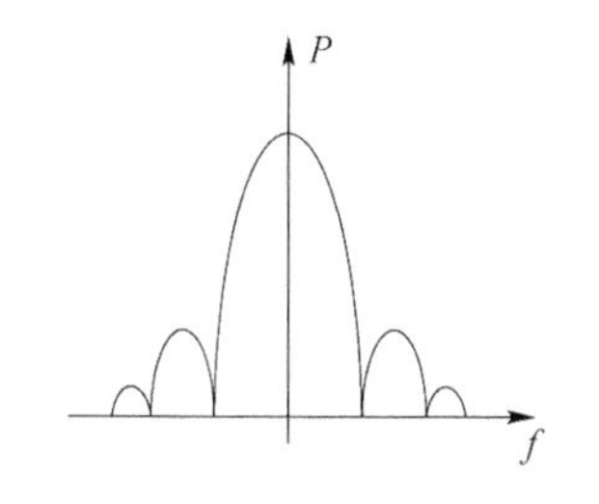

图 2-11　用户信号的功率谱曲线

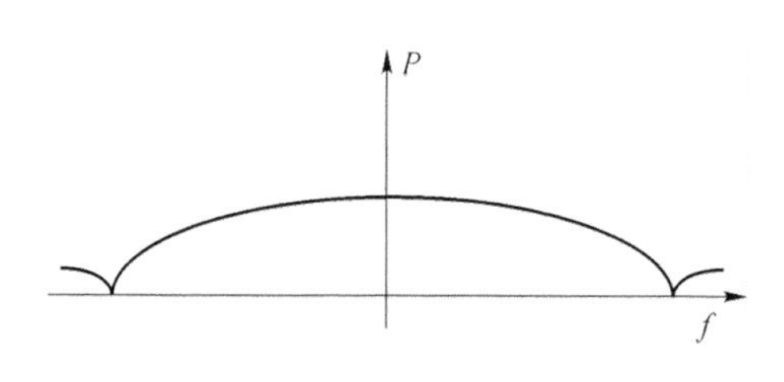

图 2-12　扩频

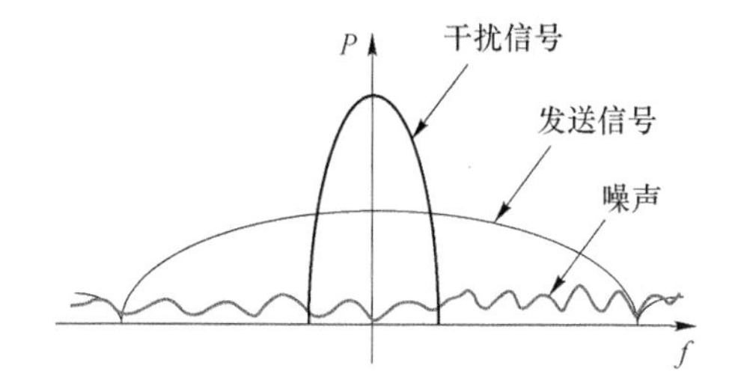

图 2-13　经信道传输，接收到的信号

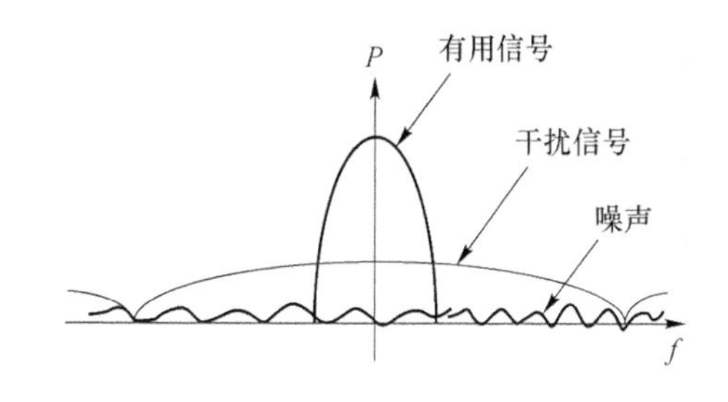

图 2-14　解扩

图 2-11 表示只有信息信号调制时的功率谱曲线。

图 2-12 表示用 PN 码对窄带信号进行 PSK 调制时的情况。这时能量几乎均匀地分散在很宽的频带内，从而大大降低了传输信号的功率谱密度。

图 2-13 表示若接收信道中存在一个强干扰信号，功率谱远大于有用信号功率谱。

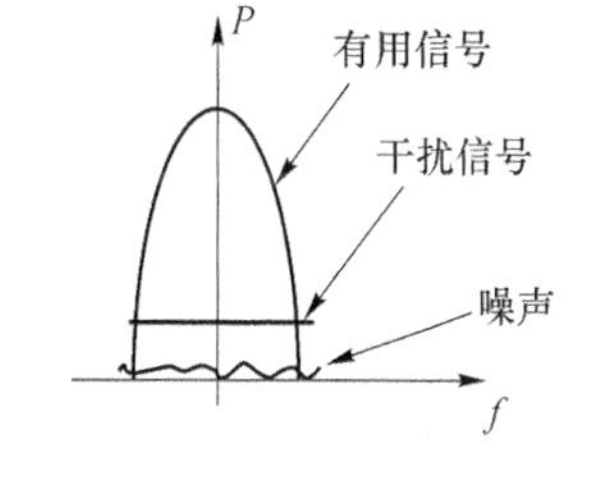

图 2-15　滤波之后的信号

图 2-14 表示在接收端通过解扩处理，使有用信号能量重新集中起来，形成最大输出。对于其他 PN 码的信号，由于接收端的 PN 码互不相关，非但不能解扩，反而会被扩展，使功率谱密度大大降低。

这样，有用扩频信号被还原成窄带信号，经与原始信号带宽相同的窄带滤波后便得到如图 2-15 所示的信号。

3. CDMA 的优缺点

(1) CDMA 的优点

- 用户共享一个频率，无须频率规划。
- 保密性好，抗干扰、抗截获能力强。
- 利用多径，采用 RAKE 技术提高系统性能。

(2) 卫星通信中 CDMA 的缺点

- 频谱利用率较低，不适合大容量干线使用。
- 目前除用于军用卫星通信系统外，主要用于卫星移动性通信系统和少数小容量 VSAT 系统。

2.1.5 空分多址

1. 空分多址定义

SDMA(Space Division Multiple Access,空分复用接入)是一种卫星通信模式,它利用碟形天线的方向性来优化无线频域的使用并减少系统成本。卫星通信 SDMA 网络如图 2-16 所示。

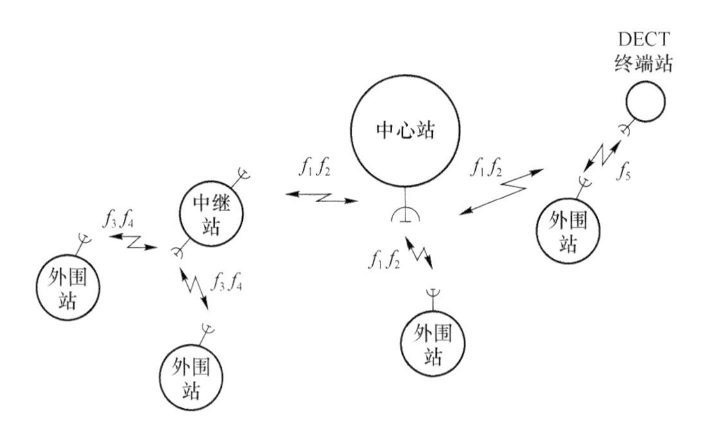

图 2-16 卫星通信 SDMA 网络

这种技术利用空间分割构成不同的信道,是一种信道增容的方式,与其他多址方式完全兼容,如图 2-17 所示,可以实现频率的重复使用,充分利用频率资源。

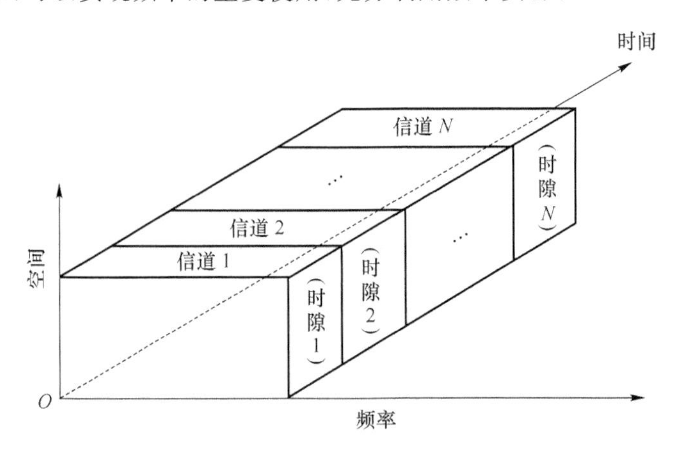

图 2-17 SDMA 与其他多址方式的兼容

2. 空分多址的应用

SDMA 实现的核心技术是智能天线的应用,理想情况下它要求天线给每个用户分配一个点波束,这样根据用户的空间位置就可以区分每个用户的无线信号。举例来说,在一颗卫星上使用多个天线,各个天线的波束射向地球表面的不同区域,地面上不同地区的地球站,它们即使在同一时间使用相同的频率进行工作,它们之间也不会形成干扰。

实际上,SDMA 通常都不是独立使用的,而是与其他多址方式如 FDMA、TDMA 和 CDMA 等结合使用;也就是说对于处于同一波束内的不同用户再用这些多址方式加以区分,如空分-

码分多址(SD-CDMA)。

应用 SDMA 的优势是明显的:它可以提高天线增益,使得功率控制更加合理有效,显著地提升系统容量;此外,一方面可以削弱来自外界的干扰,另一方面还可以降低对其他电子系统的干扰。如前所述,SDMA 实现的关键是智能天线技术,这也正是当前应用 SDMA 的难点。

2.1.6 各种复用和多址技术间的比较

1. 4 种多址方式的比较

(1) 频分多址 FDMA

① 特点

- 各站发射的载波信号在转发器内所占的频带互不重叠(所发信号频率正交)。
- 各载波的包络恒定。
- 转发器工作于多载波。

② 识别方式

滤波器。

③ 主要优点

- 可沿用地面微波通信的成熟技术和设备。
- 设备比较简单。
- 不需要网同步。

④ 主要缺点

- 有互调噪声,不能充分利用卫星功率和频带。
- 上行功率、频率需要严格控制。
- 为防止邻道干扰,在各载频间设置适当的保护频带,频谱利用率不高。
- 大、小站不易兼容。

⑤ 适用场合

- FDM/FM/FDMA 方式适合站少,中、大容量的场合。
- TDM/PSK/FDMA 方式适合站少,中等容量的场合。
- SCPC 系统适合站少,小容量的场合。

(2) 时分多址 TDMA

① 特点

- 各站发射的载波信号在转发器内所占的时间互不重叠(所发信号时间正交)。
- 转发器工作于单载波。

② 识别方式

时间选通门。

③ 主要优点

- 没有互调问题,卫星功率与频带能充分利用。
- 上行功率不需严格控制。
- 便于大、小站兼容,站多时,通信容量仍较大。

④ 主要缺点

需要精确的同步系统。

⑤ 适用场合

中、大容量线路。

(3) 码分多址 CDMA

① 特点

- 各站使用不同的码型进行扩展频谱调制(所发载波信号码型准正交)。
- 各载波包络恒定,在时域和频域互相混合。

② 识别方式

相关器。

③ 主要优点

- 抗干扰能力较强。
- 信号功率谱密度较低,隐蔽性好。
- 不需要网定时。
- 使用灵活。

④ 主要缺点

- 频带利用率低,通信容量小,不适合大规模通信网络。
- 地址码选择较难。
- 接收时地址码的捕获时间较长。

⑤ 适用场合

- 军事通信。
- 小容量线路广播系统。

(4) 空分多址 SDMA

① 特点

- 各站发射的载波信号只进入该站所属通信区域的窄波束中(所发信号空间正交)。
- 可实现频率重复使用。
- 转发器成为空中交换机。

② 识别方式

- 窄波束天线。

③ 主要优点

- 可以提高卫星频带利用率,增加转发器容量或降低对地球站的要求。

④ 主要缺点

- 对卫星控制技术要求严格,对卫星的稳定和姿态控制提出很高的要求。
- 星上设备较复杂,需用交换设备。

⑤ 适用场合

- 大容量线路,结合其他多址技术使用。

2. 多路复用和多址技术的相同点和不同点

(1) 多路复用和多址技术的相同点

- 都是为了共享通信资源。
- 理论基础都是信号的正交分割原理。

(2) 多路复用和多址技术的不同点

- 多路复用一般在中频或基带实现,多址技术通常在射频实现。

• 多路复用中通信资源是预先分配给各用户的。多址接入中通信资源通常是动态分配的，由用户在远端提出共享要求，在系统控制器的控制下，按照用户对通信资源的需求，随时动态地改变通信资源的分配。

3. 与 LTE 相关的多址方式

在 LTE 系统中，采用的是正交频分复用技术（OFDM），下行采用的是 OFDMA 多址方式，上行采用的是 SC-FDMA 多址方式。

OFDM 将整个较宽的频带分割成许多较窄正交频分子载波进行发送，这样，频率选择性衰落信道被转化为许多平坦衰落子信道。给不同用户分配不同的子载波，用户间满足相互正交，小区内没有干扰。同时，子载波间重叠占用频谱可以提高频谱利用率，增加信息传输速率。具体的 OFDM 介绍参考后面的章节。

2.2　双工技术

2.2.1　双工技术的类型

LTE 系统同时定义了频分双工（Frequency Division Duplexing，FDD）和时分双工（Time Division Duplexing，TDD）两种不同的双工方式。FDD 是在分离的两个对称频率信道上进行接收和发送，用保护频段来分离接收和发送信道，所以 FDD 必须采用成对的频率，依靠频率来区分上下行链路，其单方向的资源在时间上是连续的；TDD 用时间来分离接收和发送信道，接收和发送使用同一频率载波的不同时隙作为信道的承载，其单方向的资源在时间上是不连续的，时间资源在两个方向上进行了分配。

2.2.2　TDD 和 FDD 双工方式的特点比较

TDD 双工方式的工作特点使 TDD 具有如下优势：

① 能够灵活配置频率，使用 FDD 系统不易使用的零散频段；

② 可以通过调整上下行时隙转换点，提高下行时隙比例，能够很好地支持非对称业务；

③ 具有上下行信道一致性，基站的接收和发送可以共用部分射频单元，降低了设备成本；

④ 接收上下行数据时，不需要收发隔离器，只需要一个开关即可，降低了设备的复杂度；

⑤ 具有上下行信道互惠性，能够更好地采用传输预处理技术，如预 RAKE 技术、联合传输（JT）技术、智能天线技术等，能有效地降低移动终端的处理复杂性。

但是，TDD 双工方式相较于 FDD，也存在明显的不足：

① 由于 TDD 方式的时间资源分别分给了上行和下行，因此 TDD 方式的发射时间大约只有 FDD 的一半，如果 TDD 要发送和 FDD 同样多的数据，就要增大 TDD 的发送功率；

② TDD 系统上行受限，因此 TDD 基站的覆盖范围明显小于 FDD 基站；

③ TDD 系统收发信道同频，无法进行干扰隔离，系统内和系统间存在干扰；

④ 为了避免与其他无线系统之间的干扰，TDD 需要预留较大的保护带，影响了整体频谱利用效率。

2.2.3 TDD 和 FDD 工作原理

频分双工(FDD)和时分双工(TDD)是两种不同的双工方式。FDD是在分离的两个对称频率信道上进行接收和发送,用保护频段来分离接收和发送信道。FDD必须采用成对的频率,依靠频率来区分上下行链路,其单方向的资源在时间上是连续的,如图2-18所示。FDD在支持对称业务时,能充分利用上下行的频谱,但在支持非对称业务时,频谱利用率将大大降低。

TDD用时间来分离接收和发送信道。在TDD方式的移动通信系统中,接收和发送使用同一频率载波的不同时隙作为信道的承载,其单方向的资源在时间上是不连续的,时间资源在两个方向上进行了分配,如图2-19所示。某个时间段由基站发送信号给移动台,另外的时间由移动台发送信号给基站,基站和移动台之间必须协同一致才能顺利工作。

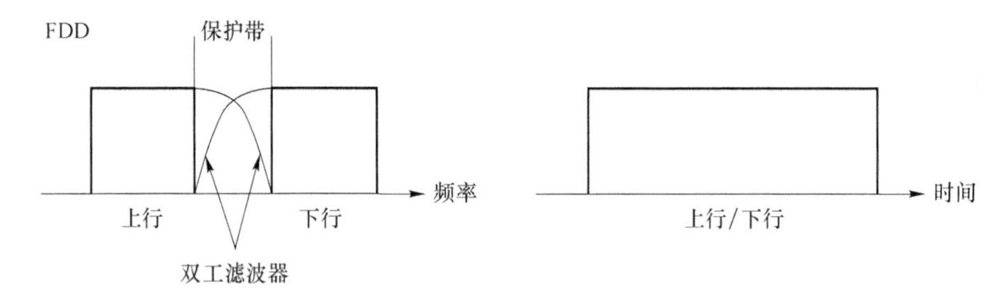

图 2-18　FDD 工作原理

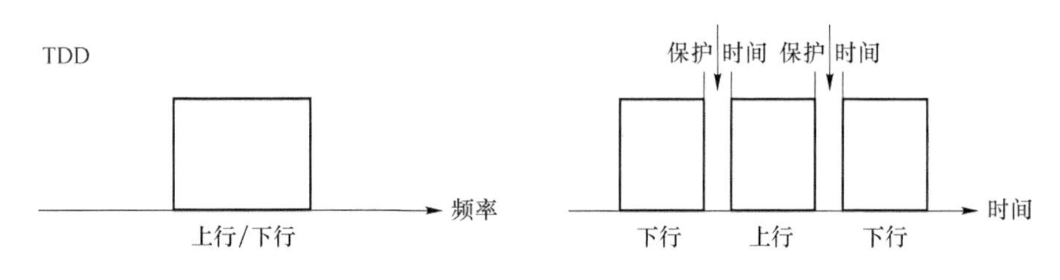

图 2-19　TDD 工作原理

2.2.4 FDD 和 TDD 双工方式的区别

1. 帧结构

首先,LTE系统分别设计了FDD和TDD的帧结构。FDD模式下,10 ms的无线帧被分为10个子帧,每个子帧包含两个时隙,每时隙长0.5 ms。TDD模式下,每个10 ms无线帧包括2个长度为5 ms的半帧,每个半帧由4个数据子帧和1个特殊子帧组成。特殊子帧包括3个特殊时隙:DwPTS(Downlink Pilot Time Slot)、GP(Guard Period)(GP越大说明小区覆盖半径越大)和UpPTS(Uplink Pilot Slot),总长度为1 ms。DwPTS和UpPTS的长度可通过调节GP的长度来配置,从而调节上下行时隙的比例分配。

帧结构Type1:FDD(全双工和半双工)(FDD上下行数据在不同的频带里传输;使用成对频谱)每一个无线帧的长度为10 ms,由20个时隙构成,每一个时隙长度为 $T_{slot}=15\ 630T_s=$ 0.5 ms,如图2-20所示。

对于 FDD，在每一个 10 ms 中，有 10 个子帧可以用于下行传输，并且有 10 个子帧可以用于上行传输。上下行传输在频域上进行分开。

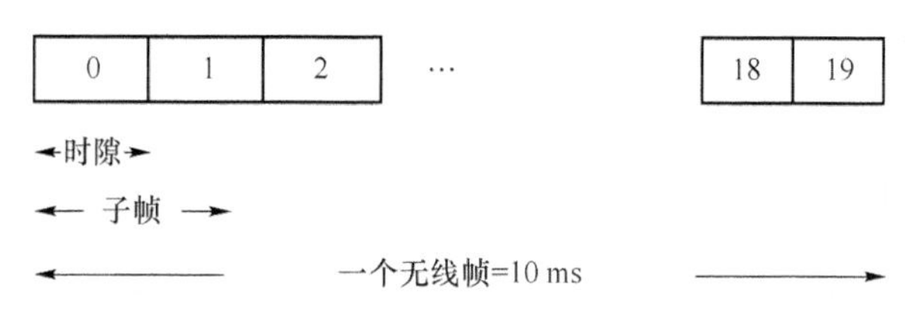

图 2-20　FDD 帧结构

帧结构 Type2：TDD（TDD 上下行数据可以在同一频带内传输；可使用非成对频谱）。

首先，一个无线帧的长度为 10 ms，每个无线帧由两个半帧构成，每个半帧的长度为 5 ms。每个半帧由 8 个常规时隙和 DwPTS、GP 和 UpPTS 3 个特殊时隙构成，DwPTS 和 UpPTS 的长度可配置，要求 DwPTS、GP 以及 UpPTS 的总长度为 1 ms，如图 2-21 所示。

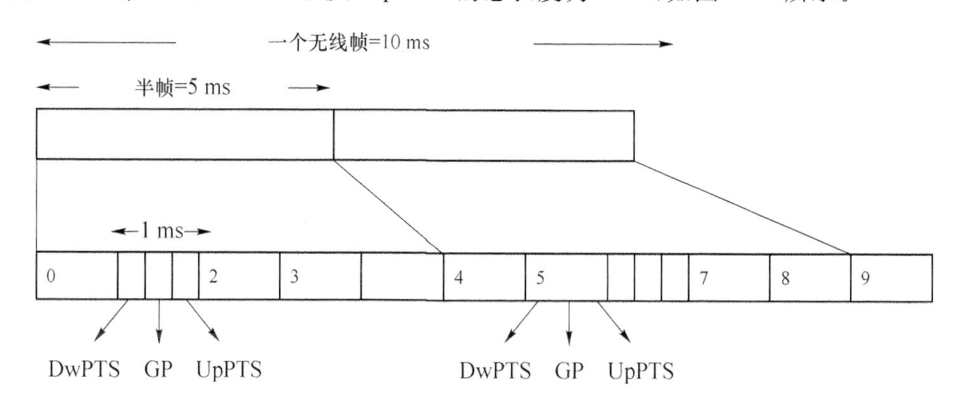

图 2-21　TDD 帧结构

其次，在 LTE-FDD 中用普通数据子帧传输上行 sounding 导频，而 TDD 系统中，上行 sounding 导频可以在 UpPTS 上发送。另外，DwPTS 也可用于传输 PCFICH、PDCCH、PHICH、PDSCH 和 P-SCH 等控制信道和控制信息。

最后，和 FDD 不同的是 TDD 系统不总是存在 1∶1 的上下行比例。当下行多于上行时，存在一个上行子帧反馈多个下行子帧，当上行子帧多于下行子帧时，存在一个下行子帧调度多个上行子帧（多子帧调度）的情况。

2. 双工方式对比

TDD 双工方式和 FDD 双工方式有各自的特点，图 2-22 对这两种双工方式做了比较。

3. TD-LTE 特有技术

（1）上下行配比

FDD 仅支持 1∶1 上下行配比。

TDD 可以根据不同的业务类型调整上下行时间配比，以满足上下行非对称业务需求，如图 2-23 所示。

（2）特殊时隙的应用

为了节省网络开销，TD-LTE 允许利用特殊时隙 DwPTS 和 UpPTS 传输系统控制信息。

TDD 系统中，上行 sounding RS 和 PRACH 前导码可以在 UpPTS 上发送，DwPTS 可用于传输 PCFICH、PDCCH、PHICH、PDSCH 和 P-SCH 等控制信道和控制信息。

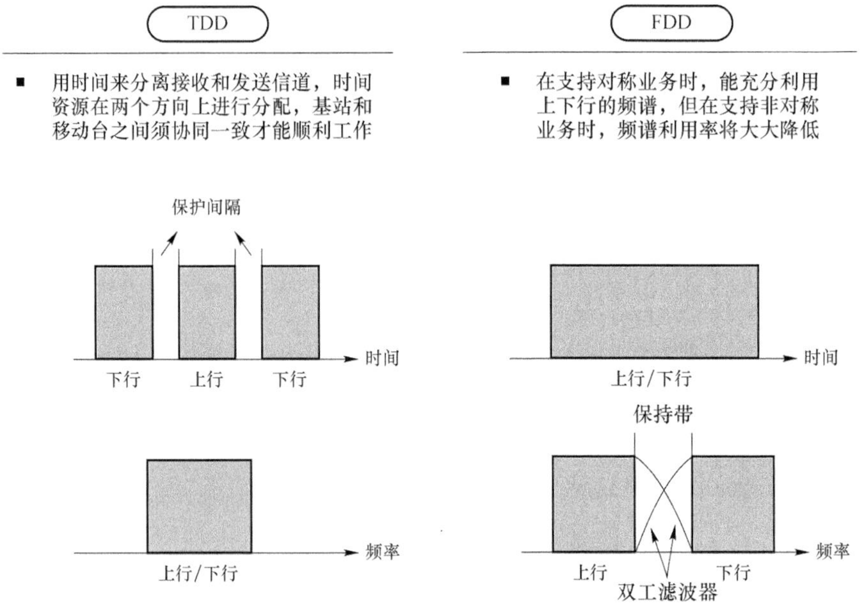

TDD

- 用时间来分离接收和发送信道，时间资源在两个方向上进行分配，基站和移动台之间须协同一致才能顺利工作

保护间隔

时间

下行　上行　下行

频率

上行/下行

FDD

- 在支持对称业务时，能充分利用上下行的频谱，但在支持非对称业务时，频谱利用率将大大降低

时间

上行/下行

保持带

频率

上行　下行

双工滤波器

图 2-22　TDD 与 FDD 对比

周期	上下行配比
5 ms	1DL:3UL，2DL:2UL，3DL:1UL
10 ms	6DL:3UL，7DL:2UL，8DL:1UL，3DL:5UL

图 2-23　周期与上下行配比

2.2.5　TDD 与 FDD 同步信号设计差异

① LTE 同步信号的周期是 5 ms，分为主同步信号(PSS)和辅同步信号(SSS)。

② TD-LTE 和 FDD-LTE 帧结构中，同步信号的位置/相对位置不同。

③ 利用主、辅同步信号相对位置的不同，终端可以在小区搜索的初始阶段识别系统是 TDD 还是 FDD，如图 2-24 所示。

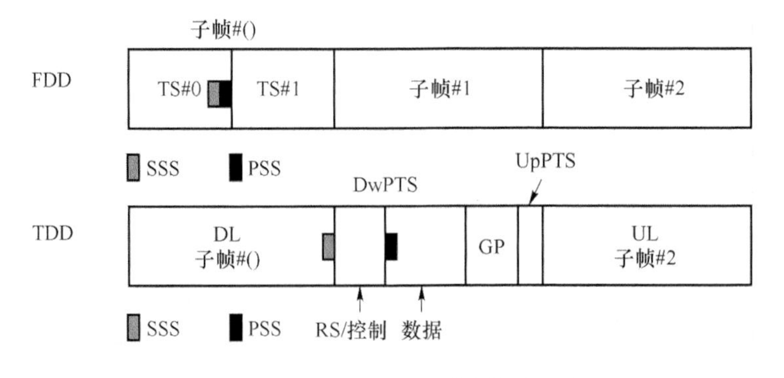

图 2-24　FDD 与 TDD 同步信号差异

2.2.6 TDD 与 FDD 组网对比

1. 覆盖方面的对比

① FDD 和 TDD 采用的链路级关键技术基本一致，解调性能相近。

② TDD 系统多天线技术的灵活运用，能够较好地抗干扰并提升性能和覆盖。

2. 同频组网能力的对比

① 均可做到业务信道基于 ICIC 基础上的同频组网。

② 信令信道和控制信道有大体相同的链路增益，理论上都能够支持同频组网。

3. 具体机制的异同

切换、功控机制相同，同步、重选、物理层信道编解码等能力上没有本质区别。

4. 系统内干扰来源

TDD 系统是时分系统，上下行时隙之间可能有干扰，需要通过时隙规划来进行协调。

5. 频率规划，时隙规划

① FDD 只有频率规划，结合 ICIC 来完成。

② TDD 系统有频率规划和时隙规划，频率规划结合 ICIC 来完成，时隙规划根据业务分布、干扰隔离等在组网中进行考虑。

2.2.7 TD-LTE 与 FDD-LTE 技术综合对比

TD-LTE 与 FDD-LTE 在技术上都有各自的特点，如表 2-1 所示。

表 2-1 TD-LTE 与 FDD-LTE 技术对比

<table>
<tr><th colspan="2">技术体制
性能参数</th><th>TD-LTE</th><th>FDD-LTE</th></tr>
<tr><td rowspan="6">采用的相同关键技术</td><td>信道带宽灵活配制</td><td>1.4 M,3 M,5 M,10 M,15 M,20 M</td><td>1.4 M,3 M,5 M,10 M,15 M,20 M</td></tr>
<tr><td>帧长</td><td>10 ms(半帧 5 ms,子帧 1 ms)</td><td>10 ms(子帧 1 ms)</td></tr>
<tr><td>信道编码</td><td>卷积码,Turbo 码</td><td>卷积码,Turbo 码</td></tr>
<tr><td>调制方式</td><td>QPSK,16QAM,64QAM</td><td>QPSK,16QAM,64QAM</td></tr>
<tr><td>功率控制</td><td>开环结合闭环</td><td>开环结合闭环</td></tr>
<tr><td>MIMO 多天线技术</td><td>支持</td><td>支持</td></tr>
<tr><td rowspan="4">技术差异</td><td>双工方式</td><td>TDD</td><td>FDD</td></tr>
<tr><td>子帧上下行配置</td><td>无线帧中多种子帧上下行配置方式</td><td>无线帧全部上行或者下行配置</td></tr>
<tr><td>HARQ</td><td>个数与延时随上下行配置方式不同而不同</td><td>个数与延时固定</td></tr>
<tr><td>调度周期</td><td>随上下行配置方式不同而不同，最小 1 ms</td><td>1 ms</td></tr>
</table>

2.2.8 TD-LTE 的优缺点

1. TD-LTE 的优势

① 频谱配置更具优势，如图 2-25 所示。

② 支持非对称业务。

③ 智能天线的使用。

④ TD-LTE 系统能有效地降低终端的处理复杂性。

⑤ 具有上下行信道互易性(Reciprocity),能够更好地采用发射端预处理技术,如预RAKE 技术、联合传输(Joint Transmission)技术、智能天线技术等,能有效地降低终端接收机的处理复杂性。

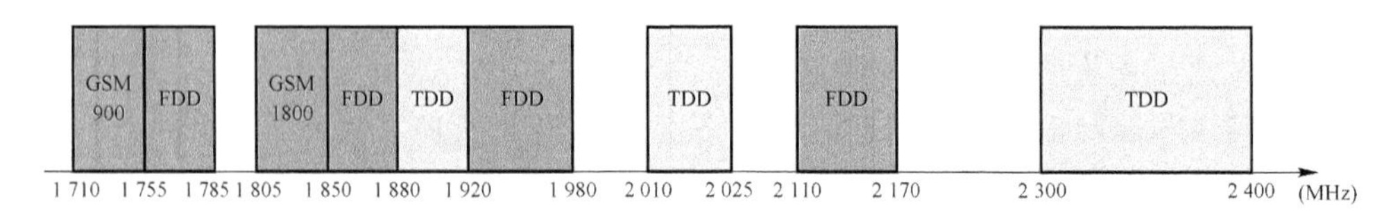

图 2-25 TDD 与 FDD 频段对比

2. TD-LTE 的缺点

① 使用 HARQ 技术时,TD-LTE 使用的控制信令比 FDD-LTE 更复杂,且平均 RTT 稍长于 FDD-LTE 的 8 ms。

② 由于上下行信道占用同一频段的不同时隙,为了保证上下行帧的准确接收,系统对终端和基站的同步要求很高。

③ 为了补偿 TD-LTE 系统的不足,TD-LTE 系统采用了一些新技术,例如,TDD 支持在微小区使用更短的 PRACH,以提高频谱利用率;采用 multi-ACK/NACK 的方式,反馈多个子帧,节约信令开销等。

④ 要求全网同步。

2.3 HARQ 技术

差错控制是在数字通信中利用编码方法对传输中产生的差错进行控制,以提高数字消息传输的准确性。

(1) 传输差错的成因:都是由噪声引起的。噪声有随机热噪声和冲击噪声,其中冲击噪声是传输差错的主要原因。

(2) 解决办法:进行差错控制,差错控制可通过以下两种方法解决。即:

① 自动请求重发(ARQ);

② 前向纠错(FEC)。

(3) ARQ:收方如果正确收到发方所发送的数据,必须给发方返回确认(ACK)信息;发方如果没有在一定时间内收到返回信息,则发方重发数据。

(4) FEC 的优缺点如下所示。

优点:不需要反向信道;不需要重传;速度快。

缺点:冗余信息需更多带宽。

混合自动重传请求(HARQ)是一种将自动重传请求和前向纠错编码结合在一起的物理层技术,可以用来减轻信道与干扰抖动对数据传输造成的负面影响。

其中,FEC 提供最大可能的错误纠正,而 ARQ 则可以弥补 FEC 不能纠正的错误,从而达到较低的误码率。

混合纠错方式在实时性和译码复杂性方面是前向纠错和检错重发方式的折中，较适合环路延迟大的高速数据传输系统。

2.3.1　HARQ 工作过程

将一个或多个待发送 MAC 层数据单元串联起来，根据物理层的具体规范进行编码，生成 4 个 HARQ 子包。基站每次只发送一个子包，由于 4 个子包之间存在很大的相关性，收端无须获得全部子包，也能够正确译码。因此，终端在收到第一个子包后，就尝试译码。如果译码成功，终端立即回送一个确认(ACK)消息给基站，阻止其发送后续子包；如果译码失败，终端回送否认(NACK)消息，请求基站发送下一个子包，依次类推。终端每次将根据接收到的所有子包来译码，以提高译码成功率。

HARQ 采用了最为简单的停等重传机制，以降低控制开销和收发缓存空间。此时如果使用 OFDMA 物理层，则可以巧妙地克服停等协议信道利用率低的缺陷。因此，协议中仅规定 OFDMA 物理层提供对 HARQ 的支持。

2.3.2　HARQ 的类型

1. 3 类 HARQ 简介

根据 HARQ 中前向纠错编码在接收端合并的方式，HARQ 技术分为 3 类：第一类 HARQ、第二类 HARQ 和第三类 HARQ。

第一类 HARQ 又称为传统 HARQ，由数据加循环冗余码校验(CRC)，并用 FEC 编码。在接收端 FEC 解码并用 CRC 校验数据的正确性。如果数据包出错，直接丢弃并返回重传请求，发送端收到重传请求后，重新发送原来的编码数据包，在接收端不进行任何合并，而是直接译码。此类 HARQ 信令开销很小，物理层结构及解码都比较简单。但是这种固定的前向纠错编码意味着固定的冗余信息，所以每次重传被正确解码的概率相同，且比较低，系统吞吐量不如第二类和第三类 HARQ。

第二类 HARQ 称为增加冗余(IR)的 HARQ 机制。这种机制下，接收错误的数据包不会丢弃，而是与重传的冗余信息合并之后再进行解码。新的冗余信息与先前收到的初次传输的信息一起，形成纠错能力更强的前向纠错码，使错误率进一步降低。例如，在初次传送时，以高速率编码，冗余度较小，若未能正确解码，则降低编码率，增大冗余度，再次发送，接收端将两次接收到的数据帧合并解码，从而提高纠错能力。IR 并不是每次重传都采用同一个码字、同一种编码率，而是根据前一次解码的结果来决定下一次发送的码字的编码率。若是没能正确解码，接收端给发送端回一个 NAK，于是发送端自动降低下一次重传的码字的编码率，也就是增大其冗余度，以更好适应当前信道的情况。

第三类 HARQ 又称为部分冗余 HARQ，也属于增加冗余机制。与第二类相似，但是编码生成的数据包不同。第一次传输的数据包通常采用第一类 HARQ，重传时所传输的数据包包含不同的打孔校验比特。

它与第二类 HARQ 最大的区别在于重传的数据包可以自解码，所以可以由重传的数据包直接解码出用户信息，如果仍不能正确解码，则将多次传输的数据包合并，再进行解码。

2. 同步 HARQ 和异步 HARQ

按照重传发生的时刻来区分，可以将 HARQ 分为同步和异步两类。

同步 HARQ 是指一个 HARQ 进程的传输(重传)发生在固定的时刻，由于接收端预先已知传输的发生时刻，因此不需要额外的信令开销来标识 HARQ 进程的序号，此时的 HARQ 进程的序号可以从子帧号获得；异步 HARQ 是指一个 HARQ 进程的传输可以发生在任何时刻，接收端预先不知道传输的发生时刻，因此 HARQ 进程的处理序号需要连同数据一起发送。

由于同步 HARQ 的重传发生在固定时刻，没有附加进程序号的同步 HARQ 在某一时刻只能支持一个 HARQ 进程。实际上 HARQ 操作应该在一个时刻可以同时支持多个 HARQ 进程的发生，此时同步 HARQ 需要额外的信令开销来标识 HARQ 的进程序号，而异步 HARQ 本身可以支持传输多个进程。另外，在同步 HARQ 方案中，发送端不能充分利用重传的所有时刻，例如，为了支持优先级较高的 HARQ 进程，则必须中止预先分配给该时刻的进程，那么此时仍需要额外的信令信息。

根据重传时的数据特征是否发生变化又可将 HARQ 分为非自适应和自适应两种，其中传输的数据特征包括资源块的分配、调制方式、传输块的长度、传输的持续时间。自适应传输是指在每一次重传过程中，发送端可以根据实际的信道状态信息改变部分的传输参数，因此，在每次传输的过程中包含传输参数的控制信令信息要一并发送。可改变的传输参数包括调制方式、资源单元的分配和传输的持续时间等。在非自适应系统中，这些传输参数相对于接收端而言都是预先已知的，因此包含传输参数的控制信令信息在非自适应系统中是不需要被传输的。

在重传的过程中，可以根据信道环境自适应地改变重传包格式和重传时刻的传输方式，可以称为基于 IR 类型的异步自适应 HARQ 方案。这种方案可以根据时变信道环境的特性有效地分配资源，但是具有灵活性的同时也带来了更多的系统复杂性。在每次重传过程中包含传输参数的控制信令信息必须与数据包一起发送，这样就会造成额外的信令开销。而同步 HARQ 在每次重传过程中的重传包格式、重传时刻都是预先已知的，因此不需要额外的信令信息。

与异步 HARQ 相比较，同步 HARQ 具有以下优势：

① 控制信令开销小，在每次传输过程中的参数都是预先已知的，不需要标识 HARQ 的进程序号；

② 在非自适应系统中接收端操作复杂度低；

③ 提高了控制信道的可靠性，在非自适应系统中，有些情况下，控制信道的信令信息在重传时与初始传输是相同的，这样就可以在接收端进行软信息合并从而提高控制信道的性能。

根据层一/层二的实际需求，异步 HARQ 具有以下优势：

① 如果采用完全自适应的 HARQ 技术，同时在资源分配时，可以采用离散、连续的子载波分配方式，调度将会具有很大的灵活性；

② 可以支持一个子帧的多个 HARQ 进程；

③ 重传调度的灵活性。

LTE 下行链路系统中采用异步自适应的 HARQ 技术。因为相对于同步非自适应 HARQ 技术而言，异步 HARQ 更能充分利用信道的状态信息，从而提高系统的吞吐量，此外，异步 HARQ 可以避免重传时资源分配发生冲突从而造成性能损失。例如，在同步 HARQ

中，如果优先级较高的进程需要被调度，但是该时刻的资源已被分配给某一个 HARQ 进程，那么资源分配就会发生冲突；而异步 HARQ 的重传不是发生在固定时刻，可以有效地避免这个问题。

同时，LTE 系统在上行链路采用同步非自适应 HARQ 技术。虽然异步自适应 HARQ 技术相比较同步非自适应技术而言，在调度方面的灵活性更高，但是后者所需的信令开销更少。由于上行链路的复杂性，来自其他小区用户的干扰是不确定的，因此基站无法精确估测出各个用户实际的信干比(SINR)值。在自适应调制编码系统中，一方面自适应调制编码(AMC)根据信道的质量情况，选择合适的调制和编码方式，能够提供粗略的数据速率的选择；另一方面 HARQ 基于信道条件提供精确的编码速率调节，由于 SINR 值的不准确性导致上行链路对于调制编码模式(MCS)的选择不够精确，所以更多地依赖 HARQ 技术来保证系统的性能。因此，上行链路的平均传输次数会高于下行链路。所以，考虑控制信令的开销问题，在上行链路确定使用同步非自适应 HARQ 技术。

3. 自适应和非自适应 HARQ

(1) 自适应 HARQ

可以根据无线信道条件，自适应地调整每次重传采用的资源块(RB)、调制方式、传输块大小、重传周期等参数。可看作 HARQ 和自适应调度、自适应调制和编码的结合，可以提高系统在时变信道中的频谱效率，但会大大提高 HARQ 流程的复杂度，并需要在每次重传时都发送传输格式信令，大大增加了信令开销。

(2) 非自适应 HARQ

对各次重传均用预定义好的传输格式，收发两端都预先知道各次重传的资源数量、位置、调制方式等资源，避免了额外的信令开销。

2.3.3 HARQ 流程

1. 下行 HARQ 流程

下行异步 HARQ 操作是通过上行 ACK/NACK 信令传输、新数据指示、下行资源分配信令传输和下行数据的重传来完成的。每次重传的信道编码冗余版本是预定义好的，不需要额外的信令支持。RV 的设计，由于下行 HARQ 重传的信道编码率已经确定，因此不进行完全的 MCS 的选择，但仍可以进行调制方式的选择。调制方式的变化会同时造成 RB 数的不同，因此需要通过下行的信令资源分配指示给 UE，另外，还需要通过一个比特的新数据指示符(NDI)指示此次传输是新数据还是重传。

下行 HARQ 流程的时序实例如图 2-26 所示。

假设下行跟上行是子帧同步，接收发送之间没有时延。

首先 eNB 在时刻 0 的 PDSCH 信道发送了一份下行数据，UE 首先监听到后，进行解码，发现解码失败，它将在时刻 4 的上行控制信道(PUCCH)向 eNB 反馈上次传输的 NACK 信息，eNB 对 PUCCH 中的 NACK 信息进行解调和处理，然后根据下行资源分配情况对重传数据进行调度，此时的调度时间并没有规定，eNB 根据情况来调度，这里假设在时刻 6 在 PDSCH上发送重传，如果此时 UE 成功解码，它就在时刻 10 发送确认，那么一个传输就结束了。

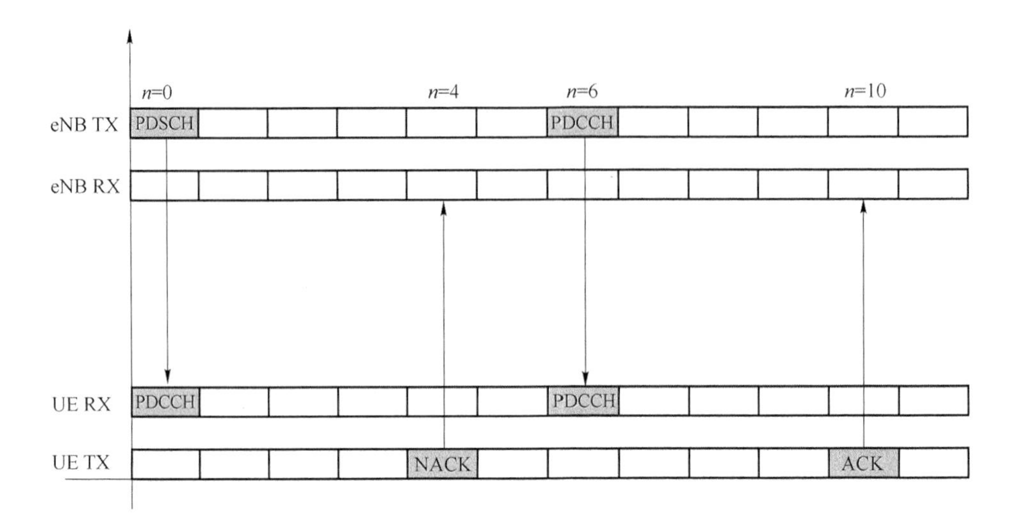

图 2-26　下行 HARQ 流程

2. 上行 HARQ 流程

上行同步 HARQ 操作是通过下行 ACK/NACK 信令传输、NDI 和上行数据的重传来完成的，每次重传的信道编码 RV 和传输格式是预定义好的，不需要额外的信令支持，只需通过 NDI 指示是新数据的传输还是重传。上行 HARQ 流程的时序如图 2-27 所示。

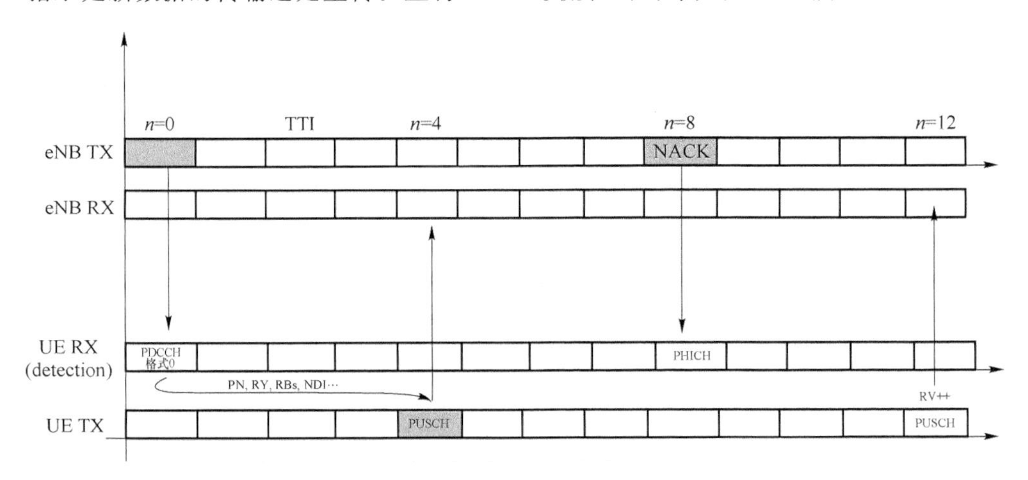

图 2-27　上行 HARQ 流程

相对应下行来说，反馈跟重传的位置都是固定地按照 $n+4$ 来处理，而下行重传时并没有规定好重传的时刻，eNB 可以根据情况来调度下行重传。因此这也就是为什么上行叫同步 HARQ，而下行叫异步 HARQ 的原因。

2.4　OFDM 技术

OFDM 即正交频分多路复用(Orthogonal Frequency Division Multiplexing)，与传统的多载波调制(MCM)相比，OFDM 调制的各个子载波间可相互重叠，并且能够保持各个子载波之间的正交性，如图 2-28 所示。

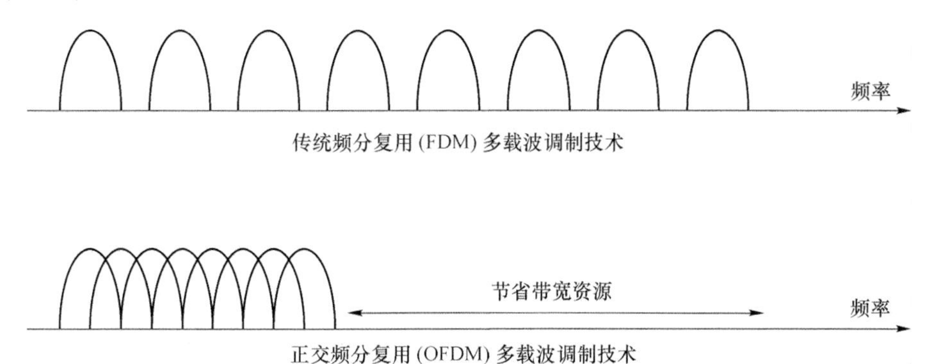

图 2-28　OFDM 子载波正交性

2.4.1　OFDM 基本原理

OFDM 的基本原理是将高速的数据流分解为 N 个并行的低速数据流，在 N 个子载波上同时进行传输。这些在 N 个子载波上同时传输的数据符号，构成一个 OFDM 符号，如图 2-29 所示。

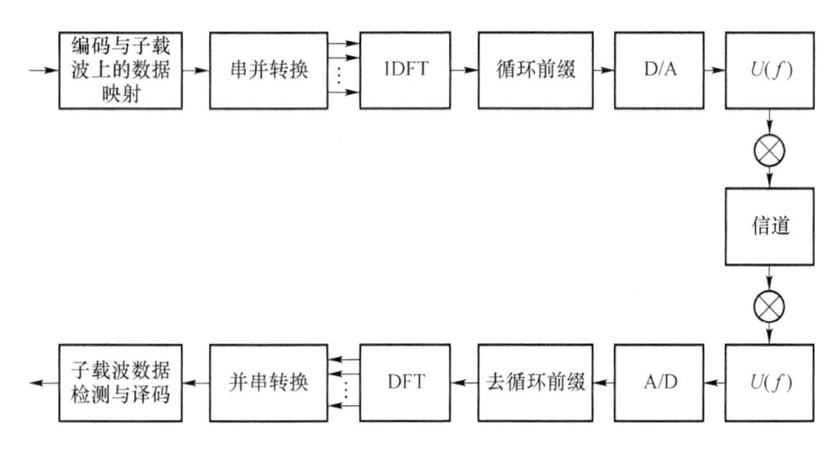

图 2-29　OFDM 的基本原理

OFDM 将频域划分为多个子信道，各相邻子信道相互重叠，但不同子信道相互正交。将高速的串行数据流分解成若干并行的子数据流同时传输。

OFDM 子载波的带宽小于信道"相干带宽"时，可以认为该信道是"非频率选择性信道"，所经历的衰落是"平坦衰落"。

OFDM 符号持续时间小于信道"相干时间"时，信道可以等效为"线性时不变"系统，降低信道时间选择性衰落对传输系统的影响。

图 2-30 是 FDM 和 OFDM 带宽利用率的比较。

1. OFDM 符号频谱结构

OFDM 符号的频谱结构比较特殊，如图 2-31 所示。

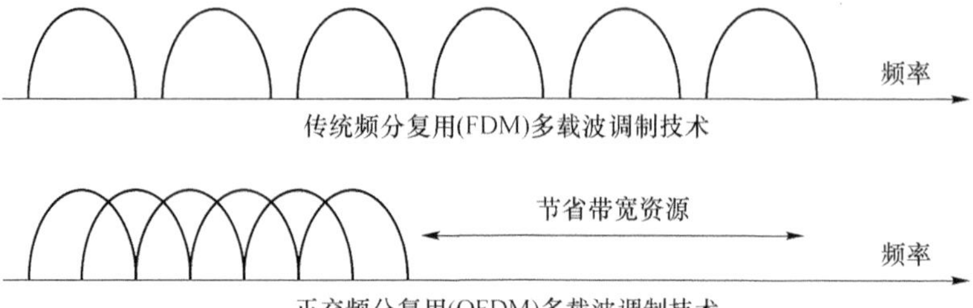

图 2-30　FDM 和 OFDM 带宽利用率的比较

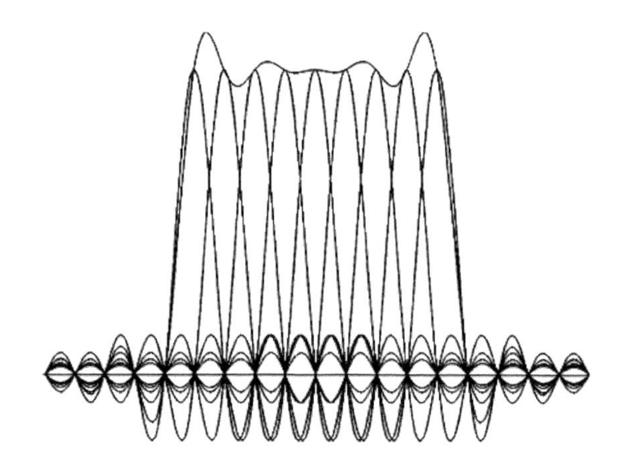

图 2-31　OFDM 符号频谱结构

2. OFDM 的优缺点

(1) OFDM 的优点

① 能有效对抗多径效应。

② 对抗频率选择性衰落。

③ 频带利用率高。

(2) OFDM 的缺点

① 同步实现难度大。

② 发射机与接收机中需要完成复杂的 FFT 或 IFFT 运算。

③ 对载波频偏敏感。

④ 峰均比高。

2.4.2　OFDM 发射流程

图 2-32 所示的是 OFDM 发射的流程。

2.4.3　OFDM 的核心操作

图 2-33 所示的是 OFDM 的一些核心操作过程。

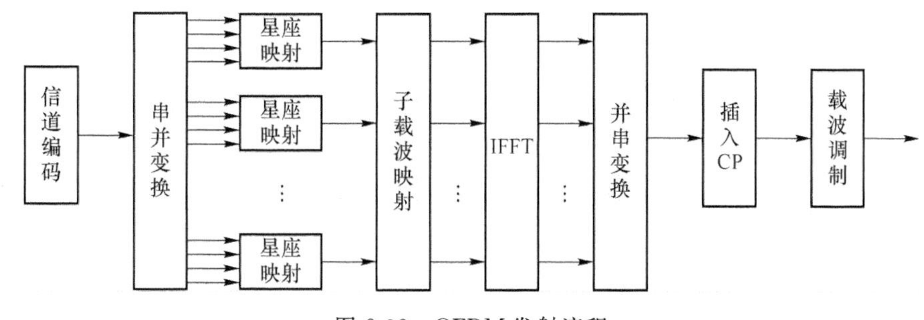

图 2-32　OFDM 发射流程

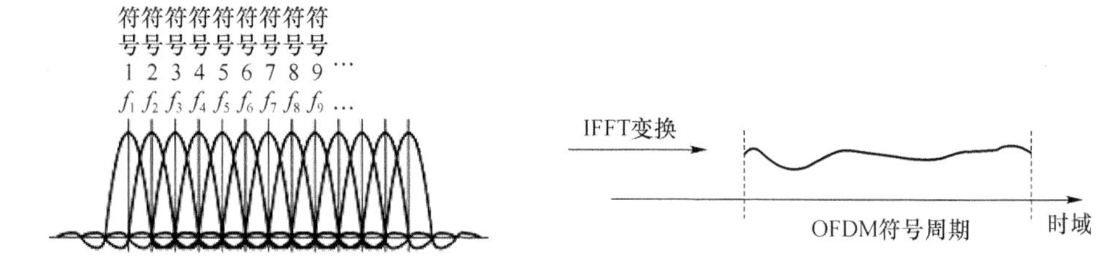

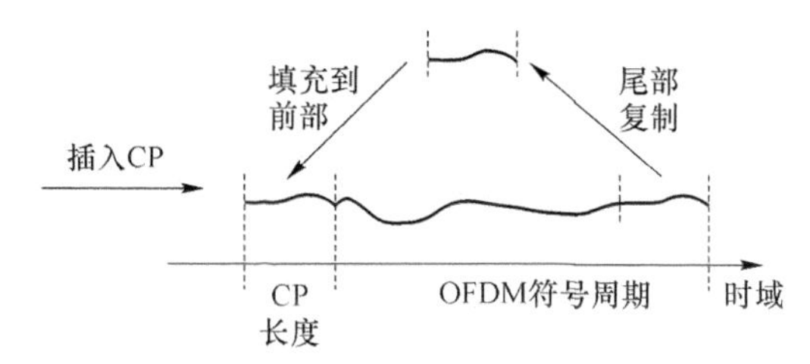

图 2-33　OFDM 核心操作过程

2.4.4　OFDM 的正交性

1. 时域描述

图 2-34 描述的是 OFDM 符号内包括 4 个子载波的实例。

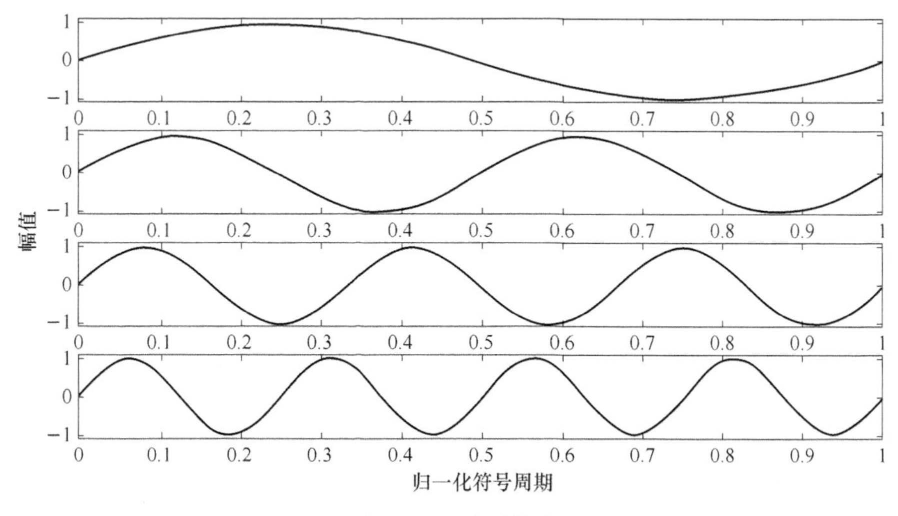

图 2-34　4 个子载波

2. 频域描述

OFDM 是时域和频域正交的一种方式，图 2-35 所示的是 OFDM 频域的描述。

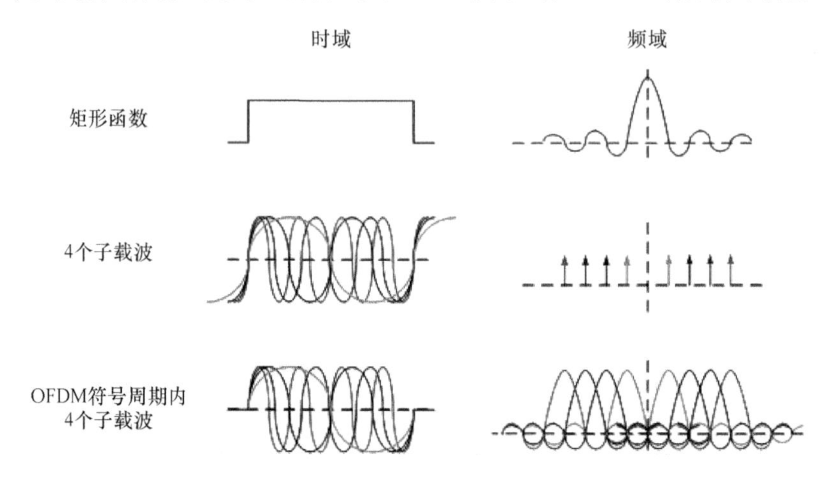

图 2-35 OFDM 频域描述

3. 正交性体现

在一个 OFDM 符号内包含多个子载波。所有的子载波都具有相同的幅值和相位，从图 2-36 中可以看出，每个子载波在一个 OFDM 符号周期内都包含整数倍个周期，而且各个相邻的子载波之间相差 1 个周期。

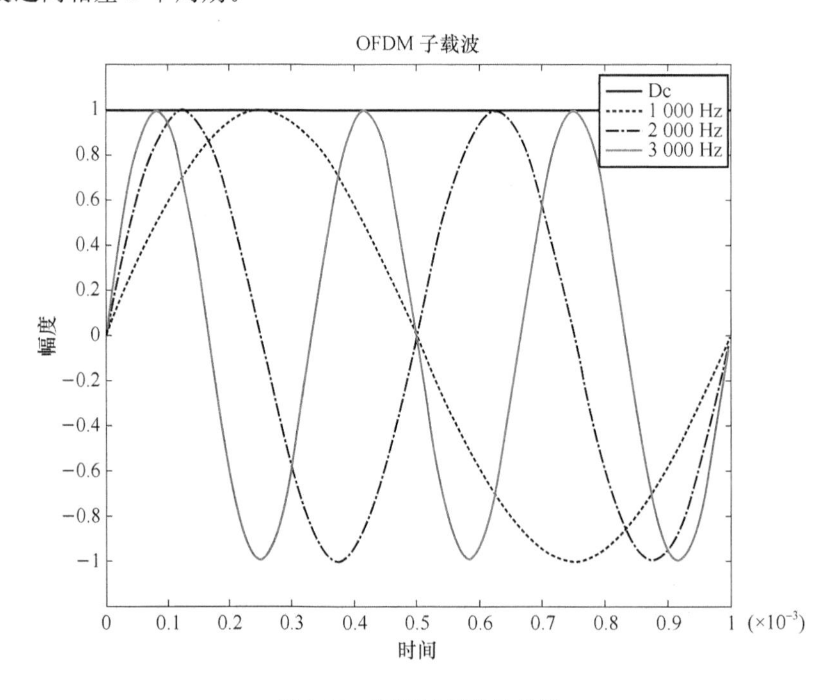

图 2-36 OFDM 子载波描述

2.4.5 保护间隔与循环前缀

CP(保护间隔)主要有 2 个功能：抗多径的符号干扰和抗多径的频率干扰。

如果没有保护间隔,多径会产生叠加,解调会很困难。

在没有保护间隔的情况下,由于多径的存在,各径之间将在交叠处产生符号间干扰,如图 2-37所示。

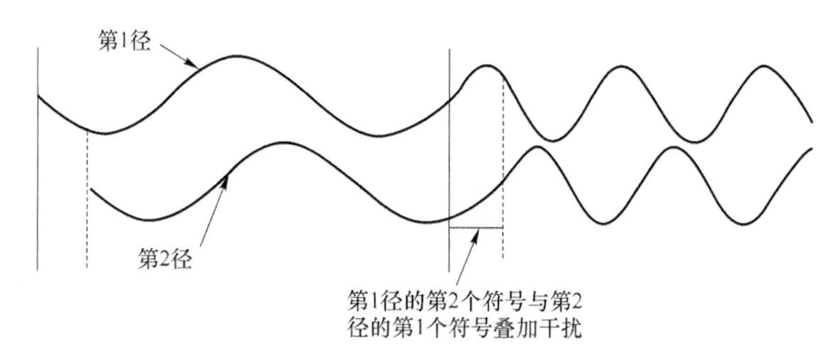

图 2-37 无保护间隔

为了最大限度地消除符号间干扰,在 OFDM 符号之间插入保护间隔,保护间隔长度大于无线信道的最大时延扩展,这样一个符号的多径分量不会对下一个符号造成干扰。在插入保护间隔后会有很明显的改善,如图 2-38 所示。

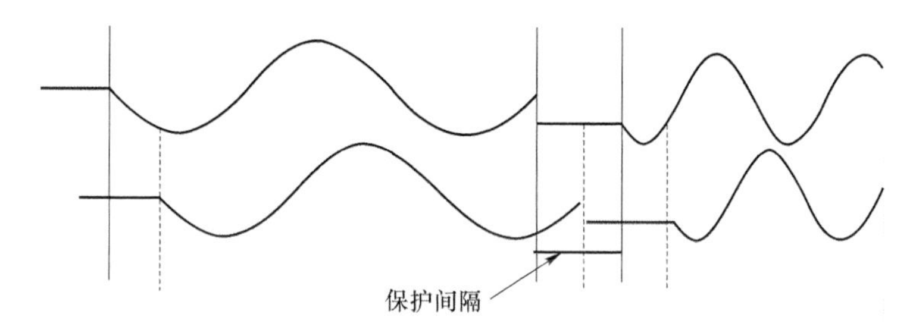

图 2-38 有保护间隔

因多径延时的存在,空闲的保护间隔进入到 FFT 的积分时间内,导致积分时间内不能包含整数个波形,破坏了载波间的正交性,如图 2-39 所示。

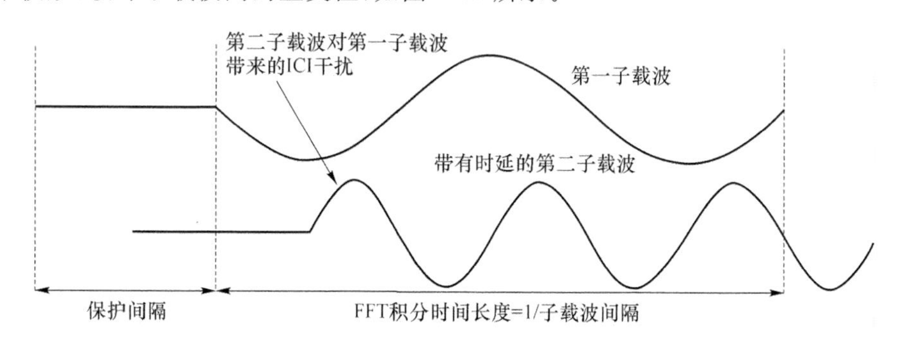

图 2-39 多径延时破坏了载波间的正交性情形

由于多径的影响,空闲保护间隔对子载波之间造成了干扰。

为了避免空闲保护间隔由于多径传播造成子载波间的正交性破坏,将每个 OFDM 符号的后时间中的样点复制到 OFDM 符号的前面,形成循环前缀,如图 2-40 所示。

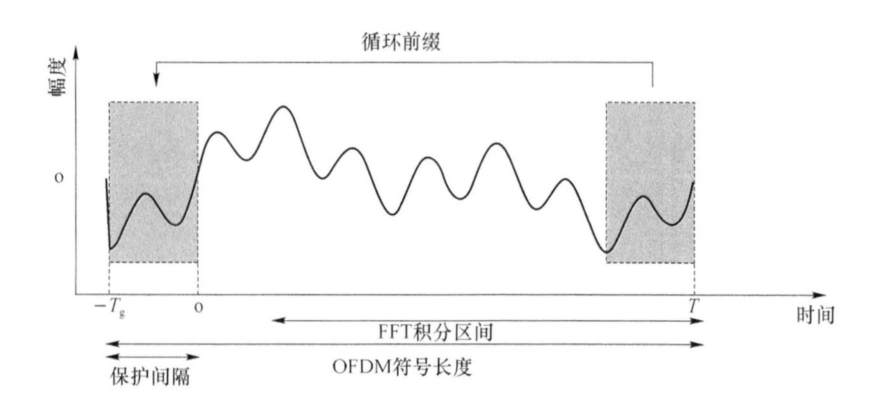

图 2-40　循环前缀示意图

2.4.6　OFDM 与 SC-FDMA

在 LTE 系统中，下行使用的是 OFDM 多址技术，上行使用的是 SC-FDMA。

1. OFDM

图 2-41 为 OFDM 系统框图。

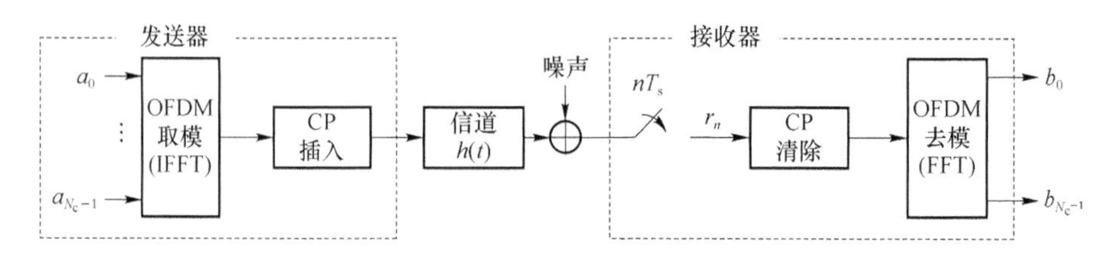

图 2-41　OFDM 系统框图

OFDM 调制后，各个子载波信号在频域上正交，如图 2-42 所示。

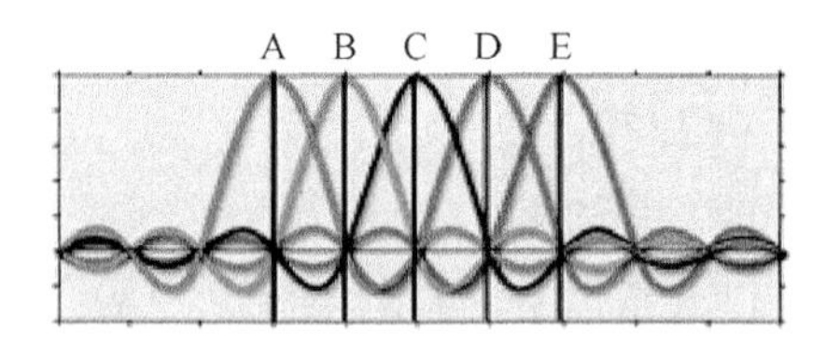

图 2-42　OFDM 子载波正交性

2. SC-FDMA

LTE 上行多址接入选择的是单载波频分多址（Single-Carrier Frequency Division Multiple Access，SC-FDMA）技术。

SC-FDMA 技术的优点：

① 峰均比小于 OFDMA，有利于提高功放效率；

② 传输信号的瞬时功率变化小；

③ 易于实现频域的低复杂度的高效均衡器；

④ 易于对 FDMA 采用灵活的带宽分配。

LTE 上行多址接入选择的是 SC-FDMA，下行使用的是 OFDMA，图 2-43 是 SC-FDMA 与 OFDMA 的对比。

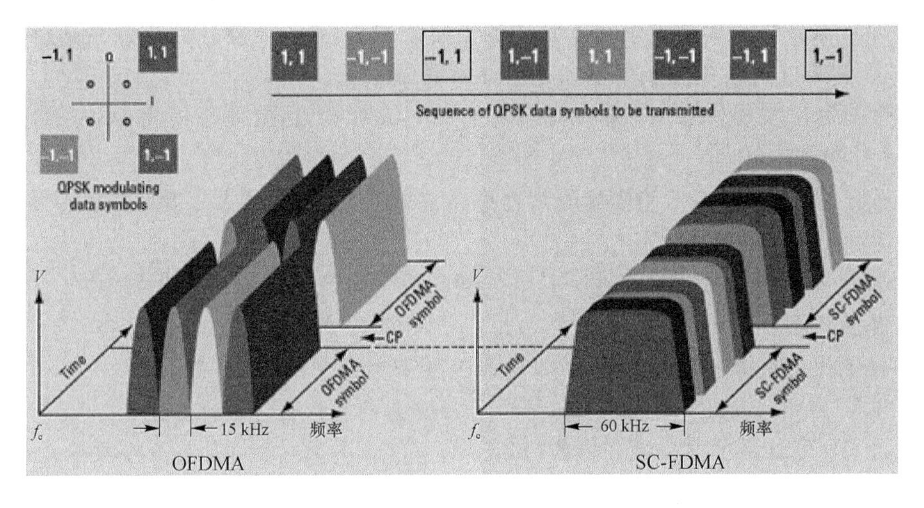

图 2-43　SC-FDMA 与 OFDMA 的对比

2.4.7　子载波间隔

1. 子载波数目

(1) 15 kHz 带宽子载波

用于单播(unicast)和多播(MBSFN)传输。

(2) 7.5 kHz 带宽子载波

仅仅可以应用于独立载波的 MBSFN 传输。

图 2-44 是不同带宽与子载波数目的对应。

信道带宽/MHz	1.4	3	5	10	15	20
子载波数目	72	180	300	600	900	1 200

图 2-44　带宽与子载波数目的对应

2. 子载波间隔确定

(1) 考虑因素：频谱效率和抗频偏能力。

① 子载波间隔越小，调度精度越高，系统频谱效率越高。

② 子载波间隔越小，对多普勒频移和相位噪声越过于敏感。

(2) 当子载波间隔在 10 kHz 以上，相位噪声的影响相对较低。

(3) 多普勒频移影响大于相位噪声(以此为主)。

2.4.8　OFDM 技术的优势

1. 频谱效率高

① 各子载波可以部分重叠，理论上可以接近 Nyquist 极限。

② 实现小区内各用户之间的正交性，避免用户间干扰，取得很高的小区容量。

③ 相对单载波系统(WCDMA),多载波技术是更直接实现正交传输的方法。

2. 带宽扩展性强

① OFDM 系统的信号带宽取决于使用的子载波数量,几百千赫兹到几百兆赫兹都较容易实现,FFT 尺寸带来的系统复杂度增加相对并不明显。

② 非常有利于实现未来宽带移动通信所需的更大带宽,也更便于使用 2G 系统退出市场后留下的小片频谱。

③ 单载波 CDMA 只能依赖提高码片速率或多载波 CDMA 的方式支持更大带宽,都可能造成接收机复杂度大幅上升。

④ OFDM 系统对大带宽的有效支持成为其相对单载波技术的决定性优势。

3. 抗多径衰落

① 多径干扰在系统带宽增加到 5 MHz 以上变得相当严重。

② OFDM 将宽带转化为窄带传输,每个子载波上可看作平坦衰落信道。

③ 插入 CP 可以用单抽头频域均衡(FDE)纠正信道失真,大大降低了接收机均衡器的复杂度。

④ 单载波信号的多径均衡复杂度随着带宽的增大而急剧增加,很难支持较大的带宽。对于更大带宽(20 M 以上),OFDM 优势更加明显。

4. 频域调度和自适应

频域调度和自适应分为集中式、分布式两种子载波分配方式。

① 集中式子载波分配方式:时域调度、频域调度。

② 分布式子载波分配方式:终端高速移动或低信干比,无法进行有效频域调度。

5. 实现 MIMO 技术简单

① MIMO 技术关键是有效避免天线间的干扰(IAI),以区分多个并行数据流。

② 在平坦衰落信道可以实现简单的 MIMO 接收。

③ 频率选择性衰落信道中,IAI 和符号间干扰(ISI)混合在一起,很难将 MIMO 接收和信道均衡分开处理。

2.4.9 OFDM 技术存在的问题

(1) 峰均比高

OFDM 系统中由于载波数比较多,因此多载波叠加后的 PARP 比较大。

下行使用高性能功放,上行采用 SC-FDMA 以改善峰均比。

(2) 对频率偏移特别敏感

LTE 使用频率同步解决频偏问题。

(3) 多小区多址和干扰抑制

OFDM 系统虽然保证了小区内用户的正交性,但无法实现自然的小区间多址(CDMA 则很容易实现)。如果不采取额外设计,将面临严重的小区间干扰(某些宽带无线接入系统就因缺乏这方面的考虑而可能为多小区组网带来困难)。可能的解决方案包括加扰、小区间频域协调、干扰消除、跳频等。

2.5　多天线技术

2.5.1　概述

多天线技术能充分利用空间资源，增加无线信道的有效带宽，大大提升了通信系统的容量。目前，多天线技术已经作为一个重要特性被引入 3GPP LTE 技术规范中。LTE 移动通信系统采用的多天线技术主要包括发射分集、开环空间复用、闭环空间复用和波束赋形等。

2.5.2　基本原理和特点

所谓多天线传输技术，即在发送端和接收端均使用多根天线进行数据的发送和接收。一般来说，多天线传输和接收能够提供阵列增益、分集增益、空间复用增益、干扰抑制增益。

阵列增益是当发射端知晓信道状态信息时，通过来自于发射端的多天线的相干合并效应使得接收端的信噪比增加。分集增益在无线信道中被用来对抗衰落。空间分集以空间独立衰落分支的数量为特征，也就是所知的空间分集重数，分集可降低接收机中的功率波动(或衰落)。空间多路复用使得传输速率(或容量)对同样的带宽出现线性增长而不会有附加的功率消耗。抑制干扰能力是由于无线信道中会发生共信道干扰，当使用多天线时，利用得到的信号空间特征和共信道信号之间的差别来抑制干扰。

2.5.3　空间信道

无线信道传播的多路径导致信号在不同的维度中传播，这些是：

① 延迟扩展——频率选择性衰落(相干带宽和时延扩展)；

② 多普勒扩展——时间选择性衰落 (相干时间和多普勒扩展)；

③ 角度扩展——空间选择性衰落(相干距离和角度扩展)。

延迟扩展、多普勒扩展和角度扩展是信道的主要效应，这些扩展对信号有巨大的作用。角度扩展是信道的空间特征，它引起空间选择性衰落，这就意味着信号的幅度由天线的空间位置决定，两天线的相干距离与空间信道的角度扩展成反比——角度扩展越大，相干距离越短。“空间”意味着天线放置在空间分离的位置，由于散射环境不同，空间分离是否充分取决于环境和天线的距离。

因终端侧的角度扩展大，终端天线间隔半个波长，也可获得相对较低的空间相关值。室外基站天线高，基站侧的角度扩展较小，基站天线如果间隔半个波长，天线之间是高度相关的，需要 10 个波长的距离才能获得较低的相关值。

基站天线体积、耗电以及计算复杂度都比终端拥有更多的自由度。从实现的代价来看，典型的基站比终端拥有更多天线。同时，由于上下行数据速率的需求往往是不对称的，下行速率需求一般远高于上行速率需求，从而下行方向成为发射瓶颈，因此多天线技术的关键是下行多天线发射技术。

2.5.4 发送分级

LTE 系统采用的 OFDM 技术是一种适于在多径环境中应用的宽带传输技术，但 OFDM 系统本身并不具有分集能力，因此有必要采用相应的分集技术来获得更高的可靠性。发射分集在 LTE 系统中对进行高速数据传输和改善功率效率将有很大作用。发射分集要求信号必须经过预处理才能充分发挥其性能。

1. 两天线发射分集

LTE 中的两天线发射分集主要采用空频块码(SFBC)。SFBC 是最简单的也是最好的，它采用为 2 天线发送设计的 Alamouti 代码，可以获得全部的空间分集增益，并保证编码速率为 1。

图 2-45 中给出了 LTE 中两个发射天线的发射分集方案。

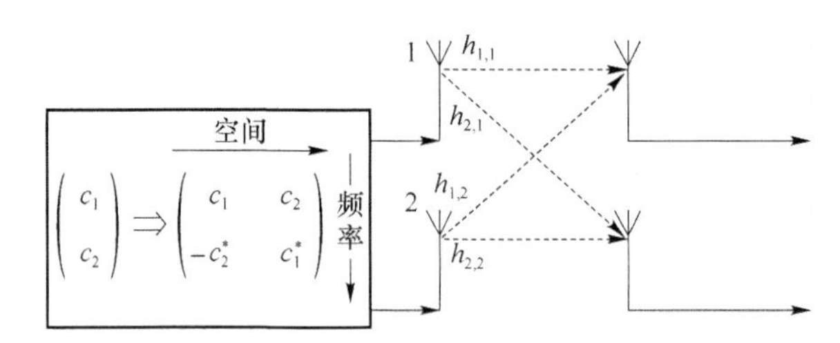

图 2-45 两个发射天线的发射分集

终端一个接收天线的接收信号为：

$$\begin{pmatrix} y_1 \\ y_2 \end{pmatrix} = (h_1, h_2)\begin{pmatrix} c_1 & -c_2^* \\ c_2 & c_1^* \end{pmatrix} + \begin{pmatrix} n_1 \\ n_2 \end{pmatrix}$$

其接收判决统计量可以写为：

$$\begin{cases} \tilde{c_1} = (|h_1|^2 + |h_2|^2)c_1 + h_1^* n_1 + h_2 n_2^* \\ \tilde{c_2} = (|h_1|^2 + |h_2|^2)c_2 + h_2^* n_1 - h_1 n_2^* \end{cases}$$

LTE 发射分集在发射天线为 2，接收天线为 1 下获得 2 阶发射分集增益。

2. 四天线发射分集

LTE 中 4 个天线发射分集采用的是两个 Alamouti 代码的欠理想分集，即 4 个天线传输两组空频块码。

$$\begin{pmatrix} y_1 \\ y_2 \\ y_3 \\ y_4 \end{pmatrix} = (h_1 \quad h_2 \quad h_3 \quad h_4)\begin{pmatrix} c_1 & -c_2^* & 0 & 0 \\ c_2 & c_1^* & 0 & 0 \\ 0 & 0 & c_3 & -c_4^* \\ 0 & 0 & c_4 & c_3^* \end{pmatrix} + \begin{pmatrix} n_1 \\ n_2 \\ n_3 \\ n_4 \end{pmatrix}$$

可见 4 个天线发射也仅仅获得 2 阶的空间分集，因为 4 个频率点上的两组空频块码采用的是不同天线，空间分集转化为频率分集，但是如果没有恰当的外部编码，那么只能获得两天线发射分集一样的性能。

2.5.5 空间复用

LTE 系统中多天线技术领域的一个主要应用是空间复用，利用空域提高信号传输速率。

空间复用是在发送端的不同天线上发送多个编码的数据流，增大容量，其带宽利用率增加。

LTE 系统中空间复用技术分为开环空间复用和闭环空间复用，其中开环空间复用不要求事先知道信道的状态信息，闭环空间复用技术则要求事先知道信道的状态信息。

1. 开环空间复用

开环空间复用是当信道的秩 RI>1 时，利用多天线发送多个数据流，LTE 系统中的开环空间复用空间预编码为：

$$\begin{pmatrix} y^{(0)}(i) \\ \vdots \\ y^{(P-1)}(i) \end{pmatrix} = \boldsymbol{W}(i)\boldsymbol{D}(i)\boldsymbol{U}\begin{pmatrix} x^{(0)}(i) \\ \vdots \\ x^{(v-1)}(i) \end{pmatrix}$$

首先，进行延时(CDD)操作，大时延 CDD 矩阵 $\boldsymbol{D}(i)$ 对于一个给定的信道秩 RI$=v$ 通过 DFT 矩阵 $\boldsymbol{U}$ 进行数据流到虚天线的映射，同时完成了虚天线的选择。虚天线的选择通过码字的循环增加了频率分集增益，最后空间预编码矩阵 $\boldsymbol{W}(i)$ 将各虚天线的信号映射到物理天线端口上，如图 2-46 所示。

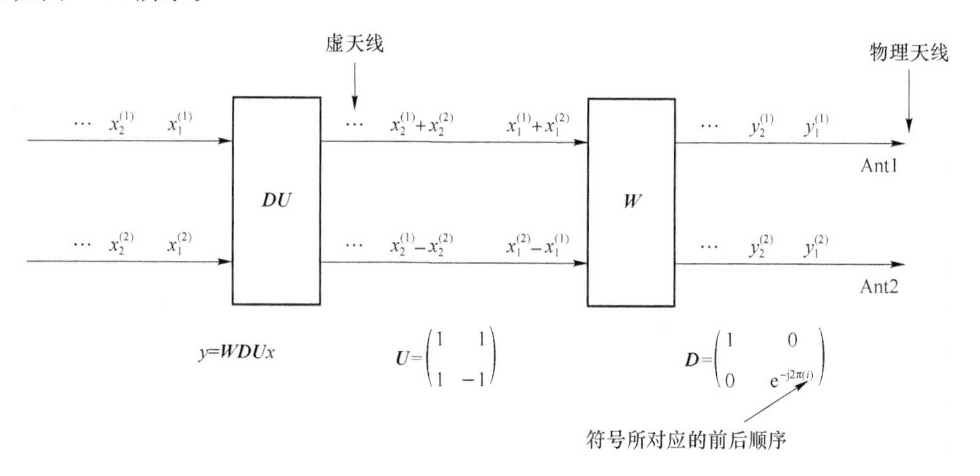

图 2-46　虚天线的信号与物理天线端口的映射

2. 闭环空间复用

闭环空间复用技术则要求事先知道信道的状态信息(CSI)，多个发送的数据流在发送之前进行预编码(pre-coding)操作，如图 2-47 所示。

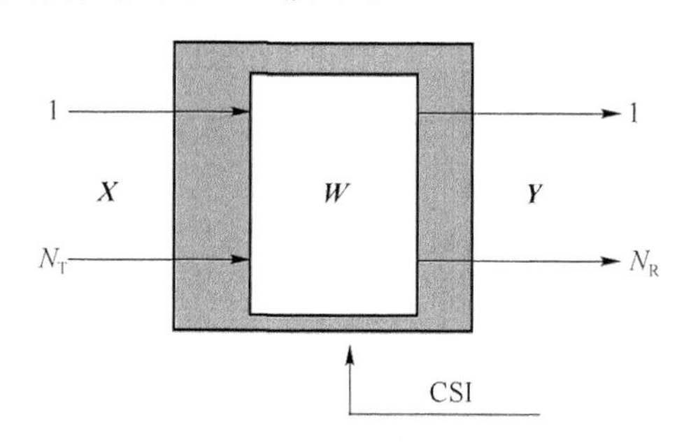

图 2-47　预编码操作

发送端的最优预编码矩阵 $\boldsymbol{W}$ 是根据已知的信道 $\boldsymbol{H}$，采用 SVD 分解 $\boldsymbol{H}$，$\boldsymbol{W}$ 为 $\boldsymbol{H}$ 的非零特征值对应的特征矢量，即 $\boldsymbol{W}=\boldsymbol{V}$。

假设 $\lambda_1 \geqslant \lambda_2 \geqslant \cdots \geqslant \lambda_v$ 是矩阵 $\boldsymbol{H}$ 的 v 个非零特征值，预编码表示为：

$$\begin{pmatrix} y^{(0)}(i) \\ \vdots \\ y^{(P-1)}(i) \end{pmatrix} = \boldsymbol{W}(i) \begin{pmatrix} x^{(0)}(i) \\ \vdots \\ x^{(v-1)}(i) \end{pmatrix} = \boldsymbol{V}(i) \begin{pmatrix} x^{(0)}(i) \\ \vdots \\ x^{(v-1)}(i) \end{pmatrix}$$

则终端接收信号为：

$$r = \boldsymbol{H}y + n = \boldsymbol{HV}x + n$$

如果定义：

$$\tilde{x} := \boldsymbol{V}^{\mathrm{H}} x, \quad \tilde{r} := \boldsymbol{U}^{\mathrm{H}} r, \quad \tilde{n} := \boldsymbol{U}^{\mathrm{H}} n$$

则：

$$\tilde{r} = \sqrt{\frac{E_s}{M_T}} \Lambda \tilde{x} + \tilde{n}$$

即：

$$\tilde{r_i} = \sqrt{\frac{E_s}{M_T}} \lambda_i \tilde{x_i} + \tilde{n_i} \quad i = 1, 2, \cdots, v$$

可见，通过 SVD 可以把 MIMO 信道转变为个并行传输信道。发射的数据流应该小于信道的秩。信道的秩取决于空间分离是否充分，即取决于环境和天线的距离。当信道空间分离充分，即天线之间弱相关时，信道有几个较大的非零特征值，这些特征值提供了几个并行的信道，可以传输并行的数据流，从而增加系统的数据率。当发送端知道信道的状态信息时可以采用单独信道模式接入，每个信道的特征矢量对应一个信号空间模式，避免了信号向噪声空间发射，当发送端不知信道信息时，单独信道模式是不可接入的。

闭环空间复用需终端反馈信道状态信息，反馈字节的长度是有限的，反馈的开销是应用闭环空间复用需要考虑的关键问题。LTE 系统中的闭环空间复用其预编码矩阵 $\boldsymbol{W}$ 被量化为有限的矩阵，称为码本(code book)，该码本终端和基站都是知道的。首先终端根据系统设计的公共导频获得空间信道状态信息，按一定的准则从码本中选择 $\boldsymbol{W}$，将选择的码本索引号反馈给基站。

闭环模式需跟踪信道 $\boldsymbol{H}$ 的瞬时变化，要求有很高的反馈速度。量化损失和控制延迟是闭环反馈模式中主要的误差来源，快衰落信道下反馈延迟会恶化闭环模式的工作性能。如果信道变化慢，进行闭环空间复用预编码可提高链路性能。

2.5.6 波束赋形

LTE 标准支持波束赋形技术，该技术是针对基站使用小间距的天线阵列，为用户形成特定指向的波束。当天线之间高度相关时，信道具有结构性，在结构化的信道中有一个很强的主特征值，其他大部分的特征值都几乎为零，主特征值对应集中了大部分的信道能量，此时，最佳的方法是在主特征值方向发射一个数据流，终端收到的信号有最大的接收功率，并降低对其他方向的干扰，如图 2-48 所示。

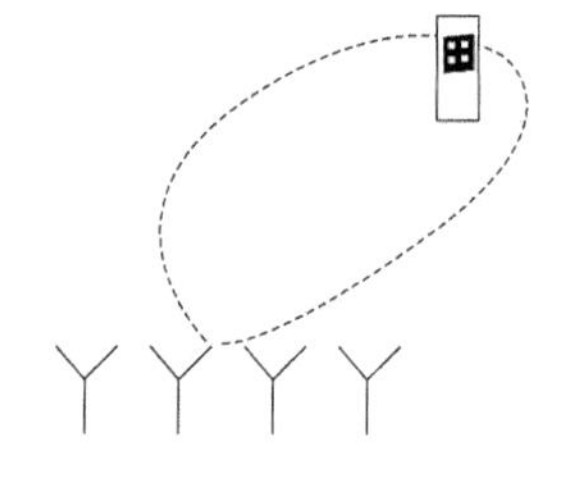

图 2-48 波束赋形降低对其他方向的干扰

设波束赋形加权矢量为 $\boldsymbol{W}$，基站天线上的发射信号为：

$$\begin{pmatrix} y^{(0)}(i) \\ \vdots \\ y^{(P-1)}(i) \end{pmatrix} = \boldsymbol{W} x^{(0)}(i)$$

因强相关信道是结构化的，其几何特性可以由信道的长期统计特性决定。此时，只需知道信道的统计特性，而不是信道本身，信道的协方差矩阵中能得到信道结构的长期信息：

$$\boldsymbol{R} = E(\boldsymbol{H}^{\mathrm{H}} \boldsymbol{H})$$

波束赋形加权矢量 $\boldsymbol{W}$ 取值为协方差矩阵 $\boldsymbol{R}$ 的最大特征值对应的特征矢量，相关信道下信道协方差矩阵最大特征值对应的特征矢量与信道的方向很好地吻合。

波束赋形加权矢量 $\boldsymbol{W}$ 的一个很大好处是能够由上行链路估计，也能由下行链路估计。例如，下行可以利用公共导频估计获得 $\boldsymbol{H}$，上行可以利用解调数据的导频获得 $\boldsymbol{H}$。因强相关信道的几何特性是随时间慢变的，且对不同频率来说几何性质也是相同的，由上下行信道计算出来的协方差矩阵的特征矢量与信道的方向都能很好地吻合，而且波束赋形技术整个带宽只需计算一个波束赋形矢量。用户数据采用波束赋形后，其解调数据需要专用导频，因加权矢量 $\boldsymbol{W}$ 是任意的、非码本的，LTE 系统支持用户专用导频。

2.5.7　应用场景建议

在 LTE 系统中，根据覆盖场景、信道环境的变化，可自适应地采用发送分集、空间复用和波束赋形等技术，以获得较好的覆盖质量和小区吞吐量。发送分集、空间复用和波束赋形的应用场景建议如下。

对于运动速度低、信噪比高的场景，建议采用闭环空间复用技术发射多个数据流，可获得较高的小区吞吐量。对于运动速度低同时信噪比也低的场景，建议采用波束赋形技术或闭环技术发射一个数据流，以提高用户接收性能。

对于高速情况下建议采用开环空间复用技术、波束赋形技术或发射分集技术：运动速度高且信噪比高的时候采用开环空间复用技术发射多个数据流；运动速度高而信噪比低的时候采用波束赋形技术或发射分集技术发射一个数据流。

2.5.8　MIMO 技术

1. 概述

多输入多输出技术（Multiple-Input Multiple-Output，MIMO）是指在发射端和接收端分别使用多个发射天线和接收天线，使信号通过发射端与接收端的多个天线传送和接收，从而改善通信质量。它能充分利用空间资源，通过多个天线实现多发多收，在不增加频谱资源和天线发射功率的情况下，可以成倍地提高系统信道容量，显示出明显的优势，被视为下一代移动通信的核心技术。

OFDM 作为多载波调制技术具有频谱利用率高、抗选择性衰落能力强等突出的优点，具有广阔的应用前景，被认为是第四代移动通信的支柱技术。如何使二者优势互补、有效整合，成为国内外学者广泛关注的热点。本节介绍了 MIMO 技术的概念，分析了系统容量，给出了 MIMO 技术与 OFDM 技术有效整合的实用方案，这些研究对促进移动通信技术的发展有一定指导意义。

2. MIMO 系统原理

MIMO 系统在发射端和接收端均采用多个天线和多个通道，如图 2-49 所示。

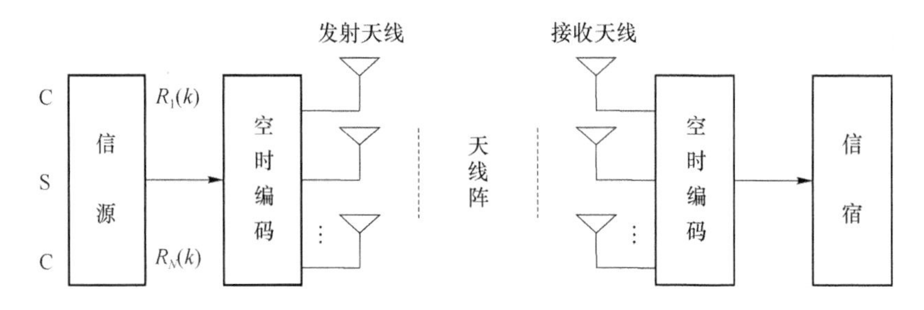

图 2-49　MIMO 系统原理

传输信息流 $S(k)$ 经过空时编码形成 M 个信息子流 $C_i(k)$，$i=1,2,\cdots,M$，这 M 个子流由 M 个天线发送出去，经空间信道后由 N 个接收天线接收，多天线接收机能够利用先进的空时编码处理技术分开并解码这些数据子流，从而实现最佳处理。MIMO 是在收发两端使用多个天线，每个收发天线之间对应一个 MIMO 子信道，在收发天线之间形成 $M\times N$ 信道矩阵 $\boldsymbol{H}$，在某一时刻 t，信道矩阵为：

$$\boldsymbol{H}(t)=\begin{pmatrix} h_{1,1}^t & h_{2,1}^t & \cdots & h_{M,1}^t \\ h_{1,2}^t & h_{2,2}^t & \cdots & h_{M,2}^t \\ \vdots & \vdots & & \vdots \\ h_{1,N}^t & h_{2,N}^t & \cdots & h_{M,N}^t \end{pmatrix}$$

其中，H 的元素是任意一对收发天线之间的增益。

M 个子流同时发送到信道，各发射信号占用同一个频带，因而并未增加带宽。若各发射天线间的通道响应独立，则 MIMO 系统可以创造多个并行空间信道。通过这些并行的信道独立传输信息，必然可以提高数据传输速率。对于信道矩阵参数确定的 MIMO 信道，假定发射端总的发射功率为 P，与发送天线的数量 M 无关；接收端的噪声用 $N\times 1$ 矩阵 $\boldsymbol{n}$ 表示，其元素是独立的零均值高斯复数变量，各个接收天线的噪声功率均为 σ^2；ρ 为接地端平均信噪比。此时，发射信号是 M 维统计独立、能量相同、高斯分布的复向量。发射功率平均分配到每一个天线上，则容量公式为：

$$C=\log_2\left[\det\left(\boldsymbol{I}_N+\frac{\rho}{M}\boldsymbol{H}\boldsymbol{H}^{\mathrm{H}}\right)\right]$$

固定 N，令 M 增大，使得 $\frac{1}{M}\boldsymbol{H}\boldsymbol{H}^{\mathrm{H}}\rightarrow\boldsymbol{I}_N$，这时可以获得到容量的近似表达式：

$$C=N\log_2(1+\rho)$$

其中，det 代表行列式，$\boldsymbol{I}_N$ 代表 M 维单位矩阵，$\boldsymbol{H}\boldsymbol{H}$ 表示 $\boldsymbol{H}$ 的共扼转置。

从上式可以看出，此时的信道容量随着天线数的增加而线性增大。即可以利用 MIMO 信道成倍地提高无线信道容量，在不增加带宽和天线发射功率的情况下，频谱利用率可以成倍地提高，充分展现了 MIMO 技术的巨大优越性。

3. MIMO 技术的应用方案

前面分析指出 MIMO 技术优势明显，但对频率选择性衰落无能为力，而 OFDM 技术却有很强的抗频率选择性衰落的能力。因此将两种技术有效整合，便成为最佳的实用方案，如图 2-50 所示。

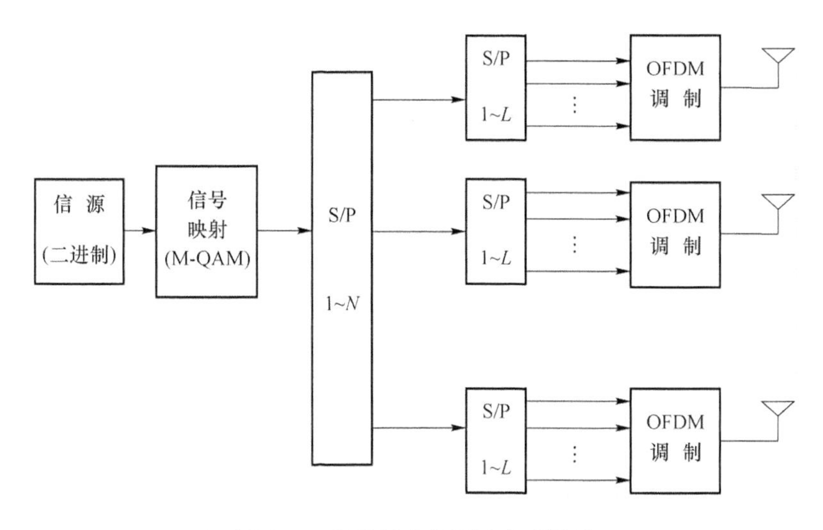

图 2-50　MIMO+OFDM 实现框图

在本方案中，数据应进行两次串并转换，首先将数据分成 N 个并行数据流，将这 N 个数据流中的第 $n(n\in[1,N])$ 个数据流进行第二次串并转换成 L 个并行数据流，分别对应 L 个子载波，接着对这 L 个并行数据流进行 IFFT 变换，再将信号从频域转换到时域，然后从第 $n(n\in[1,N])$ 个天线上发送出去。这样共有 NL 个 M-QAM(正交振幅调制)符号被发送。整个 MIMO 系统假定具有 N 个发送天线，M 个接收天线。在接收端第 $m(m\in[1,M])$ 个天线接收到的第 $l(l\in[1,L])$ 个子载波的接收信号为：

$$r_{m,l}=\sum_{n=1}^{N}\boldsymbol{H}_{m,n,l}\boldsymbol{C}_{n,l}+\boldsymbol{\eta}_{m,l}\qquad l=1,\cdots,L$$

其中，$\boldsymbol{H}_{m,n,l}$是第 l 个子载波频率上的从第 n 个发送天线到第 m 个接收天线之间的信道矩阵，并且假定该信道矩阵在接收端是已知的，$\boldsymbol{C}_{n,l}$是第 l 个子载波频率上的从第 n 个发送天线发送的符号，$\boldsymbol{\eta}_{m,l}$是第 l 个子载波频率上的从第 m 个接收天线接收到的高斯白噪声。这样在接收端接收到的第 l 个子载波频率上的 N 个符号可以通过 V-BLAST 算法进行解译码，重复进行 L 次以后，NL 个 M-QAM 符号就可以被恢复出来。

MIMO OFDM 系统通过在 OFDM 传输系统中采用天线阵列来实现空间分集，以提高信号质量，是 MIMO 与 OFDM 相结合而产生的一种新技术。它采用了时间、频率结合空间 3 种分集方法，使无线系统对噪声、干扰、多径的容限大大增加。深刻揭示了 MIMO-OFDM 系统的技术原理与理论基础。

图 2-51、图 2-52 分别为 MIMO OFDM 系统的发射与接收方案原理框图。从图中可以看出，MIMO+OFDM 系统有 N_t 个发送天线和 N_r 个接收天线，在发送端和接收端设置多重天线，可以提供空间分集效应，克服电波衰落的不良影响。这是因为安排恰当的多副天线提供多个空间信道，不会全部同时受到衰落。输入的比特流经串/并变换分为多个分支，每个分支都进行 OFDM 处理，即经过编码、交织、正交振幅调制映射、插入导频信号、离散逆傅里叶变换、加循环前缀等过程，再经天线发送到无线信道中。接收端进行与发送端相反的信号处理过程，例如，去除循环前缀、离散傅里叶变换、解码等，同时进行信道估计、定时、同步、MIMO 检测等，以恢复出原来的比特流。

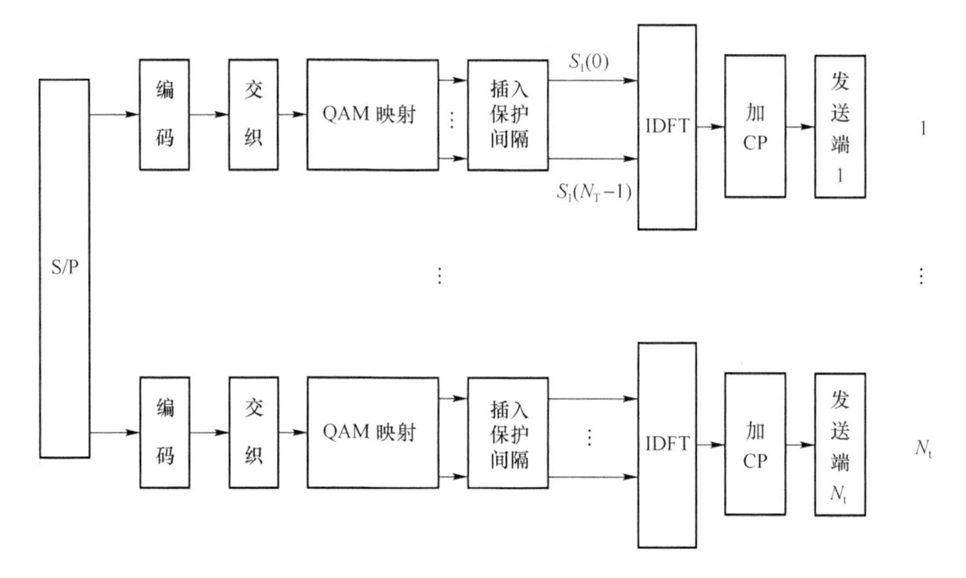

图 2-51　MIMO-OFDM 系统的发射方案

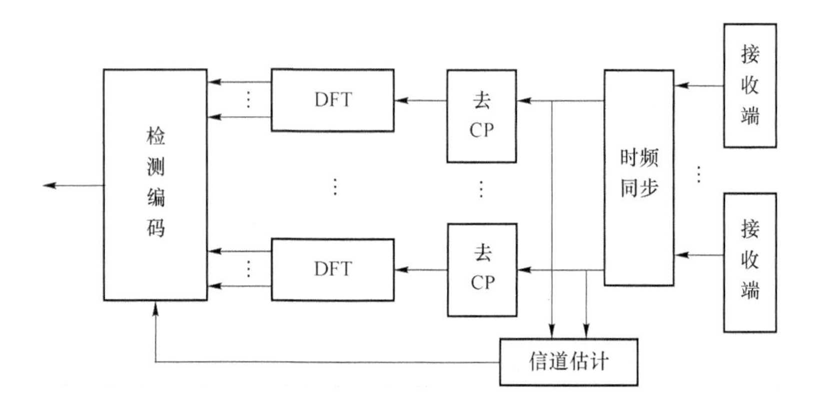

图 2-52　MIMO-OFDM 系统的接收方案

任务与练习

一、填空题

1. 常用的复用方式有__________、__________、__________、__________。

2. 目前已应用的多址技术，主要有__________、__________、__________和__________等。

3. TDD 模式下，每个 10 ms 无线帧包括__________的半帧，每个半帧由__________和__________组成。

4. 特殊子帧包括 3 个特殊时隙：__________、__________和__________，总长度为__________。

二、判断题

1. 时分复用是指在时域上各信号分别占有不同的时间片断。

2. LTE 系统只定义了时分双工方式。

三、简答题

1. 什么叫做频分复用?
2. HARQ 的中文含义是什么? 并解释。
3. 什么是 OFDM 技术?
4. LTE 的信道带宽有几种?
5. TDD 的 LTE 方式中,有多种带宽,以 20 M 带宽为例,一个可以有多少个子载波?

第3章　eNodeB 产品描述及典型配置

学习目标

本章主要介绍 eNodeB 的组成、eNodeB 主要单板及其功能、eNodeB 应用场景、eNodeB 的组网应用等。学完这章后，学生应该能够掌握：

- eNodeB 的组成；
- eNodeB 的主要单板有哪些；
- eNodeB 主要单板的接口；
- eNodeB 主要单板的功能；
- eNodeB 配置方案。

3.1　eNodeB 产品概述

3.1.1　产品定位

1. eNodeB 在网络中的位置

eNodeB(E-UTRAN NodeB)是 LTE 系统的无线接入设备，主要完成无线接入功能，包括空中接口管理、接入控制、移动性控制、用户资源分配等无线资源管理功能。eNodeB 在网络中的位置如图 3-1 所示。

2. eNodeB 的主要功能

eNodeB 的主要功能如下：

① 无线资源管理包括无线承载控制、无线准入控制、连接移动性控制和资源调度；

② 数据包的压缩加密；

③ 用户面数据包到核心网的路由；

④ 核心网的选择；

⑤ 广播消息、寻呼消息等的调度和发送；

⑥ 测量以及测量报告配置。

3. eNodeB 的产品形态

3900 系列 eNodeB 基站是华为秉承“基于客户需求持续创新”的理念，整合无线平台资源，融合多元技术，面向未来移动网络发展的 eNodeB 产品解决方案。

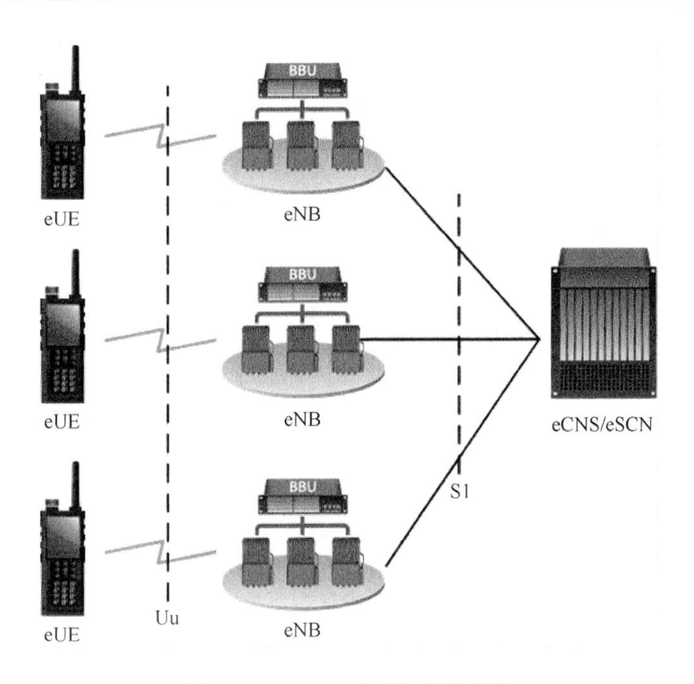

图 3-1　eNodeB 在网络中的位置

3900 系列 eNodeB 基站的基本功能模块与安装配套设备的革新设计与灵活组合，可形成多样化的产品形态，如图 3-2 所示。

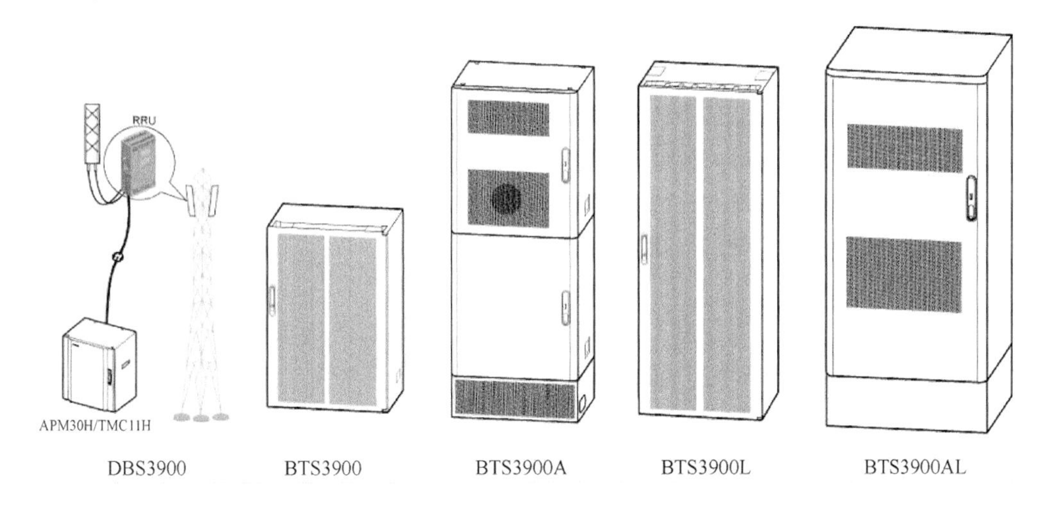

图 3-2　3900 系列基站产品

企业网中采用的 eNodeB 一般使用 DBS3900 型分布式基站。DBS3900 包括基带控制单元 BBU3900/BBU3910 (BaseBand Control Unit)和射频拉远单元 RRU(Remote Radio Unit)两种基本功能模块。基本功能模块体积小、重量轻，便于根据站点环境进行灵活安装，实现快速部署，还可通过灵活配置满足不同的容量需求。DBS3900 的产品形态如图 3-3 所示。

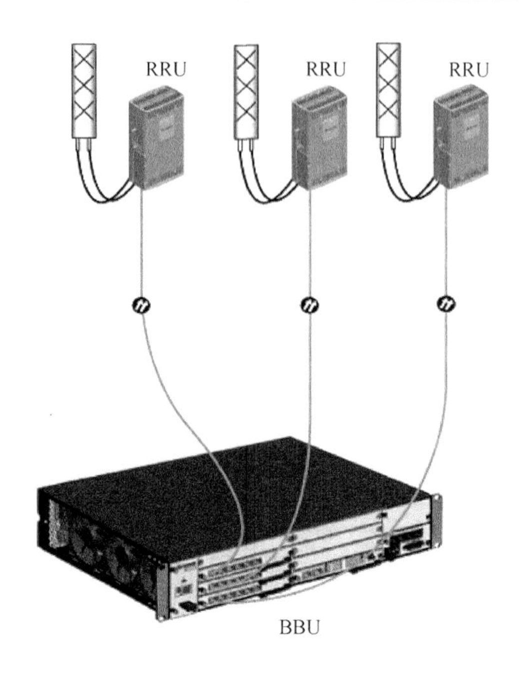

图 3-3　DBS3900 的产品形态

3.1.2　产品特点

1. 射频拉远单元多样化

① DBS3900 基站支持 LTE TDD 主流频带，射频拉远单元具有全工作带宽、大发射功率、高功放效率等优点。2 通道和 4 通道射频拉远单元满足不同运营商建网需求。

② 4 通道的 RRU(RRU3232、RRU3252 和 RRU3256)可以通过软件配置，将射频通道进行分组，实现将 RRU 拆分为两个 2 通道的 RRU 来使用。

2. 节能环保

小型化、模块化、创新的功放和功耗管理能减少机房、能源等资源的占用，是构建绿色通信网络的关键。除此之外，还有诸多节能减排的功能特性，如下所示。

① 根据下行负载、射频通道软件控制关断、进行功放调压等。

② 根据基站工作时实际需要的功耗智能关断 PSU。

③ 智能温控风扇系统，室外机柜采用直通风散热方式，室外 RRU 模块采用自然散热。

3. 灵活安装

DBS3900 基站支持灵活安装，可降低运营商站址选择的难度，实现低成本、快速建网。其中，BBU3900/BBU3910 可安装在室内墙壁、标准机柜中，避免多余投资。RRU 可安装在抱杆、铁塔或建筑物墙上。RRU 靠近天馈系统安装时，减少了馈线长度，既减少了损耗，又节约了馈线成本。

4. 可靠性高

① DBS3900 基站采用华为 SingleRAN 平台，硬件共享，成熟稳定。

② 支持完善的 4Co 特性(Co-RRM，Co-TRM，Co-OAM，Co-RNP&RNO)，网络性能得到进一步提升。

③ 支持传输备份，可通过配置备份路由的方式实现传输路径倒换，实现对高优先级业务的保护。

④ 支持关键单板、电源模块的备份。

3.1.3　规格与指标

DBS3900 在 TDD 场景和 FDD 场景下的容量指标基本上都是相同的，BBU 和 RRU 有一些比较重要的技术指标，包括机械规格、电器规格、传输接口、环境指标等，具体描述如表 3-1～表 3-17 所示。

表 3-1　TDD 场景下 DBS3900 相关的容量指标

指标名称	指标值
单站支持的最大小区数目	12(对应规格为:20 M 8T8R/4T4R/2T2R/1T1R;10 M 8T8R/4T4R/2T2R/1T1R;5 M 4T4R/2T2R/1T1R;3 M 2T2R/1T1R)
单站支持最大在线用户数	3 600
单站支持集群语音组数	240(基站内所有小区群组语音数之和)
LBBPc 单基带板最大小区数目	1(对应规格为:20 M 4T4R)
	3(对应规格为:20 M 2T2R/1T1R;10 M 4T4R/2T2R/1T1R;5 M 4T4R/2T2R/1T1R)
LBBPd4 单基带板最大小区数目	3(对应规格为:20 M 8T8R/4T4R/2T2R/1T1R;10 M 8T8R/4T4R/2T2R/1T1R;5 M 4T4R/2T2R/1T1R;3 M 2T2R/1T1R)

表 3-2　FDD 场景下 DBS3900 相关的容量指标

指标名称	指标值
单站支持的最大小区数目	12(对应规格为:20 M 2T2R;10 M 2T2R;5 M 2T2R)
单站支持最大在线用户数	3 600
单站支持集群语音组数	240(基站内所有小区群组语音数之和)
LBBPd2 单基带板最大小区数目	3(对应规格为:20 M 2T2R;10 M 2T2R;5 M 2T2R)

1. 机械规格

表 3-3　BBU3900 相关的机械规格

设　备	规　格	
	尺寸	重量
BBU3900	86 mm×442 mm×310 mm(高×宽×深)	≤12 kg(满配置)

表 3-4　eRRU 相关的机械规格

设　备		规　格	
		尺寸	重量
eRRU3232 (DC)		480 mm×270 mm×140 mm(高×宽×深)	＜18.5 kg
eRRU3232 (AC)		480 mm×270 mm×140 mm(高×宽×深)	＜18.5 kg
eRRU3253		550 mm×320 mm×135 mm(高×宽×深)	≤24 kg
eRRU3251		400 mm×220 mm×140 mm(高×宽×深)	＜12.5 kg
eRRU3255	未加屏蔽罩	480 mm×270 mm×140 mm(高×宽×深)	≤18 kg
	增加屏蔽罩	485 mm×300 mm×168 mm(高×宽×深)	≤20 kg

2. 电气规格

表 3-5　BBU3900 相关的电气规格

设　备	规　格		
	电　压	功　率	
		单板配置	BBU3900 最大功耗
BBU3900	－48 V DC,电压范围:－38.4 V DC～－57 V DC	1LMPT＋1LBBP	165 W
		1LMPT＋2LBBP	255 W
		1LMPT＋3LBBP	345 W
		1LMPT＋4LBBP	445 W
		1LMPT＋5LBBP	550 W
		1LMPT＋6LBBP	660 W
		1LMPT＋1CNPU＋1LBBP	205 W
		1LMPT＋1CNPU＋2LBBP	295 W
		1LMPT＋1CNPU＋3LBBP	385 W
		1LMPT＋1CNPU＋4LBBP	485 W
		1LMPT＋1CNPU＋5LBBP	590 W
		1LMPT＋1CNPU＋6LBBP	700 W

表 3-6　eRRU 相关的电气规格

设　备	规　格	
	电　压	功　率
eRRU3232 (DC)	－48 V DC,电压范围:－36 V DC～－57 V DC	典型平均功耗:350 W 最大峰值功耗:465 W
eRRU3232 (AC)	220 V/110 V AC,电压范围:100 V AC～240 V AC	

续表

设备	规格	
	电压	功率
eRRU3253	−48 V DC,电压范围:−36 V DC～−57 V DC	典型平均功耗:250 W 最大峰值功耗:300 W
eRRU3251	−48 V DC,电压范围:−36 V DC～−57 V DC	典型平均功耗:175 W 最大峰值功耗:220 W
eRRU3255	−48 V DC,电压范围:−36 V DC～−60 V DC	典型平均功耗:220 W 最大峰值功耗:320 W

3. 外部接口

表 3-7　BBU3900 传输接口

单板	指标
LMPT	2 个 FE/GE 电口或 2 个 FE/GE 光口或 1 个 FE/GE 光口+1 个 FE/GE 电口
UMPT	1 个 FE/GE 电口,1 个 FE/GE 光口,1 个 DB26 接口(支持 4 路 E1/T1 信号传输)
UTRPc	4 个 FE/GE 电接口和 2 个 FE/GE 光接口

表 3-8　eRRU3232(DC)外部接口

接口名称	基本功能	数量	接口类型	备注
射频接口	发送/接收射频信号	4	N 型	—
告警接口	告警检测	1	DB9	eRRU3232(DC)暂不支持告警接口功能
传输接口	与 BBU3900 进行传输信息交互	2	DLC	接口速率为 4.9/2.5 Gbit/s
电源接口	电源输入接口,用于直流电源输入	1	快速安装型公端(压接型)连接器	—

表 3-9　eRRU3232(AC)外部接口

接口名称	基本功能	数量	接口类型	备注
射频接口	发送/接收射频接口信号	4	N 型	—
告警接口	告警检测	1	DB9	eRRU3232(AC)暂不支持告警接口功能
传输接口	与 BBU3900 进行传输信息交互	2	DLC	接口速率为 4.9 Gbit/s/2.5 Gbit/s
电源接口	电源输入接口,用于交流电源输入	1	航空连接器	—

表 3-10 eRRU3253 外部接口

接口名称	基本功能	数 量	接口类型	备 注
射频接口	发送/接收射频接口信号	8	N 型	—
告警接口	告警检测	1	DB9	eRRU3253 暂不支持告警接口功能
传输接口	与 BBU3900 进行传输信息交互	2	DLC	接口速率为 4.9 Gbit/s/2.5 Gbit/s
电源接口	电源输入接口，用于交流电源输入	1	快速安装型公端（压接型）连接器	—
校准接口	用于校准信号输入/输出	1	N 型	—

表 3-11 eRRU3251 外部接口

接口名称	基本功能	数 量	接口类型	备 注
射频接口	发送/接收射频接口信号	2	N 型	—
告警接口	告警检测	1	DB9	eRRU3251 暂不支持告警接口功能
传输接口	与 BBU3900 进行传输信息交互	2	DLC	接口速率为 4.9 Gbit/s/2.5 Gbit/s
电源接口	电源输入接口，用于直流电源输入	1	快插端子	—

表 3-12 eRRU3255 外部接口

接口名称	基本功能	数 量	接口类型	备 注
射频接口	发送/接收射频接口信号	2	N 型	—
告警接口	告警检测	1	DB9	—
传输接口	与 BBU3900 进行传输信息交互	2	DLC	接口速率为 4.9 Gbit/s/2.5 Gbit/s
电源接口	电源输入接口，用于直流电源输入	1	快插端子	—

4. 环境要求

表 3-13 BBU3900 环境要求

指标名称	指标值
工作温度	长期：−20～50 ℃ 短期：50～55 ℃
工作湿度	相对湿度：5%～95% RH
防震保护	9 级烈度
工作气压	70～106 kPa
防水/防尘保护等级	IP20

表 3-14　eRRU3232 环境要求

指标名称	指标值
工作温度	−40～50 ℃
工作湿度	相对湿度:5%～100% RH 绝对湿度:0.26～25 g/m³
防震保护	9 级烈度
风阻要求	200 km/h
防水/防尘保护等级	IP65

表 3-15　eRRU3253 环境要求

指标名称	指标值
工作温度	−40～55 ℃
工作湿度	相对湿度:5%～100% RH 绝对湿度:0.26～25 g/m³
防震保护	9 级烈度
风阻要求	67 m/s
防水/防尘保护等级	IP65

表 3-16　eRRU3251 环境要求

指标名称	指标值
工作温度	−40～50 ℃
工作湿度	相对湿度:5%～100% RH
防震保护	9 级烈度
风阻要求	67 m/s
防水/防尘保护等级	IP65

表 3-17　eRRU3255 环境要求

指标名称	指标值
工作温度	−40～55 ℃
工作湿度	相对湿度:2%～100% RH
防震保护	9 级烈度
风阻要求	55 m/s
防水/防尘保护等级	IP65

5. 频段指标

eRRU 有很多种类型,对应不同的工作频段和带宽,具体描述如表 3-18 所示。

表 3-18　eRRU 相关的频段指标

设　备	工作频段/MHz	支持带宽/MHz
eRRU3232(DC)	1 783～1 800	5/10

续 表

设 备	工作频段/MHz	支持带宽/MHz
eRRU3232(AC)	1 783～1 805	5/10/20
eRRU3253	1 447～1 467	10/20
eRRU3251	1 783～1 805	5/10/20
eRRU3255	380～400	3/5/10/20

6. 射频指标

(1) eRRU3232 射频指标

eRRU3232 的射频特性符合如下要求。

① 遵循 3GPP TS36.141 和 TS36.104 标准。

② 灵敏度：−103.5 dBm(5 MHz)。

③ 杂散特性：满足表 3-19、表 3-20 所示的特性指标。

④ 阻塞特性：满足表 3-21 所示的特性指标。

⑤ 每通道的机顶发射功率为 20 W。

表 3-19 工作带宽 1 783～1 800 MHz eRRU3232 杂散特性指标

频率/MHz	最大功率/dBm	分析带宽 RBW/MHz
876～915	−98	0.1
921～960	−57	0.1
1 760～1 770	−86	1
1 770～1 775	−66	1
1 805～1 810	−37	1
1 810～1 820	−62	1
1 820～1 880	−77	1
1 880～1 920	−86	1
1 920～1 980	−80	3.84
2 010～2 025	−86	1
2 110～2 170	−52	1
2 300～2 400	−86	1
2 894～2 934	−30	1

表 3-20 工作带宽 1 783～1 805 MHz eRRU3232 杂散特性指标

频率/MHz	最大功率/dBm	分析带宽 RBW/MHz
876～915	−98	0.1
921～960	−57	0.1
1 760～1 770	−86	1
1 770～1 775	−66	1
1 810～1 820	−42	1
1 820～1 880	−77	1

续 表

频率/MHz	最大功率/dBm	分析带宽 RBW/MHz
1 880～1 920	−86	1
1 920～1 980	−80	3.84
2 010～2 025	−86	1
2 110～2 170	−52	1
2 300～2 400	−86	1
2 894～2 934	−30	1

表 3-21　eRRU3232 阻塞特性指标

干扰信号频率/MHz	干扰信号平均功率/dBm
921～960	16
1 805～1 850	−4
1 880～1 920	16
2 010～2 025	16
2 110～2 170	16

(2) eRRU3253 射频指标

eRRU3253 的射频特性符合以下要求。

① 遵循 3GPP 36.104 和 3GPP 36.141 标准。

② 灵敏度：−103 dBm(5 MHz)。

③ 杂散特性：满足表 3-22 所示的特性指标。

④ 阻塞特性：满足表 3-23 所示的特性指标。

⑤ 每通道的机顶发射功率为 8 W。

表 3-22　eRRU3253 杂散特性指标

频率/MHz	最大功率/dBm	分析带宽 RBW/MHz
876～915	−98	0.1
921～960	−57	0.1
960～1 437	−66	1
1 437～1 442	−47	1
1 472～1 477	−47	1
1 477～1 710	−66	1
1 710～1 785	−98	0.1
1 805～1 850	−47	0.1
1 880～1 920	−86	1
1 920～1 980	−80	3.84
2 010～2 025	−86	1
2 110～2 170	−52	1
2 300～2 400	−86	1
2 894～2 934	−30	1

表 3-23 eRRU3253 阻塞特性指标

干扰信号频率/MHz	干扰信号功率/dBm
921～960	16
1 805～1 850	16
1 880～1 920	16
2 010～2 025	16
2 110～2 170	16
2 620～2 690	13

(3) eRRU3251 射频指标

eRRU3251 的射频特性符合以下要求。

① 遵循 3GPP 36.104 和 3GPP 36.141 标准。

② 灵敏度：－102 dBm(5 MHz)。

③ 杂散特性：满足表 3-24 所示的特性指标。

④ 阻塞特性：满足表 3-25 所示的特性指标。

⑤ 每通道的机顶发射功率为 20 W。

表 3-24 eRRU3251 杂散特性指标

频率/MHz	最大功率/dBm	分析带宽 RBW/MHz
876～915	－98	0.1
921～960	－57	0.1
960～1 710	－66	1
1 710～1 770	－98	0.1
1 770～1 775	－66	1
1 775～1 780	－61	0.1
1 810～1 815	－47	0.1
1 815～1 850	－66	1
1 850～1 880	－98	0.1
1 880～1 920	－86	1
1 920～1 980	－80	3.84
2 010～2 025	－86	1
2 110～2 170	－52	1
2 300～2 400	－86	1

表 3-25 eRRU3251 阻塞特性指标

干扰信号频率/MHz	干扰信号功率/dBm
1～921	－15
921～960	16
960～1 427	－15
1 487～1 805	－15

续 表

干扰信号频率/MHz	干扰信号功率/dBm
1 805～1 810	－35
1 810～1 850	－3
1 850～1 920	16
1 920～2 010	－15
2 010～2 025	16
2 025～2 110	－15
2 110～2 170	16
2 170～2 620	－15
2 620～2 690	13
2 690～12 750	－15

(4) eRRU3255 射频指标

eRRU3255 的射频特性符合以下要求。

① 遵循 3GPP 36.104 和 3GPP 36.141 标准。

② 灵敏度：－103 dBm(5 MHz)/－104 dBm(3 MHz)。

③ 杂散特性：满足表 3-26 所示的特性指标。

④ 阻塞特性：满足表 3-27 所示的特性指标。

⑤ 每通道的机顶发射功率为 20 W。

表 3-26　eRRU3255 杂散特性指标

频　率	最大功率/dBm	分析带宽 RBW	备　注
9 kHz～150 kHz	－36	1 kHz	—
150 kHz～30 MHz	－36	101 kHz	—
30 MHz～390 MHz	－80	1 MHz	—
390 MHz～400 MHz	－77	1 MHz	—
400 MHz～405 MHz	－62	1 MHz	—
415 MHz～420 MHz	－62	1 MHz	—
420 MHz～430 MHz	－77	1 MHz	—
430 MHz～1 500 MHz	－86	1 MHz	2 次和 3 次谐波指标为－70 dBm/MHz
1 500 MHz～2 600 MHz	－86	1 MHz	—
2 600 MHz～12.5 GHz	－30	1 MHz	—

表 3-27　eRRU3255 阻塞特性指标

干扰信号频率	干扰信号功率/dBm
1 MHz～405 MHz	0
415 MHz～470 MHz	0
470 MHz～2 170 MHz	16
2 170 MHz～2 600 MHz	5
2 600 MHz～12.75 GHz	－15

7. 防雷指标

eNodeB的交流电源口、直流电源口、进出机柜的各种信号接口(E1/T1接口、FE/GE接口、并柜接口、开关量接口)、天馈接口、GPS接口等均设计有防雷保护措施,具体描述见表3-28～表3-32。

表 3-28　BBU3900 接口防雷指标

接口名称	应用场景	防雷方式		防雷指标
DC电源接口	室内应用	差模方式		2 kV(1.2/50 μs)
		共模方式		4 kV(1.2/50 μs)
FE/GE接口	室内应用	差模方式		0.5 kV(1.2/50 μs)
		共模方式		2 kV(1.2/50 μs)
	室外应用	浪涌	差模方式	1 kV(1.2/50 μs)
			共模方式	2 kV(1.2/50 μs)
		冲击电流	差模方式	1 kA/每线
			共模方式	(8线)6 kA
GPS接口	室外应用	板载浪涌	差模方式	250 A
		配置防雷器	差模方式	8 kA
			共模方式	40 kA
干结点	室内应用	板载浪涌	差模方式	250 A
	室外应用	配置防雷板	差模方式	3 kA
			共模方式	5 kA
RS485告警接口	室内应用	板载浪涌	差模方式	250 A
			共模方式	250 A
	室外应用	配置防雷板	差模方式	3 kA
			共模方式	5 kA

表 3-29　eRRU3232 接口防雷指标

接口名称	应用场景	防雷方式		防雷指标
DC电源接口	室内应用和室外应用	冲击电流	差模方式	10 kA
			共模方式	20 kA
AC电源接口	室内应用和室外应用	冲击电流	差模方式	5 kA
			共模方式	5 kA
射频接口	室内应用和室外应用	冲击电流	差模方式	8 kA
			共模方式	40 kA
告警接口	室内应用和室外应用	冲击电流	差模方式	3 kA
			共模方式	5 kA

表 3-30 eRRU3253 接口防雷指标

接口名称	应用场景	防雷方式		防雷指标
DC 电源接口	室内应用和室外应用	冲击电流	差模方式	10 kA
			共模方式	20 kA
射频接口	室内应用和室外应用	冲击电流	差模方式	8 kA
			共模方式	40 kA
告警接口	室内应用和室外应用	冲击电流	差模方式	3 kA
			共模方式	5 kA
校准接口	室内应用和室外应用	冲击电流	差模方式	8 kA
			共模方式	40 kA

表 3-31 eRRU3251 接口防雷指标

接口名称	应用场景	防雷方式		防雷指标
DC 电源接口	室内应用和室外应用	冲击电流	差模方式	10 kA
			共模方式	20 kA
射频接口	室内应用和室外应用	冲击电流	差模方式	8 kA
			共模方式	40 kA
告警接口	室内应用和室外应用	冲击电流	差模方式	3 kA
			共模方式	5 kA

表 3-32 eRRU3255 接口防雷指标

接口名称	应用场景	防雷方式		防雷指标
DC 电源接口	室内应用和室外应用	冲击电流	差模方式	10 kA
			共模方式	20 kA
射频接口	室内应用和室外应用	冲击电流	差模方式	8 kA
			共模方式	40 kA
告警接口	室内应用和室外应用	冲击电流	差模方式	3 kA
			共模方式	5 kA

3.2 eNodeB 硬件结构

DBS3900 基站采用模块化设计，包括基带控制单元(BBU)和射频拉远单元(RRU)。BBU 与 RRU 提供 CPRI 接口，通过光纤连接，传输 CPRI 信号。

3.2.1 DBS3900 结构

1. 物理结构

DBS3900 物理组成主要包括 eRRU、BBU3900 以及天馈系统。

DBS3900 物理结构示意图如图 3-4 所示。

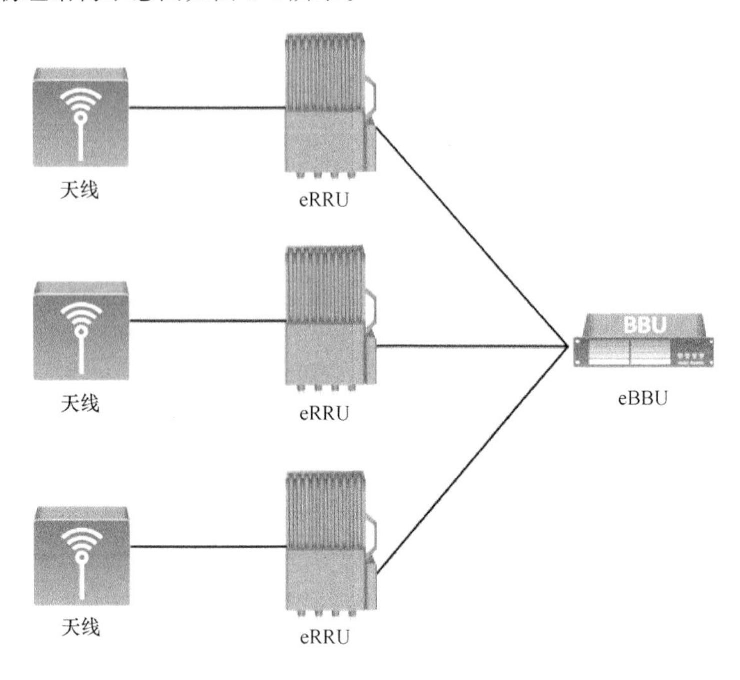

图 3-4 DBS3900 物理结构示意图

TDD 场景下，支持的 eRRU 类型为 eRRU3232(DC)、eRRU3232(AC)、eRRU3253、eRRU3251、eRRU3255、eRRU3252。FDD 场景下，支持的 eRRU 类型为 eRRU3222。

BBU3900 单板组成及各单板功能介绍如表 3-33 所示。

表 3-33 BBU3900 单板及功能介绍

单板名称	单板功能及说明
LMPT	主控传输板 LMPT 管理整个 DBS3900，完成操作维护管理和信令处理并为整个 BBU3900 提供时钟
CNPU	核心网处理单元 CNPU 提供故障弱化功能
LBBP	基带处理板 LBBP 主要实现基带信号处理、CPRI 信号处理等功能。TDD 场景下，支持的 LBBP 类型为 LBBPc、LBBPd4。FDD 场景下，支持的 LBBP 类型为 LBBPd2
FANc	风扇单元 FANc 主要用于风扇的转速控制及风扇板的温度检测，向主控板上报风扇状态，并为 BBU3900 提供散热功能
UPEUc	UPEUc 为通用电源和环境接口单元，用于－48 V 电源转为＋12 V 电源为机框内各个板卡/模块供电，并提供 2 路 RS485 信号接口和 8 路开关量信号接口，具有防反插功能
UEIU	当一块电源模块 UPEUc 不能满足客户的监控要求时，需要配置 UEIU。由于 UEIU 与 UPEUc 共槽位，当采用电源热备份配置 2 块 UPEUc 时，UEIU 不能配置，而配置的第二块 UPEUc 可以提供 UEIU 所有的功能
UFLPb	UFLPb 单板为通用 FE/GE 防雷单元，每块 UFLPb 单板支持 2 路 FE/GE 的防雷

2. 逻辑结构

DBS3900 功能子系统包括控制系统、传输系统、电源和环境监控系统、基带系统、射频系统、天馈系统。

（1）控制系统

控制系统由 LMPT 实现，集中管理整个基站系统，包括操作维护、信令处理和系统时钟。

（2）传输系统

传输系统由 LMPT 实现，提供基站与传输网络的物理接口，完成信息交互。同时提供与 eOMC910/LMT 连接的维护通道。

（3）电源和环境监控系统

电源和环境监控系统由 UPEUc/UEIU 实现。UPEUc 为 BBU3900 提供电源并监控电源状态；UPEUc/UEIU 提供连接环境监控设备的接口，接收和转发来自环境监控设备的信号。

（4）基带系统

基带系统由 LBBP 实现，完成上下行数据基带处理功能，并提供与射频模块通信的 CPRI 接口。

（5）射频系统

射频系统完成射频信号和基带信号的调制解调、数据处理、合分路等功能。

（6）天馈系统

天馈系统包括天线、馈线、跳线等设备，用于接收和发射射频信号。

3. 产品组网

介绍 DBS3900 CPRI 接口的组网方式。

（1）TDD 场景

不同类型的 eRRU 支持的 CPRI 接口的组网方式不同，具体描述如表 3-34 所示。

表 3-34　TDD 场景下 eRRU 支持的 CPRI 接口组网方式

<table>
<tr><th>eRRU 类型</th><th>支持的组网类型</th><th>说　明</th></tr>
<tr><td>eRRU3232
（DC）</td><td rowspan="2">星型组网
单级板内/板间冷备份环型组网
支持 path 分裂
支持背靠背 RRU 内合并、室分 RRU 内合并及室分 RRU 混合合并</td><td rowspan="2">eRRU3232 支持 4T4R 拆分成 2 个 2T2R 使用
在固定网络组网中，eRRU3232 拆分为 2 个 2T2R 后，配套 LBBPc 时，支持背靠背的 RRU 内合并；配套 LBBPd4 时，支持背靠背的 RRU 内合并及室分 RRU 内合并
在应急通信车组网中，2 个 eRRU3232 拆分为 4 个 2T2R 后，配套 LBBPc 时，不支持 RRU 合并；配套 LBBPd4 时，支持 3 个 2T2R 的室分 RRU 混合合并
配套 LBBPd4 时，支持超远覆盖，可使小区覆盖距离大于 20 km</td></tr>
<tr><td>eRRU3232
（AC）</td></tr>
<tr><td>eRRU3253</td><td>星型组网
单级板内/板间冷备份环型组网
支持单级板内/板间负荷分担
支持 path 分裂
支持背靠背 RRU 内合并及室分 RRU 内合并</td><td>eRRU3253 支持 8T8R 拆分成 2 个 4T4R 或者 4 个 2T2R 使用
在固定网络组网中，eRRU3253 拆分为 4 个 2T2R 后，配套 LBBPc 时，支持 2 个 2T2R 的背靠背 RRU 内合并；配套 LBBPd4 时，支持 2 个 2T2R 的背靠背 RRU 内合并及最多 3 个 2T2R 的室分 RRU 内合并
在应急通信车组网中，eRRU3253 拆分为 4 个 2T2R 后，配套 LBBPc 时，不支持 RRU 合并；配套 LBBPd4 时，支持 3 个 2T2R 的室分 RRU 内合并
配套 LBBPd4 时，支持超远覆盖，可使小区覆盖距离大于 20 km</td></tr>
</table>

续 表

eRRU 类型	支持的组网类型	说　明
eRRU3251	链型组网 星型组网 单级板内/板间冷备份环型组网 支持 path 分裂 支持背靠背 RRU 间合并及室分 RRU 间合并	配套 LBBPc 时，eRRU3251 最多支持 3 级级联及 20 km 拉远；配套 LBBPd4 时，eRRU3251 最多支持 6 级级联。eRRU3251 支持单级 38 km 拉远，每增加一级级联，减少 1 km 拉远距离。例如，6 级级联支持 33 km 拉远配套 LBBPc 时，支持 2 个 eRRU3251 进行背靠背 RRU 间合并；配套 LBBPd4 时，支持 2 个 eRRU3251 进行背靠背 RRU 间合并及 2～6 个 eRRU3251 进行室分 RRU 间合并 配套 LBBPd4 时，支持超远覆盖，可使小区覆盖距离大于 20 km
eRRU3255	星型组网 单级板内/板间冷备份环型组网 支持 path 分裂 支持背靠背 RRU 间合并及室分 RRU 间合并	在固定网络组网中，配套 LBBPc 时，支持 2 个 eRRU3255 进行背靠背 RRU 间合并；配套 LBBPd4 时，支持 2 个 eRRU3255 进行背靠背 RRU 间合并及 2～6 个 eRRU3255 进行室分 RRU 间合并 在应急通信车组网中，配套 LBBPc 或 LBBPd4 时，都不支持 RRU 合并 配套 LBBPd4 时，支持超远覆盖，可使小区覆盖距离大于 20 km
eRRU3252	星型组网 单级板内/板间冷备份环型组网 支持 path 分裂 支持背靠背 RRU 内合并及室分 RRU 内合并	eRRU3252 支持 4T4R 拆分成 2 个 2T2R 使用 eRRU3252 拆分为 2 个 2T2R 后，配套 LBBPc 时，支持背靠背的 RRU 内合并；配套 LBBPd4 时，支持背靠背的 RRU 内合并及室分 RRU 内合并 配套 LBBPd4 时，支持超远覆盖，可使小区覆盖距离大于 20 km

说明： DBS3900 不支持不同的 eRRU 混用；DBS3900 不支持不同的 LBBP 混插使用。

(2) FDD 场景

在 FDD 场景下，BBU3900 支持以下组网：

- 星型组网；
- 2 级链型组网；
- 单级板内/板间冷备份环型组网；
- 支持 2 个 2T2R 天线模式的 RRU 进行背靠背 RRU 间合并；
- 最多支持 3 级级联及 20 km 拉远；
- 支持超远覆盖，可使小区覆盖距离大于 20 km。

说明： BBU3900 配套 eRRU3222 后，基站系统支持的组网及组网规格，需同时参考 eRRU3222的相关产品资料。

具体组网形式有以下几种。

① 星型组网

星型组网需要使用不同的光口连接，示意图如图 3-5 所示。

② 链型组网

链型组网从一个光口连接把 RRU 串联起来，示意图如图 3-6 所示。

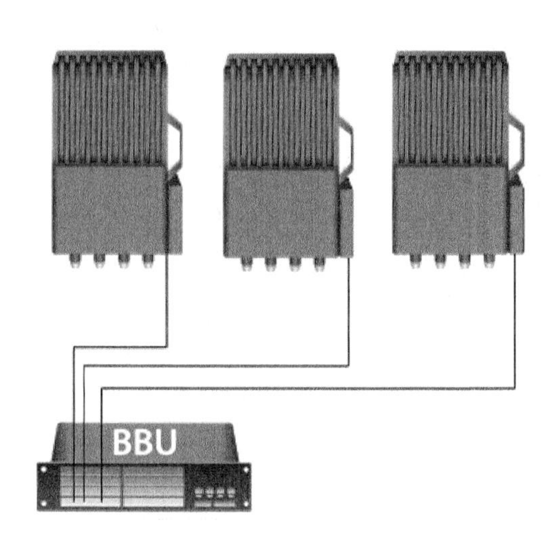

图 3-5　星型组网示意图

图 3-6　链型组网示意图(两级)

③ 负荷分担组网

负荷分担分为板内负荷分担和板间负荷分担两种方式:单级板内负荷分担组网和单级板间负荷分担组网。

a. 单级板内负荷分担组网

单级板内负荷分担组网指的是负荷分担的光口在同一个槽位,示意图如图 3-7 所示。

b. 单级板间负荷分担组网

单级板间负荷分担组网指的是负荷分担的光口位于不同的槽位,示意图如图 3-8 所示。

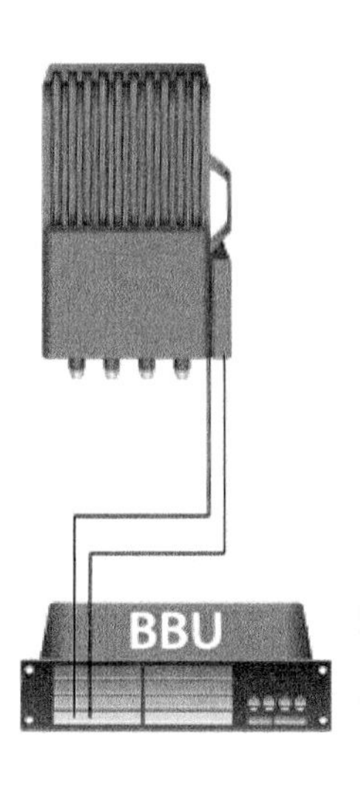

图 3-7　单级板内负荷分担组网示意图

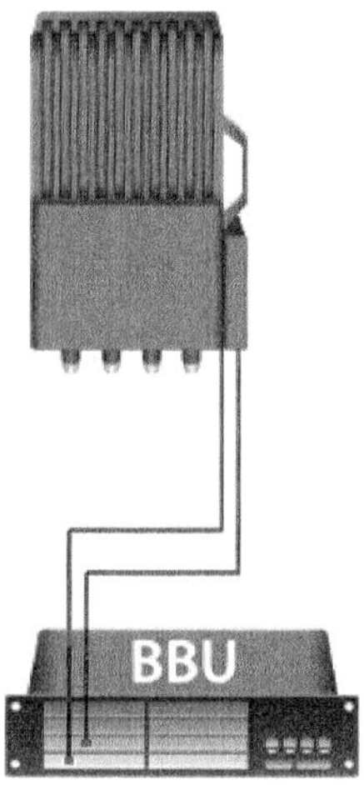

图 3-8　单级板间负荷分担组网示意图

④ 冷备份环型组网

冷备份环型组网分为:单级板内冷备份组网和单级板间冷备份环型组网。

a. 单级板内冷备份环型组网

单级板内冷备份环型组网指的是冷备份的光口在同一个槽位,示意图如图 3-9 所示。

b. 单级板间冷备份环型组网

单级板间冷备份环型组网指的是冷备份的光口在不同的槽位，示意图如 3-10 所示。

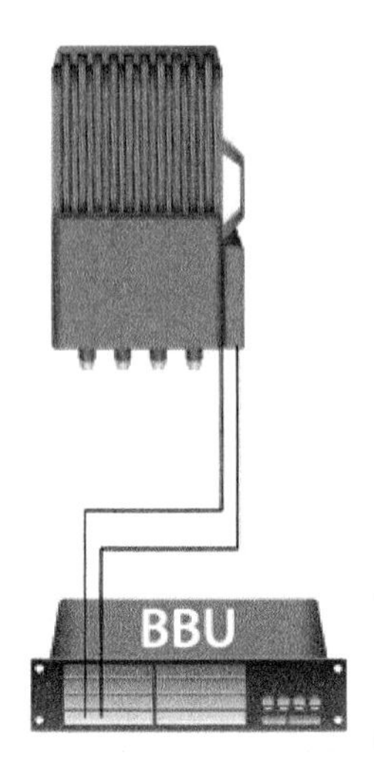

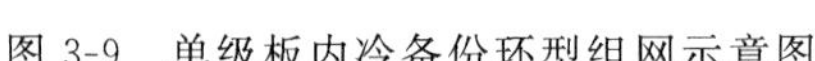

图 3-9　单级板内冷备份环型组网示意图

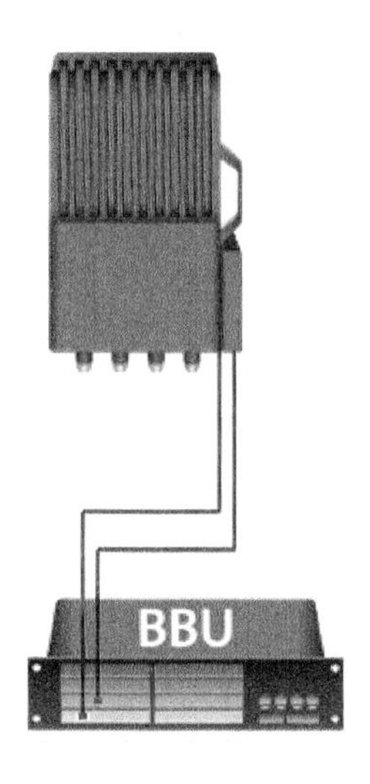

图 3-10　单级板间冷备份环型组网示意图

3.2.2　BBU 硬件结构

BBU 是基带控制单元，其主要功能包括：

① 提供 eNodeB 与 MME/S-GW 连接的 S1 接口，以及 eNodeB 与 eNodeB 连接的 X2 接口；

② 提供与 RRU 通信的 CPRI 接口，完成上下行基带信号处理；

③ 集中管理整个基站系统，包括操作维护和信令处理；

④ 提供与 LMT(Local Maintenance Terminal)或 iManager U2000(华为集中操作维护系统，U2000)连接的维护通道；

⑤ 提供时钟接口、告警监控接口、USB 接口等分别用于时钟同步、环境监控和 USB 调测等。USB 加载口具有 USB 加密特性，可以保证其安全性。

1. BBU 机框

(1) BBU3900 机框功能

BBU3900 机框提供多个插槽，用于安装各种功能的单板和模块。

BBU3900 机框主要功能包括：

① 将各种插入机框的单板通过背板组合起来构成一个独立的工作单元；

② 保护单板免受外因导致的损毁；

③ 为系统提供散热通道。

(2) BBU3900 机框外观

BBU3900 机框采用 19 英寸(1 英寸=2.54 cm)盒式结构，高度为 2U，提供 8 个业务单板插槽、2 个电源单板插槽、1 个风扇(FANc)模块插槽，机框外观如图 3-11 所示。

(3) ESN 标识

ESN 是用来唯一标识一个网元的标志，将在基站调测时被使用。

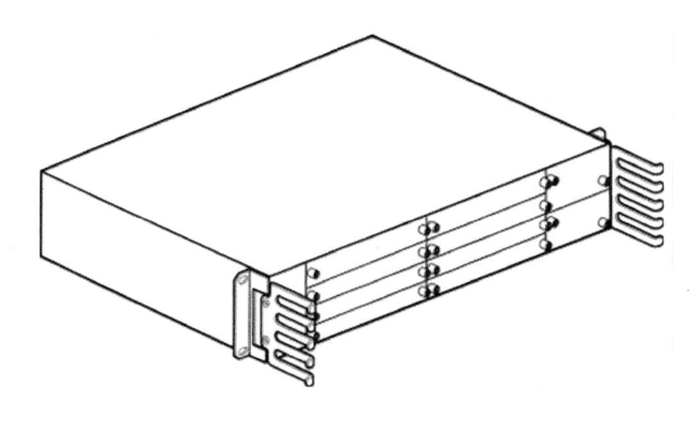

图 3-11 BBU3900 外观

如果机框中安装的 FANc 模块上挂有标签，则 ESN 号码打印在标签上和机框挂耳上，如图 3-12 所示。

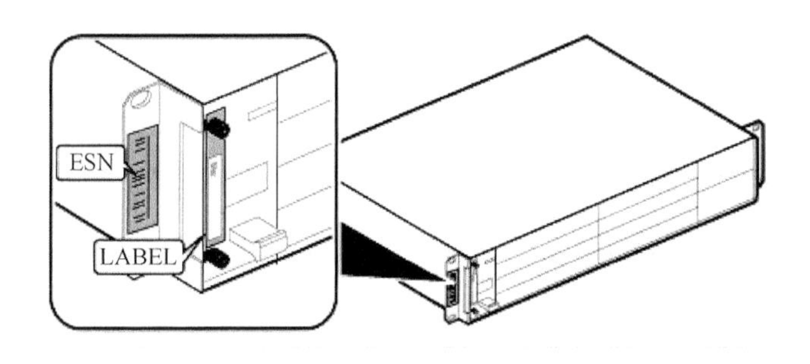

图 3-12 ESN 位置(一)

如果机框中安装的 FANc 模块上没有标签，则 ESN 号码打印在机框挂耳上，如图 3-13 所示。

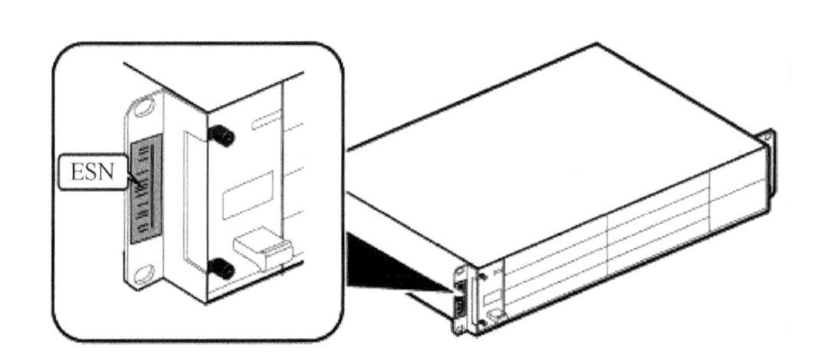

图 3-13 ESN 位置(二)

(4) BBU3900 槽位

BBU3900 槽位包括 8 个基本业务单板、1 个风扇板、2 个电源板，如图 3-14 所示。

<table>
<tr><td rowspan="4">风扇
(槽位16)</td><td>槽位0</td><td>槽位4</td><td rowspan="2">电源0
(槽位18)</td></tr>
<tr><td>槽位1</td><td>槽位5</td></tr>
<tr><td>槽位2</td><td>槽位6</td><td rowspan="2">电源1
(槽位19)</td></tr>
<tr><td>槽位3</td><td>槽位7</td></tr>
</table>

图 3-14 BBU3900 槽位

2. BBU 单板

(1) 单板类型

BBU3900 的主要单板:LMPT、CNPU、LBBP、FANc、UPEUc、UEIU(选配)。

(2) BBU 单板简介

① LMPT

LMPT (LTE Main Processing and Transmission Unit)为 LTE 主处理传输单元,是 BBU3900 的主控传输板,管理整个 DBS3900,完成操作维护管理和信令处理,并为整个 BBU3900 提供时钟。

a. 面板

LMPT 单板有很多接口,如图 3-15 所示。

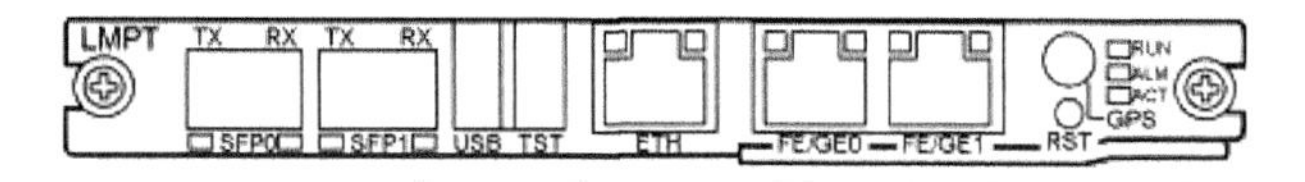

图 3-15　LMPT 单板面板外观

b. 功能

LMPT 单板的主要功能包括:

- 实现配置管理、设备管理、性能监控、信令处理、无线资源管理等功能;
- 实现对系统内部各单板的控制;
- 支持 GPS,实现基站时钟同步;
- 实现 DBS3900 与核心网之间的信号交互;
- 支持光口和电口状态检测、故障告警和速率查询。

c. 指示灯

LMPT 单板提供 3 个面板指示灯,指示灯含义如表 3-35 所示。

表 3-35　LMPT 单板指示灯

面板标识	颜　色	状　态	含　义
RUN	绿色	常亮	有电源输入,单板处于故障状态
		常灭	无电源输入或单板处于故障状态
		1 s 亮,1 s 灭	单板正常运行
		0.125 s 亮,0.125 s 灭	单板正在加载状态
ALM	红色	常亮	告警状态,表明运行中存在故障
		常灭	单板正常工作,无故障
		1 s 亮,1 s 灭	有告警,不能确定是否需要更换单板,可能是相关单板或接口等故障引起的告警
ACT	绿色	常亮	主用状态
		常灭	备用状态
		0.125 s 亮,0.125 s 灭	OML 断链
		1 s 亮,1 s 灭	测试状态,如 U 盘进行 eRRU 驻波测试等(U 盘升级功能 ACT 灯不指示)

除了以上 3 个指示灯外，还有一些指示灯用于表示 FE 光口、FE 电口等的连接状态，它们位于每个接口的旁边，指示灯含义如表 3-36 所示。

表 3-36 接口指示灯

接口面板标识	颜色	状态	含义
SFP0～SFP1	绿色	常亮	连接成功
		常灭	没有连接
	橙色	闪烁	有数据收发
		常灭	没有数据收发
ETH	绿色	常亮	连接成功
		常灭	没有连接
	橙色	闪烁	有数据收发
		常灭	没有数据收发
FE/GE0～FE/GE1	绿色	常亮	连接成功
		常灭	没有连接
	橙色	闪烁	有数据收发
		常灭	没有数据收发

d. 接口

LMPT 面板上还有一些接口，接口含义如表 3-37 所示。

表 3-37 LMPT 面板接口

面板标识	连接器类型	接口数量	说明
SFP0	LC	1	FE/GE 光接口，用于连接传输设备或网关设备，当前版本暂不使用
SFP1	LC	1	FE/GE 光接口，连接传输网至核心网
USB	USB	1	软件加载 此接口具有 USB 加密特性，可以保证其安全性，此接口在使用过程中不涉及用户个人信息
TST	USB	1	测试接口 此接口仅做调试用，无法进行配置和基站信息导出
ETH	RJ45	1	调试串网口 此接口必须开放 OM 端口才能访问，且通过 OM 端口访问基站有登录的权限控制
FE/GE0	RJ45	1	当使用 CNPU 时，该口与 CNPU 的 FE/GE0 互连； 当无 CNPU 时，该口不使用
FE/GE1	RJ45	1	FE/GE 电接口，连接传输网至核心网
GPS	SMA	1	GPS 天线接口
RST	—	1	BBU3900 复位按钮

注意：

- LMPT 单板的“SFP0”接口和“FE/GE0”接口是一路 GE 传输线路，两个接口不可同时使用；
- LMPT 单板的“SFP1”接口和“FE/GE1”接口是另一路 GE 传输线路，两个接口不可同时使用。

② CNPU

CNPU 是核心网处理单元，提供故障弱化功能。CNPU 单板软件相关操作请参见 eSCN231 配套产品资料。

a. 面板

CNPU 单板有很多接口，如图 3-16 所示。

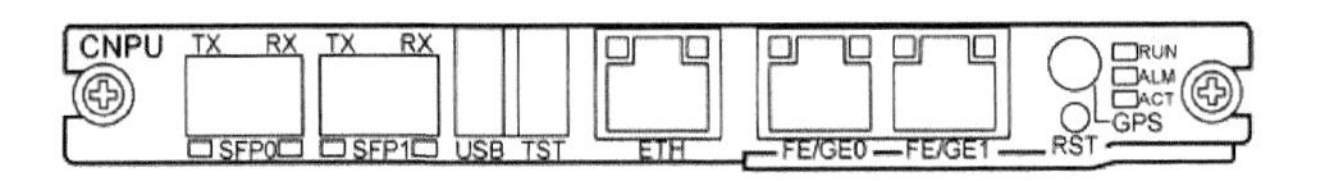

图 3-16 CNPU 单板面板外观示意图

b. 功能

CNPU 提供故障弱化功能。在核心网发生故障或者基站与核心网传输发生故障时，保证单站覆盖范围内的基本集群功能；当故障排除后，系统自动恢复到正常运行状态。

c. 指示灯

CNPU 单板提供 3 个面板指示灯，指示灯含义如表 3-38 所示。

表 3-38 CNPU 单板指示灯说明

面板标识	颜 色	状 态	含 义
RUN	绿色	常亮	有电源输入，单板处于故障状态
		常灭	无电源输入或单板处于故障状态
		1 s 亮，1 s 灭	单板正常运行
		0.125 s 亮，0.125 s 灭	单板正在加载状态、单板未开工或运行于安全版本中
ALM	红色	常亮	告警状态，表明运行中存在故障
		常灭	单板正常工作，无故障
		1 s 亮，1 s 灭	有告警，不能确定是否需要更换单板，可能是相关单板或接口等故障引起的告警
ACT	绿色	常亮	主用状态
		常灭	备用状态
		0.125 s 亮，0.125 s 灭	OML 断链
		1 s 亮，1 s 灭	测试状态

除了以上 3 个指示灯外，还有一些指示灯用于表示 FE 光口、FE 电口、调试串网口等的连接状态，它们位于每个接口的旁边。指示灯含义如表 3-39 所示。

表 3-39　CNPU 单板接口指示灯说明

接口面板标识	指示灯颜色	状　态	含　义
SFP0～SFP1	绿色	常亮	连接成功
		常灭	没有连接
	橙色	闪烁	有数据收发
		常灭	没有数据收发
ETH	绿色	常亮	连接成功
		常灭	没有连接
	橙色	闪烁	有数据收发
		常灭	没有数据收发
FE/GE0～FE/GE1	绿色	常亮	连接成功
		常灭	没有连接
	橙色	闪烁	有数据收发
		常灭	没有数据收发

d. 接口

CNPU 面板上还有一些接口，接口含义如表 3-40 所示。

表 3-40　CNPU 面板接口说明

面板标识	接口类型	数　量	用　途
SFP0～SFP1	SFP	2	FE/GE 光接口，用于连接传输设备或网关设备，当前版本暂不使用
USB	USB	1	软件加载接口
TST	USB	1	测试接口
ETH	RJ45	1	调试串网口
FE/GE0	RJ45	1	FE/GE 电接口，在当前版本中 FE/GE0 为 S1 业务接口，与 LMPT 单板相连，FE/GE1 为外部业务接口
FE/GE1	RJ45	1	FE/GE 电接口，当前版本暂不使用
GPS	SMA	1	GPS 天线接口，当前版本暂不使用
RST	—	1	CNPU 单板复位按钮

注意：

- CNPU 单板的“SFP0”接口和“FE/GE0”接口是一路 GE 传输线路，两个接口不可同时使用；
- CNPU 单板的“SFP1”接口和“FE/GE1”接口是另一路 GE 传输线路，两个接口不可同时使用。

③ LBBP

LBBP 是基带处理板，提供 6 个 CPRI 光口，可通过光纤连接 eRRU，传输业务数据、时钟和同步信号。LBBP 板分为 3 种类型：LBBPc、LBBPd2、LBBPd4。

LBBPc 和 LBBPd4 应用于 TDD 场景，LBBPd2 应用于 FDD 场景。

a. 功能

LBBP 单板的主要功能包括：

- 完成上下行数据的基带处理功能；
- 提供与射频模块的 CPRI 接口；
- 完成呼叫信令等应用层功能。

b. 面板

LBBP 单板有 3 种类型，如图 3-17、图 3-18、图 3-19 所示。

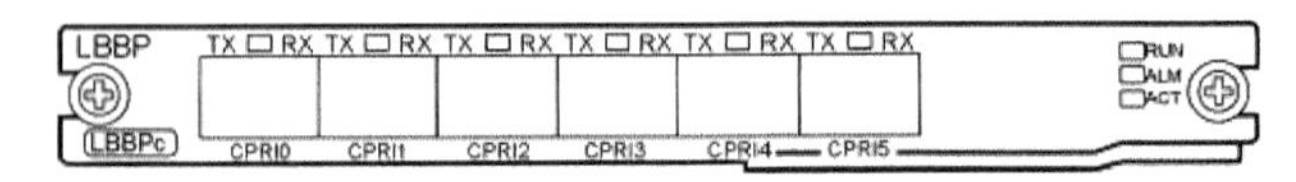

图 3-17　LBBPc 单板面板外观

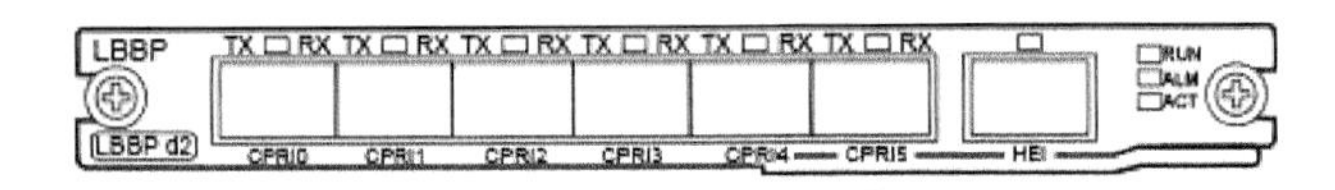

图 3-18　LBBPd2 单板面板外观

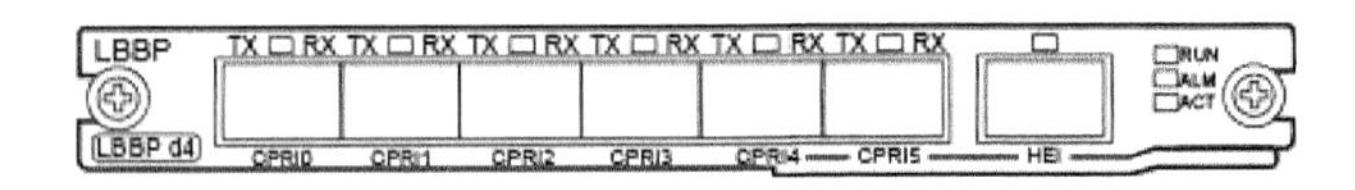

图 3-19　LBBPd4 单板面板外观

c. 指示灯

如图 3-17 所示，LBBPc 单板上有很多指示灯，各指示灯含义如表 3-41 所示。

表 3-41　LBBPc 单板指示灯

面板标识	颜　色	状　态	含　义
RUN	绿色	常亮	有电源输入，单板处于故障状态
		常灭	无电源输入或单板处于故障状态
		1 s 亮，1 s 灭	单板正常运行
		0.125 s 亮，0.125 s 灭	单板正在加载状态或单板未开始工作
ALM	红色	常亮	告警状态，表明运行中存在故障
		常灭	单板正常工作，无故障
		1 s 亮，1 s 灭	有告警，不能确定是否需要更换单板，可能是相关单板或接口等故障引起的告警
ACT	绿色	常亮	主用状态
		常灭	备用状态
CPRI0～CPRI5	红绿双色	红灯常亮	光模块收发异常
		红灯 1 s 亮，1 s 灭	CPRI 链路失锁或者 eRRU 驻波比告警
		红灯 0.125 s 亮，0.125 s 灭	eRRU 存在非驻波比告警
		绿灯常亮	CPRI 链路正常且 eRRU 状态正常
		常灭	光模块不在位或者电源下电

如图 3-18 所示，LBBPd2 单板有很多指示灯，各指示灯含义如表 3-42 所示。

表 3-42　LBBPd2 单板指示灯

面板标识	颜　色	状　态	含　义
RUN	绿色	常亮	有电源输入，单板处于故障状态
		常灭	无电源输入或单板处于故障状态
		1 s 亮，1 s 灭	单板正常运行
		0.125 s 亮，0.125 s 灭	单板正在加载状态或单板未开始工作
ALM	红色	常亮	告警状态，表明运行中存在故障
		常灭	单板正常工作，无故障
		1 s 亮，1 s 灭	有告警，不能确定是否需要更换单板，可能是相关单板或接口等故障引起的告警
ACT	绿色	常亮	主用状态
		常灭	备用状态
CPRI0～CPRI5	红绿双色	红灯常亮	光模块收发异常
		红灯 1 s 亮，1 s 灭	CPRI 链路失锁或者 eRRU 驻波比告警
		红灯 0.125 s 亮，0.125 s 灭	eRRU 存在非驻波比告警
		绿灯常亮	eRRU 链路正常且 eRRU 状态正常
		常灭	光模块不在位或者电源下电

如图 3-19 所示，LBBPd4 单板有很多指示灯，各指示灯含义如表 3-43 所示。

表 3-43　LBBPd4 单板指示灯

面板标识	颜　色	状　态	含　义
RUN	绿色	常亮	有电源输入，单板处于故障状态
		常灭	无电源输入或单板处于故障状态
		1 s 亮，1 s 灭	单板正常运行
		0.125 s 亮，0.125 s 灭	单板正在加载状态或单板未开始工作
ALM	红色	常亮	告警状态，表明运行中存在故障
		常灭	单板正常工作，无故障
		1 s 亮，1 s 灭	有告警，不能确定是否需要更换单板，可能是相关单板或接口等故障引起的告警
ACT	绿色	常亮	主用状态
		常灭	备用状态
CPRI0～CPRI5	红绿双色	红灯常亮	光模块收发异常
		红灯 1 s 亮，1 s 灭	CPRI 链路失锁或者 eRRU 驻波比告警
		红灯 0.125 s 亮，0.125 s 灭	eRRU 存在非驻波比告警
		绿灯常亮	CPRI 链路正常且 eRRU 状态正常
		常灭	光模块不在位或者电源下电

d. 接口

LBBPc 面板有很多接口，含义如表 3-44 所示。

表 3-44　LBBPc 面板接口

面板标识	连接器类型	接口数量	说　明
CPRI0～CPRI5	SFP	6	采用 6.14 Gbit/s 光模块，兼容 2.45 Gbit/s 和 4.91 Gbit/s 速率

LBBPd2 面板有很多接口，接口含义如表 3-45 所示。

表 3-45　LBBPd2 面板接口

面板标识	连接器类型	接口数量	说　明
CPRI0～CPRI5	SFP	6	采用 6.14 Gbit/s 光模块，兼容 2.45 Gbit/s 和 4.91 Gbit/s 速率
HEI	QSFP	1	预留

LBBPd4 面板有很多接口，接口含义如表 3-46 所示。

表 3-46　LBBPd4 面板接口

面板标识	连接器类型	接口数量	说　明
CPRI0～CPRI5	SFP	6	采用 6.14 Gbit/s 光模块，兼容 2.45 Gbit/s 和 4.91 Gbit/s 速率
HEI	QSFP	1	预留

④ FANc

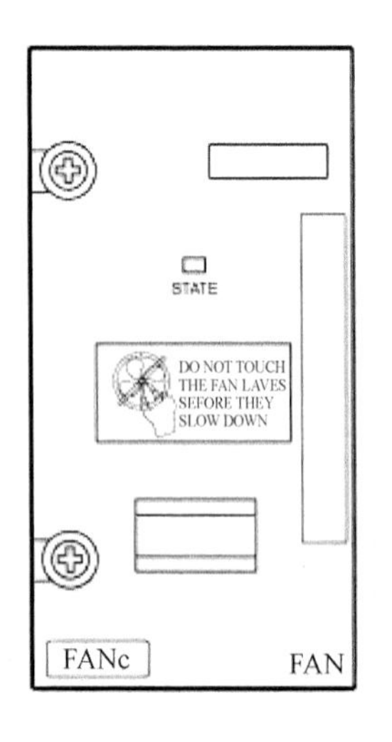

图 3-20　FANc 面板外观图

FANc 是 BBU3900 的风扇模块，主要用于风扇的转速控制及风扇板的温度检测，上报风扇和风扇板的状态，并为 BBU3900 提供散热功能。

a. 面板

FANc 模块外观如图 3-20 所示。

b. 功能

- 控制风扇转速。
- 向主控板上报风扇状态、风扇温度值和风扇在位信号。
- 检测进风口温度。
- 提供散热功能。
- FANc 支持电子标签读写功能。

c. 指示灯

FANc 面板只有 1 个指示灯，用于指示风扇的工作状态，指示灯含义如表 3-47 所示。

表 3-47 FANc 面板指示灯

面板标识	颜 色	状 态	含 义
STATE	绿色	0.125 s 亮,0.125 s 灭	模块尚未注册,无告警
		1 s 亮,1 s 灭	模块正常运行
	红色	常灭	模块无告警
		1 s 亮,1 s 灭	模块有告警

⑤ UPEUc

UPEUc 是 BBU3900 的电源模块,用于将－48 V DC 输入电源转换为＋12 V DC。

a. 面板

UPEUc 面板外观如图 3-21 所示。

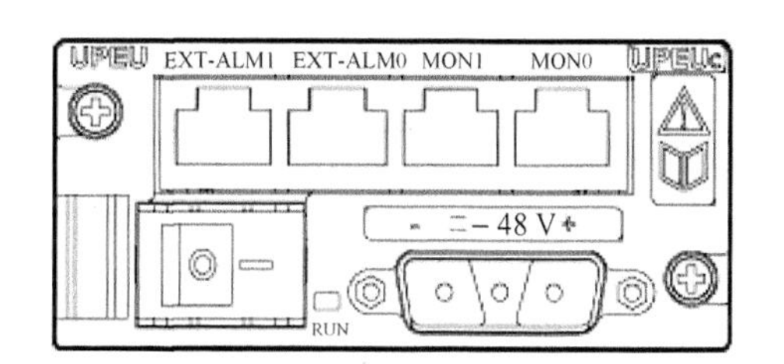

图 3-21 UPEUc 面板外观图

b. 功能

UPEUc 的主要功能包括:

- 将－48 V DC 输入电源转换为支持的＋12 V DC 工作电源;
- 提供 2 路 RS485 监控信号接口和 8 路干接点告警信号接口。

c. 指示灯

UPEUc 面板有 1 个指示灯,用于指示 UPEUc 的工作状态,指示灯含义如表 3-48 所示。

表 3-48 UPEUc 面板指示灯

面板标识	颜 色	状 态	含 义
RUN	绿色	常亮	正常工作
		常灭	无电源输入或单板故障

d. 接口

UPEUc 面板提供 2 路 RS485 监控信号接口和 8 路干接点告警信号接口,各接口含义如表 3-49 所示。

表 3-49 UPEUc 面板接口

面板标识	连接器类型	接口数量	说 明
－48 V	3V3	1	－48V 直流电源输入
EXT-ALM0	RJ45	1	0～3 号干接点告警信号输入端口
EXT-ALM1	RJ45	1	4～7 号干接点告警信号输入端口
MON0	RJ45	1	0 号 RS485 监控信号输入端口
MON1	RJ45	1	1 号 RS485 监控信号输入端口

⑥ UEIU

UEIU 是 BBU3900 的环境接口板,主要用于将环境监控设备信息和告警信息传输给 LMPT 单板,UEIU 是选配单板。

a. 面板

UEIU 面板如图 3-22 所示。

b. 功能

UEIU 的主要功能包括：提供 2 路 RS485 监控信号接口和 8 路干接点告警信号接口。

c. 接口

UEIU 面板提供 2 路 RS485 监控信号接口和 8 路干接点告警信号接口，接口含义如表 3-50 所示。

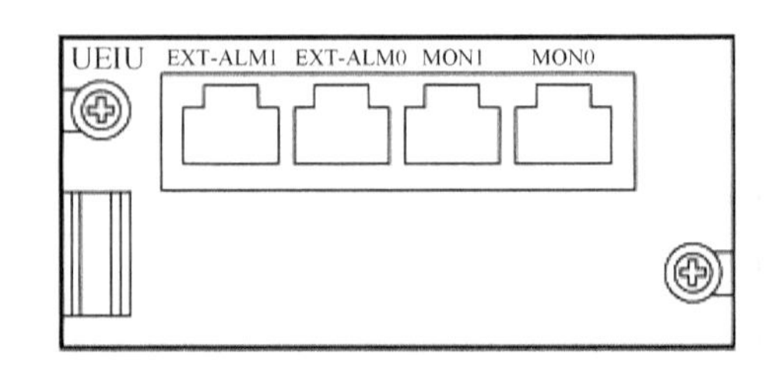

图 3-22　UEIU 面板外观图

表 3-50　UEIU 面板接口

面板标识	接口数量	连接器类型	说　明
EXT-ALM0	1	RJ45	0～3 号干接点告警信号输入端口
EXT-ALM1	1	RJ45	4～7 号干接点告警信号输入端口
MON0	1	RJ45	0 号 RS485 监控信号输入端口
MON1	1	RJ45	1 号 RS485 监控信号输入端口

3. BBU 光模块

介绍 BBU3900 接口 CPRI 以及 S1 光模块的功能、外观、规格、配置原则等。

(1) 功能

光模块的作用就是进行光电转换，发送端把电信号转化成光信号，通过光纤传送出去，接收端再把光信号转化成电信号。

(2) 外观

BBU3900 接口光模块外观示意图如图 3-23 所示。

说明：通过光模块上的"SM"和"MM"标识区分光模块为单模或多模："SM"为单模光模块，"MM"为多模光模块。

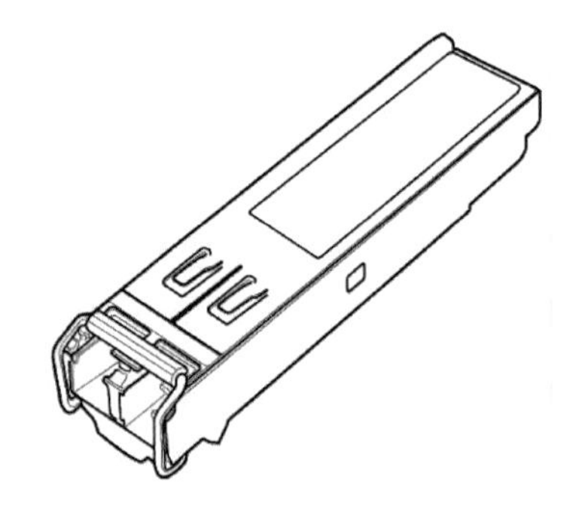

图 3-23　光模块外观示意图

(3) 规格

BBU3900 CPRI 接口光模块、S1 接口光模块规格如表 3-51、表 3-52 所示。

表 3-51　CPRI 接口光模块规格

序　号	封装类型	工作波长/nm	速率/Gbit/s	光接头类型	光纤类型	传输距离/km
1	SFP+	1 310	6.144	LC	单模	2
2	SFP+	1 310	6.144	LC	单模	10
3	SFP+	850	6.144	LC	多模	0.3
4	SFP+	1 550	10	LC	单模	40

表3-52　S1接口光模块规格

序　号	封装类型	工作波长/nm	速率/Gbit/s	光接头类型	光纤类型	传输距离/km
A	eSFP	1 310	1.25	LC	单模	10
B	eSFP	1 310	1.25	LC	单模	40
C	eSFP	850	4.25	LC	多模	0.3

说明：详细规格请参见光模块上的标签描述。

(4) 配置原则

① CPRI接口光模块配置原则如下所示。

- 当CPRI接口勘测为单模时，配置单模光模块，距离小于2 km时，配置类型1；大于2 km时，配置类型2；距离在10～40 km时，配置类型4。
- 当CPRI接口勘测为多模时，默认配置多模光模块，配置类型3。
- 无工勘默认配置类型1。

② S1接口光模块配置原则如下所示。

注意：类型B光模块默认不发，当实际光纤距离超过10 km时可选用，小于10 km时会烧毁光模块。

- 需要S1接口光传输时，默认发单模光模块类型A。每个光口配置1块。
- 当S1接口需要配置多模光模块时，配置4.25G多模光模块，配置类型C。
- 当S1接口需要配置单模光模块时，距离小于10 km，配置类型A；大于10 km，配置类型B。

4. BBU线缆

BBU3900线缆包括保护地线、电源线、FE/GE网线、FE/GE光纤、FE防雷转接线、CPRI光纤以及BBU3900告警线。

(1) 保护地线

保护地线用于保证BBU3900的良好接地。

图3-24　BBU3900保护地线外观

① 外观

保护地线的横截面积为6 mm^2，呈黄绿色，两端均为OT端子。若自行准备保护地线，建议选择横截面积不小于6 mm^2的铜芯导线。保护地线外观如图3-24所示。

② 参数

BBU3900保护地线在长度、线径等是有规定的，具体参数如表3-53所示。

表3-53　BBU3900保护地线参数说明

参数名称		参数值
线径		6 mm^2
长度		工勘确认
安装位置	一端	BBU3900接地端子
	另一端	外部接地排(如果19英寸(48.26 cm)机柜有接地地排或接地螺钉，则另一端OT端子连接到接地地排或接地螺钉上)
数量		1条/BBU3900

(2) 电源线

BBU3900 电源线提供−48 V 输入电源。BBU3900 电源线一端为 3V3 连接器,另一端由于连接的电源不同,连接器类型不同,具体请参见相关电源说明。

BBU3900 电源线详细描述如下所示。

① 连接电源为 EPS13-4815AF

a. 外观

BBU3900 电源线提供−48 V 输入电源,外观如图 3-25 所示。

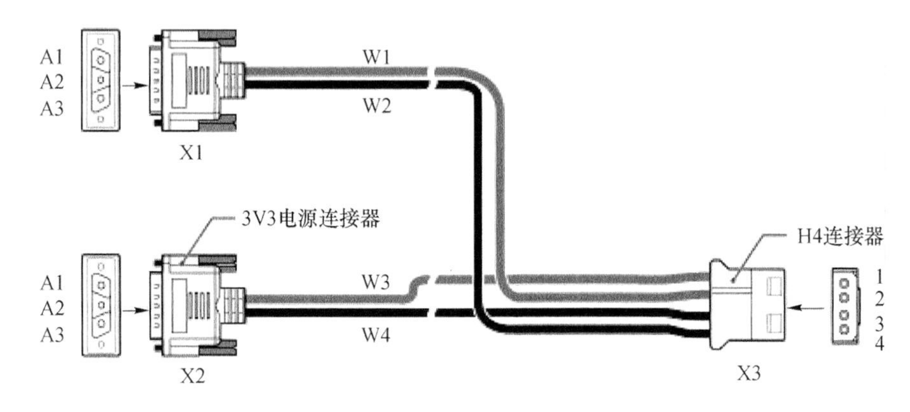

图 3-25 BBU3900 连接 EPS13-4815AF 电源线外观示意图

b. 芯脚

电源线为单根 2 芯线缆,芯脚说明如表 3-54 所示。

表 3-54 芯脚说明

芯 线	3V3 连接器芯脚	H4 直插连接器芯脚	芯线颜色	说 明	线缆长度
W1	X1. A1	2	蓝色	−48 V	0. 55 m
W2	X1. A3	4	黑色	GND	
W3	X2. A1	1	蓝色	−48 V	
W4	X2. A3	3	黑色	GND	

BBU3900 电源线在长度、线径等是有规定的,如表 3-55 所示。

表 3-55 BBU3900 电源线参数说明

参数名称		参数值
线径		2. 5 mm^2
长度		工勘确认,最长 20 m
安装位置	一端	3V3 电源线连接器连接至 BBU3900 上 UPEUc 单板的"−48 V"接口
	另一端	4815AF 的直流输出"LOAD1"接口上
数量		不需另配

② 连接电源为非 4815AF

a. 外观

BBU3900 电源线外观如图 3-26 所示。

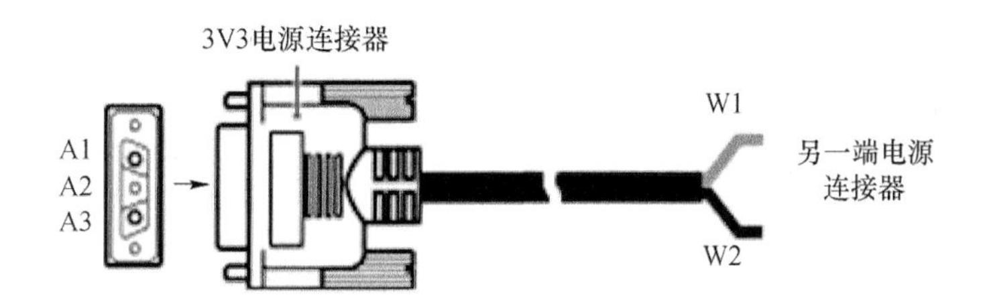

图 3-26　BBU3900 连接非 EPS13-4815AF 电源线外观示意图

b. 芯脚

电源线为单根 2 芯线缆，芯脚说明如表 3-56 所示。

表 3-56　芯脚说明

芯线标识	3V3 连接器芯脚	另一端连接器芯脚	芯线颜色	说明
W1	A1	—	蓝色	−48 V
W2	A3	—	黑色	GND

BBU3900 电源线在长度、线径等是有规定的，如表 3-57 所示。

表 3-57　BBU3900 电源线参数说明

参数名称		参数值
线径		2.5 mm^2
长度		工勘确认，最长 20 m
连接器类型/安装位置	一端	3V3 电源线连接器连接至 BBU3900 上 UPEUc 单板的"−48 V"接口
	另一端	相应的电源接口
数量		1 条/BBU3900

(3) FE/GE 网线

FE/GE 网线通过路由设备连接 BBU3900 与传输设备，传输基带信号。

① 外观

FE/GE 网线为屏蔽直通网线，两端均为 RJ45 连接器，外观如图 3-27 所示。

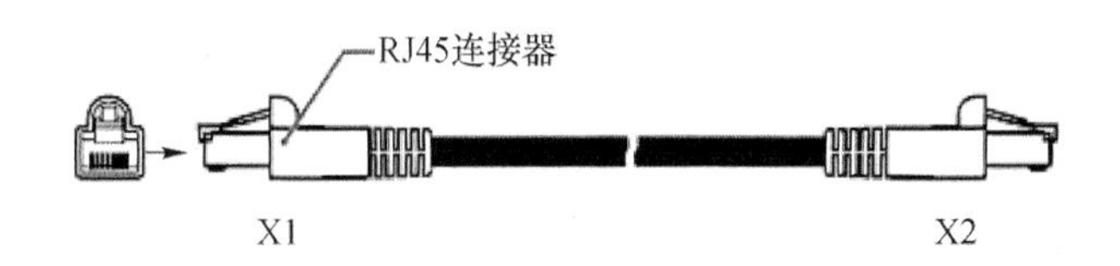

图 3-27　FE/GE 网线外观

② 芯脚说明

FE/GE 网线芯脚与芯线的对应关系如表 3-58 所示。

表 3-58　FE/GE 网线芯脚与芯线说明表

RJ45 连接器芯脚	芯线颜色	芯线关系	RJ45 连接器芯脚
X1.2	橙色	双绞线	X2.2
X1.1	橙/白		X2.1

续 表

RJ45 连接器芯脚	芯线颜色	芯线关系	RJ45 连接器芯脚
X1.6	绿色	双绞线	X2.6
X1.3	绿/白		X2.3
X1.4	蓝色	双绞线	X2.4
X1.5	蓝/白		X2.5
X1.8	棕色	双绞线	X2.8
X1.7	棕/白		X2.7

③ 参数

FE/GE 网线具体参数如表 3-59 所示。

表 3-59　FE/GE 网线参数说明

长　度		默认 10 m、20 m，工勘确认
安装位置	一端	SLPU/UFLPb/OUTSIDE 处的 FE/GE0 或 FE/GE1 接口 LMPT 单板的"FE/GE1"接口
		LMPT 单板的"FE/GE0"接口
	另一端	外部传输设备
数　量		1 根/电口

(4) FE/GE 光纤

FE/GE 光纤用于传输 BBU3900 与传输设备之间的光信号。该线缆为选配。

① 外观

FE/GE 光纤的一端为 LC 连接器，另一端为 FC、SC 或 LC 连接器，外观如图 3-28、图 3-29、图 3-30 所示。

图 3-28　FE/GE 光纤外观(FC/LC 连接器)

图 3-29　FE/GE 光纤外观(SC/LC 连接器)

图 3-30　FE/GE 光纤外观(LC/LC 连接器)

注意：对接时，应遵循如下原则：BBU3900 的 TX 接口必须对接传输设备侧的 RX 接口；BBU3900 的 RX 接口必须对接传输设备侧的 TX 接口。

② 参数

FE/GE 光纤具体参数如表 3-60 所示。

表 3-60　FE/GE 光纤参数说明

长　度		默认 20 m，工勘确定
安装位置	一端	LMPT 单板的“SFP0”或“SFP1”
	另一端	外部传输设备
数　量		每个光模块接口 1 根

(5) FE 防雷转接线

FE 防雷转接线用于连接主控板和 FE 防雷板 UFLPb，为选配线缆。

① 外观

FE 防雷转接线的两端均为 RJ45 连接器，外观如图 3-31 所示。

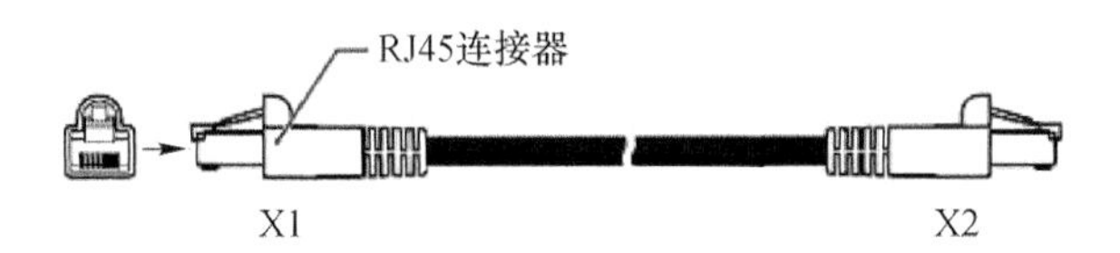

图 3-31　FE 防雷转接线外观图

② 芯脚说明

FE 防雷转接线芯脚与芯线的对应关系如表 3-61 所示。

表 3-61　FE 防雷转接线芯脚与芯线说明表

RJ45 连接器芯脚	芯线颜色	芯线关系	RJ45 连接器芯脚
X1. 2	橙色	双绞线	X2. 2
X1. 1	橙白		X2. 1
X1. 6	绿色	双绞线	X2. 6
X1. 3	绿白		X2. 3
X1. 4	蓝色	双绞线	X2. 4
X1. 5	蓝白		X2. 5
X1. 8	棕色	双绞线	X2. 8
X1. 7	棕白		X2. 7

③ 参数

FE 防雷转接线具体参数如表 3-62 所示。

表 3-62　FE 防雷转接线参数说明

长　度		默认 1. 0 m
安装位置	一端	BBU3900 内 LMPT 的 FE/GE0 或 FE/GE1 接口
	另一端	UFLPb/INSIDE 处的 FE/GE0 或 FE/GE1 接口
数　量		UFLPb1 根

(6) CPRI 光纤

CPRI 光纤分为直连光纤和单模尾纤。

① CPRI 直连光纤

当 eRRU 与 BBU3900 之间的距离不超过 100 m 时,使用 CPRI 直连光纤传输 CPRI 信号。

a. 外观

BBU3900 与 eRRU 之间直连光纤两端均为 DLC 连接器,光纤外观如图 3-32 所示。

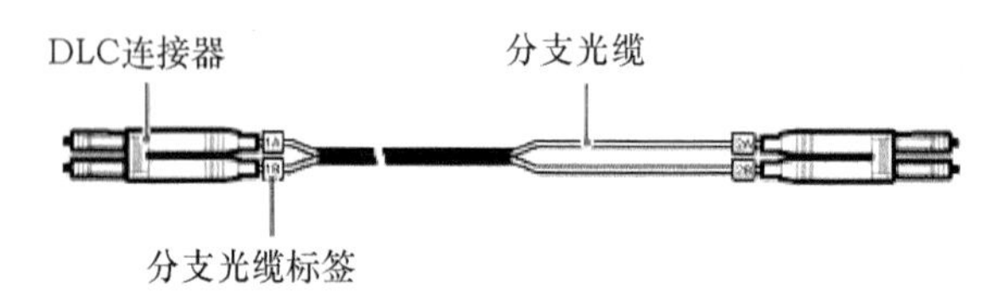

图 3-32　连接 BBU3900 与 eRRU 的光纤外观

直连 BBU3900 和 eRRU 时,BBU3900 侧分支光缆的长度为 0.34 m,eRRU 侧分支光缆的长度为 0.03 m。

说明:CPRI 直连光纤分为多模和单模两种,分别配套 BBU3900 CPRI 接口多模光模块和单模光模块使用。多模光纤与单模光纤的区别如下所示。

- 形状差异:多模纤芯比单模的要大一点。
- 标识差异:"GYFTY-16A1b"中"A"代表多模;"GYXTW-4B1"中"B"代表单模。
- 颜色差异:多模光纤为橙色,单模光纤为黄色。

BBU3900 与 eRRU 之间的 CPRI 光纤连接示意图如图 3-33 所示。

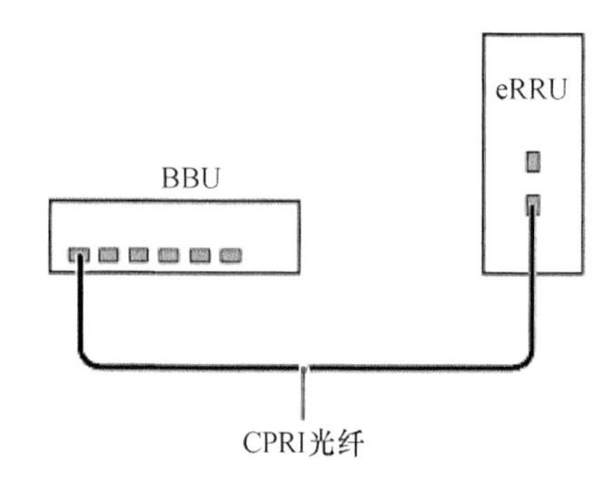

图 3-33　BBU3900 与 eRRU 之间的 CPRI 光纤连接示意图

b. 参数

CPRI 直连光纤参数如表 3-63 所示。

表 3-63　CPRI 直连光纤参数说明

长　度	单模光纤:默认 20 m,其他规格 10 m、30 m、40 m、50 m、60 m、70 m、100 m 由工勘确定 多模光纤:5 m、10 m、20 m、30 m、40 m、50 m、60 m、70 m、100 m,由工勘确定
连接器类型	CPRI 直连光纤两端均为 DLC 连接器
安装位置	分支光缆标签为 1A 的连接器连接至 eRRU 的 CPRI/IR 接口的 RX 分支光缆标签为 1B 的连接器连接至 eRRU 的 CPRI/IR 接口的 TX 分支光缆标签为 2A 的连接器连接至 BBU3900 LBBP 单板 CPRI 接口的 TX 分支光缆标签为 2B 的连接器连接至 BBU3900 LBBP 单板 CPRI 接口的 RX
数　量	1 条/BBU3900
配置原则	当 eRRU 到 BBU3900 的拉远距离不超过 100 m 时配发

说明:eRRU 的 CPRI0/IR0 接口优先。

② CPRI 单模尾纤

当 BBU3900 与 eRRU 之间的距离超过 100 m 时,CPRI 光纤推荐使用熔纤盒转接。在这种场景下,使用单模尾纤连接 BBU3900 与熔纤盒。

a. 外观

熔纤盒到 BBU3900 的单模光纤一端为 DLC 连接器,另一端为 FC 连接器,外观如图 3-34 所示。

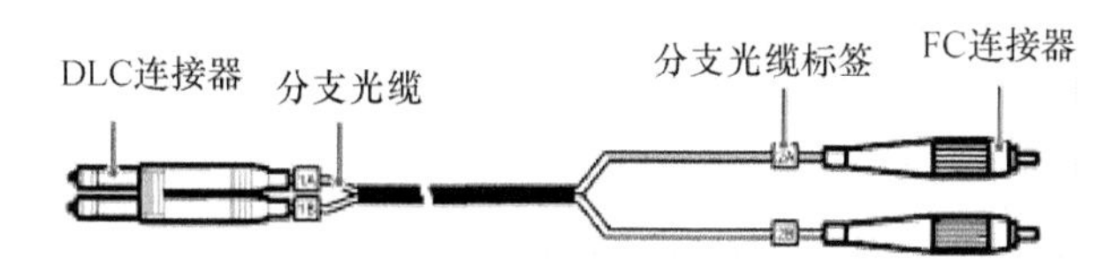

图 3-34　连接熔纤盒到 BBU3900 的单模光纤外观

连接 BBU3900 与熔纤盒时,BBU3900 侧分支光缆的长度为 0. 34 m,熔纤盒侧分支光缆的长度为 0. 8 m。

b. 参数

CPRI 单模尾纤的参数如表 3-64 所示。

表 3-64　CPRI 单模尾纤参数说明

长　度	默认 5 m,其他规格 10 m、20 m 由工勘确定
连接器类型	BBU3900 侧:DLC 连接器 熔纤盒侧:2FC 连接器
安装位置(BBU3900 到熔纤盒)	分支光缆标签为 1A 的连接器连接至 BBU3900 LBBP 单板 CPRI 接口的 RX 分支光缆标签为 1B 的连接器连接至 BBU3900 LBBP 单板 CPRI 接口的 TX 分支光缆标签为 2A/2B 的连接器连接至熔纤盒
数　量	2 条
配置原则	当 eRRU 的拉远距离超过 100 m 时配发

(7) 告警线

BBU3900 告警线用于将外部告警设备的告警信号传输到 BBU3900 中。

① 外观

BBU3900 告警线的两端均为 RJ45 连接器,外观如图 3-35 所示。

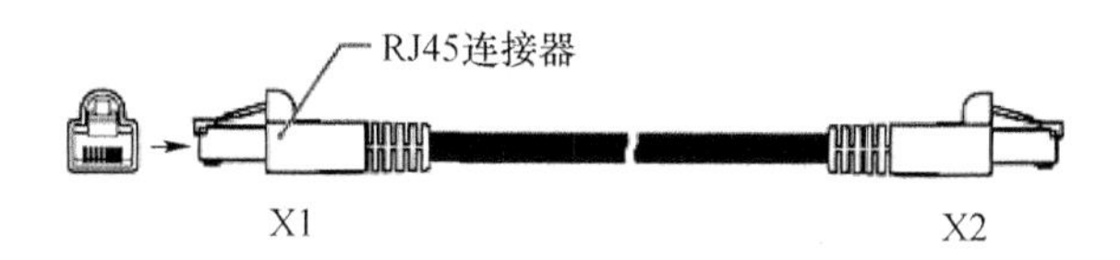

图 3-35　BBU3900 告警线外观

② 芯脚说明

BBU3900 告警线线序是有规定的,如表 3-65 所示。

表 3-65　BBU3900 告警线线序定义

BBU3900 告警接口	RJ45 连接器芯脚	芯线颜色	芯线关系	RJ45 连接器芯脚	说　明
EXT-ALM1	X1.1	橙/白	双绞线	X2.1	开关量输入 4＋
	X1.2	橙色		X2.2	开关量输入 4－(GND)
	X1.3	绿/白	双绞线	X2.3	开关量输入 5＋
	X1.6	绿色		X2.6	开关量输入 3－(GND)
	X1.5	蓝/白	双绞线	X2.5	开关量输入 6＋
	X1.4	蓝色		X2.4	开关量输入 6－(GND)
	X1.7	棕/白	双绞线	X2.7	开关量输入 7＋
	X1.8	棕色		X2.8	开关量输入 7－(GND)
EXT-ALM0	X1.1	橙/白	双绞线	X2.1	开关量输入 0＋
	X1.2	橙色		X2.2	开关量输入 0－(GND)
	X1.3	绿/白	双绞线	X2.3	开关量输入 1＋
	X1.6	绿色		X2.6	开关量输入 1－(GND)
	X1.5	蓝/白	双绞线	X2.5	开关量输入 2＋
	X1.4	蓝色		X2.4	开关量输入 2－(GND)
	X1.7	棕/白	双绞线	X2.7	开关量输入 3＋
	X1.8	棕色		X2.8	开关量输入 3－(GND)

③ 参数

BBU3900 告警线具体参数如表 3-66 所示。

表 3-66　BBU3900 告警线参数说明

长　度		20 m
连接器类型/安装位置	一端	BBU3900 UPEUc 的 EXT-ALM 接口 BBU3900 UEIU 的 EXT_ALM 接口
	另一端	外部设备接口
数量		工勘有 0～8 路干接点时不配发，9～16 路(即采用 UEIU 时)默认配 2 根

5. BBU3900 单板配置

(1) BBU3900 配置原则

BBU3900 有很多种不同类型的单板，单板配置原则如表 3-67 所示。

表 3-67　BBU3900 单板配置原则

单板名称	选配/必配	典型配置数量	最大配置数量	安装槽位(优先次序)	配置说明
机框	必配	1	—	—	—
LMPT	必配	1	1	Slot7＞Slot6	当需提供故障弱化功能时，配置 CNPU 板卡。此种情况下，LMPT 安装于 Slot7，CNPU 安装于 Slot6
CNPU	选配	1	1	Slot6＞Slot7	
LBBP	必配	1	6	Slot3＞Slot2＞Slot1＞Slot0＞Slot4＞Slot5	—
FANc	必配	1	1	FAN(Slot16)	—
UPEUc	必配	1	2	PWRER1(Slot19)＞PWRER0(Slot18)	以下两种情况需要配置 2 块： ① BBU3900 功率小于 350 W，但是要求电源备份 ② BBU3900 功率超过 350 W(即配置超过 3 块 LBBP)
UEIU	选配	0	1	PWRER0(Slot18)	当一块电源模块 UPEUc 不能满足客户的监控要求时，需要配置 UEIU 说明：由于 UEIU 与 UPEUc 共槽位，当采用电源热备份配置 2 块 UPEUc 时，UEIU 不能配置，而配置的第二块 UPEUc 可以提供 UEIU 所有的功能
UFLPb	选配	0～2	1	Slot0～Slot7	当 BBU3900 配置一块 LMPT 时，UFLPb 推荐插在 Slot6 槽位，优先插在外置 SLPU 防雷盒中。UFLPb 支持 FE/GE 电口防雷

(2) 典型配置

BBU3900 有很多种配置方式，典型配置如图 3-36 所示。

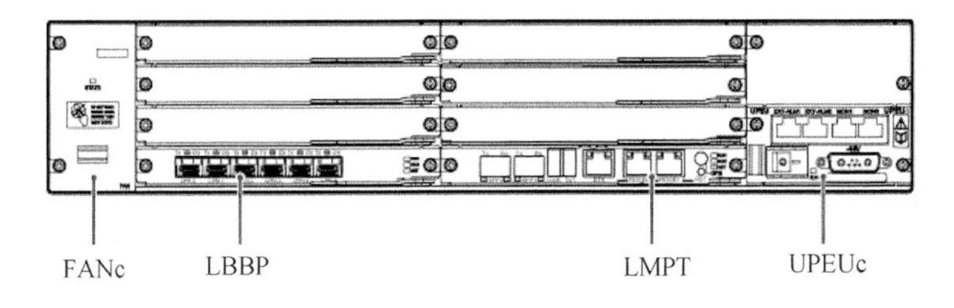

图 3-36　BBU3900 典型配置

3.2.3　RRU 硬件结构

RRU(Radio Remote Unit)是射频拉远模块，主要负责传递和转换 BBU 和天馈系统之间的信号。

RRU 的主要功能如下所示。

① 接收 BBU 发送的下行基带数据，并向 BBU 发送上行基带数据，实现与 BBU 的通信。

② 接收通道通过天馈接收射频信号，将接收信号下变频至中频信号，并进行放大处理、模数转换（A/D 转换）。发射通道完成下行信号滤波、数模转换（D/A 转换）、射频信号上变频至发射频段。

③ 提供射频通道接收信号和发射信号复用功能，可使接收信号与发射信号共用一个天线通道，并对接收信号和发射信号提供滤波功能。

RRU 的种类有很多种，下面我们介绍最常用的几种类型。

1．RRU3232

RRU3232 是射频拉远单元，是分布式基站的射频部分，支持抱杆安装、挂墙安装和立架安装，也可靠近天线安装，节省馈线长度，减少信号损耗，提高系统覆盖容量。RRU 主要完成基带信号和射频信号的调制解调、数据处理、功率放大、驻波检测等功能。

（1）外观

RRU3232 的外观如图 3-37 所示。

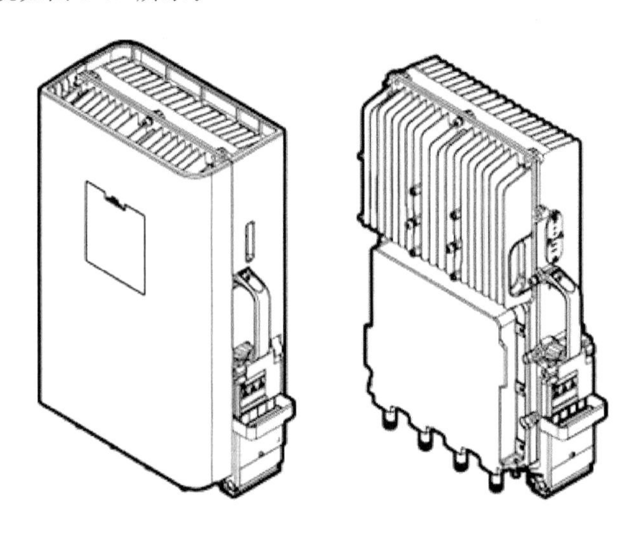

图 3-37　RRU3232 外观图

（2）物理接口

RRU 采用模块化结构，对外接口分布在模块底部和配线腔中。RRU3232 的物理接口说明如表 3-68 所示。

表 3-68　RRU3232 的物理接口

接口类型	连接器类型	数　量	说　明
CPRI 接口	DLC	2	用于连接 BBU 或 RRU 间的级联。RRU3232 支持四级级联。不管级联与否，最大拉远距离为 20 km
射频接口	N 型母头连接器	4	连接天馈
接地端口	OT	2	用于保护接地
电源接口	快速安装型公端（压接型）连接器	1	给 RRU 提供－48 V 电源
RET 接口	DB9	1	连接 RCU

(3) 频带

RRU3232 可以支持多种频带,具体的频带如表 3-69 所示。

表 3-69　RRU 频带

频　带	频率范围	载波带宽
Band 38(2.6 GHz)	2 570 MHz～2 620 MHz	5 MHz/10 MHz/15 MHz/20 MHz
Band 41(2.5 GHz)	2 496 MHz～2 690 MHz	5 MHz/10 MHz/15 MHz/20 MHz
Band 40(2.3 GHz)	2 300 MHz～2 400 MHz	5 MHz/10 MHz/15 MHz/20 MHz
3.5 GHz	3 400 MHz～3 700 MHz	5 MHz/10 MHz/15 MHz/20 MHz
1.8 GHz	1 755 MHz～1 920 MHz	5 MHz/10 MHz/15 MHz/20 MHz

说明:RRU3232 的 IBW(Instantaneous Bandwidth)为 40 MHz,OBW(Occupied Bandwidth)为 40 MHz。

(4) 容量

RRU3232 在 4T4R 应用时,其硬件能力最多支持 2 个载波,在 eRAN TDD 7.0 版本应用中支持 2 个载波。

RRU3232 拆分为 2 个 2T2R RRU 时,每个 2T2R RRU 的硬件能力最多支持 2 个载波,在 eRAN TDD 7.0 版本应用中支持 2 个载波。

(5) 输出功率

RRU3232 不同频带的输出功率有所不同,如表 3-70 所示。

表 3-70　RRU3232 的输出功率

频　带	每个射频通道发射功率	4 个射频通道发射总功率
Band 38(2.6 GHz)	20 W	80 W
Band 41(2.5 GHz)	20 W	80 W
Band 40(2.3 GHz)	20 W	80 W
3.5 GHz	10 W	40 W
1.8 GHz	20 W	80 W

(6) 电源

RRU3232 对输出电源有一定要求,如表 3-71 所示。

表 3-71　RRU3232 电源

项　目	指　标
输入电源	－48 V DC,电压范围:－36 V DC～－60 V DC

(7) 整机规格

RRU3232 的具体规格如表 3-72 所示。

表 3-72 RRU3232 整机规格

项　目	指　标
尺寸(高×宽×深)	480 mm×270 mm×140 mm (18 L 不带壳) 485 mm×300 mm×170 mm (24.7 L 带壳)
重量	≤19.5 kg(不带壳) ≤21 kg(带壳)

(8) 环境指标

RRU3232 在工作温度、湿度、气压等方面都有一定的要求,如表 3-73 所示。

表 3-73 RRU3232 环境指标

项　目	指　标
工作温度	−40～50 ℃(1 120 W/m² 太阳辐射) −40～55 ℃(无太阳辐射)
相对湿度	5%～100% RH
气压	70～106 kPa
运行环境	遵从标准: • 3GPP TS25.141 V3.0.0 • ETSI EN 300019-1-4 V2.1.2 (2003-04) Class 4.1:"Non-weatherprotected locations"
防震保护	NEBS GR63 zone4
保护级别	IP65

2. RRU3251

RRU3251 是射频拉远单元,是分布式基站的射频部分,支持抱杆安装、挂墙安装和立架安装,也可靠近天线安装,节省馈线长度,减少信号损耗,提高系统覆盖容量。RRU 主要完成基带信号和射频信号的调制解调、数据处理、功率放大、驻波检测等功能。

(1) 外观

RRU3232 外观如图 3-38 所示。

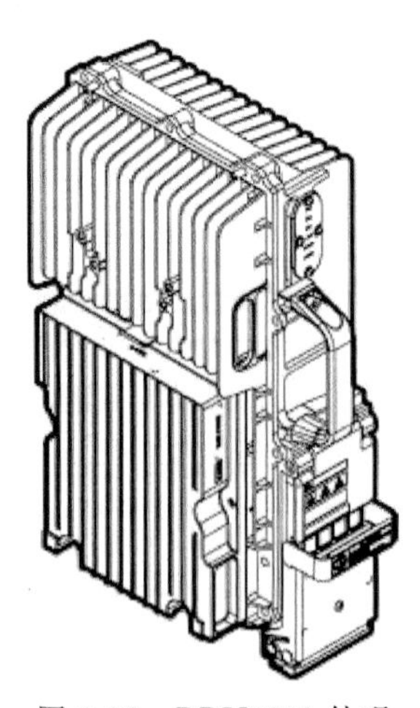

图 3-38 RRU3251 外观

(2) 物理接口

RRU 采用模块化结构，对外接口分布在模块底部和配线腔中。RRU3251 的物理接口说明如表 3-74 所示。

表 3-74　RRU3251 的物理接口

接口类型	连接器类型	数　量	说　明
CPRI 接口	DLC	2	用于连接 BBU 或 RRU 间的级联。RRU3251 支持四级级联。不管级联与否，最大拉远距离为 20 km RRU3251 支持 CPRI 压缩
射频接口	N 型母头连接器	2	连接天馈
接地端口	OT	2	用于保护接地
电源接口	快速安装型公端(压接型)连接器	1	给 RRU 提供−48 V 电源
RET 接口	DB9	1	连接 RCU

(3) 频带

RRU3251 可以支持的频带见表 3-75 所示。

表 3-75　RRU3251 的频带

频　带	频率范围	载波带宽
Band 40(2.3 GHz)	2 300～2 400 MHz	10 MHz/15 MHz/20 MHz

说明：RRU3251 的 IBW 为 60 MHz，OBW 为 60 MHz。

(4) 容量

RRU3251 硬件最多支持 3 个载波，在 eRAN TDD 7.0 版本应用中支持 3 个载波。

(5) 输出功率

RRU3251 是 2T2R RRU，最大发射功率如表 3-76 所示。

表 3-76　RRU3251 发射功率

工作温度	RRU 最大发射功率
−40～45 ℃	2×50 W
−40～50 ℃	2×40 W

(6) 电源

RRU3232 对输出电源有一定要求，如表 3-77 所示。

表 3-77　RRU3251 电源

项　目	指　标
输入电源	−48 V DC，电压范围：−34 V DC～−60 V DC

(7) 整机规格

RRU3251 的具体规格如表 3-78 所示。

表 3-78 RRU3251 整机规格

项 目	指 标
尺寸(高×宽×深)	400 mm×220 mm×140 mm(12.32 L 不带壳) 400 mm×249 mm×162 mm(16.15 L 带壳)
重量	≤13.5 kg(不带壳) ≤14.5 kg(带壳)

(8) 环境指标

RRU3251 在工作温度、湿度、气压等方面都有一定的要求,如表 3-79 所示。

表 3-79 RRU3251 环境指标

项 目	指 标
工作温度	−40～45 ℃(1 120 W/m² 太阳辐射) −40～50 ℃(无太阳辐射)
相对湿度	5%～100% RH
气压	70～106 kPa
运行环境	遵从标准: • 3GPP TS25.141 V3.0.0 • ETSI EN 300019-1-4 V2.1.2 (2003-04) Class 4.1:"Non-weatherprotected locations"
防震保护	NEBS GR63 zone4
保护级别	IP65

3. RRU3252(AC)

RRU3252(AC)是射频拉远单元,是分布式基站的射频部分,支持抱杆安装、挂墙安装和立架安装,也可靠近天线安装,节省馈线长度,减少信号损耗,提高系统覆盖容量。RRU 主要完成基带信号和射频信号的调制解调、数据处理、功率放大、驻波检测等功能。

(1) 外观

RRU3252(AC)外观如图 3-39 所示。

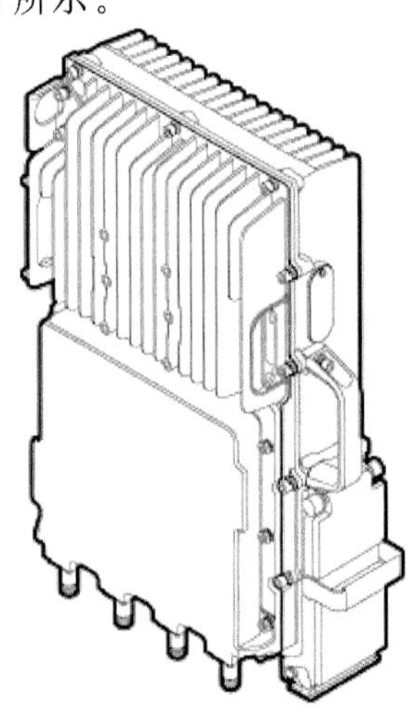

图 3-39 RRU3252(AC)外观

(2) 物理接口

RRU采用模块化结构,对外接口分布在模块底部和配线腔中。RRU3252(AC)的物理接口说明如表3-80所示。

表 3-80 RRU3252(AC)物理接口

接口类型	连接器类型	数 量	说 明
CPRI接口	DLC	2	用于连接BBU或RRU间的级联。RRU3252(AC)支持四级级联。不管级联与否,最大拉远距离为20 km RRU3252(AC)支持CPRI压缩
射频接口	N型母头连接器	4	连接天馈
RGPS接口	DB15	1	连接RGPS天线
接地端口	OT	2	用于保护接地
电源接口	3-pin圆形连接器	1	给RRU提供交流电源
RET/EXT_ALM	DB9	1	用于连接电调天线RCU或外部告警设备

(3) 频带

RRU3252(AC)可以支持多种频带,具体的频带如表3-81所示。

表 3-81 RRU3252(AC)频带

频 带	频率范围	载波带宽
Band 40(2.3 GHz)	2 300～2 400 MHz	5 MHz/10 MHz/15 MHz/20 MHz
Band 41(2.5 GHz)	2 496～2 690 MHz	5 MHz/10 MHz/15 MHz/20 MHz

说明:RRU3252(AC)的IBW为80 MHz,OBW为40 MHz。

(4) 容量

RRU3252(AC)在4T4R应用时,其硬件能力最多支持3个载波,在eRAN TDD 7.0版本应用中支持3个载波。

RRU3252(AC)拆分为2个2T2R RRU时,每个2T2R RRU的硬件能力最多支持3个载波,在eRAN TDD 7.0版本应用中支持3个载波。

(5) 输出功率

RRU3252(AC)的每个射频通道最大发射功率是20 W,4个射频通道最大发射总功率是80 W。

(6) 电源

RRU3252(AC)对输出电源有一定要求,如表3-82所示。

表 3-82 RRU3252(AC)电源

项 目	指 标
输入电源	90 V AC～290 V AC

(7) 整机规格

RRU3252(AC)的具体规格如表3-83所示。

表 3-83　RRU3252(AC)整机规格

项　目	指　标
尺寸(高×宽×深)	480 mm×270 mm×140 mm (18 L 不带壳)
重量	≤19.5 kg(不带壳)

(8) 环境指标

RRU3252(AC)在工作温度、湿度、气压等方面都有一定的要求,如表 3-84 所示。

表 3-84　RRU3252(AC)环境指标

项　目	指　标
工作温度	−40～50 ℃(无风,无太阳辐射,自然散热)
相对湿度	5%～100% RH
气压	70～106 kPa
运行环境	遵从标准: • 3GPP TS25.141 V3.0.0 • ETSI EN 300019-1-4 V2.1.2 (2003-04) Class 4.1:"Non-weatherprotected locations"
防震保护	NEBS GR63 zone4
保护级别	IP65

4. RRU3252(DC)

RRU3252(DC)是射频拉远单元,是分布式基站的射频部分,支持抱杆安装、挂墙安装和立架安装,也可靠近天线安装,节省馈线长度,减少信号损耗,提高系统覆盖容量。RRU 主要完成基带信号和射频信号的调制解调、数据处理、功率放大、驻波检测等功能。

(1) 外观

RRU3252(DC)外观如图 3-40 所示。

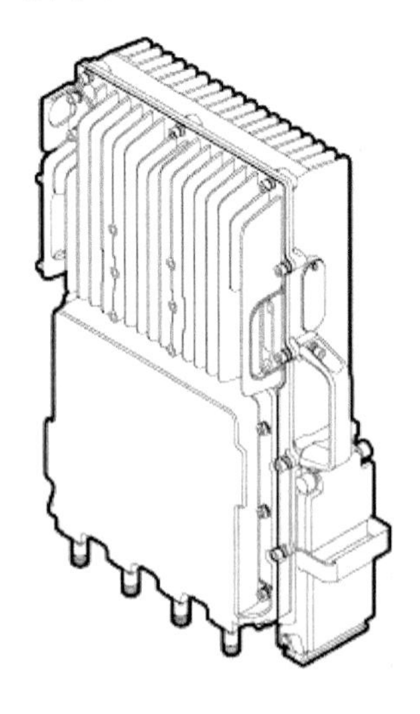

图 3-40　RRU3252(DC)外观

(2) 物理接口

RRU 采用模块化结构,对外接口分布在模块底部和配线腔中。RRU3252(DC)的物理接口说明如表 3-85 所示。

表 3-85　RRU3252(DC)物理接口

接口类型	连接器类型	数　量	说　明
CPRI 接口	DLC	2	用于连接 BBU 或 RRU 间的级联。RRU3252(DC)支持四级级联。不管级联与否,最大拉远距离为 20 km RRU3252(DC)支持 CPRI 压缩
射频接口	N 型母头连接器	4	连接天馈
RGPS 接口	DB15	1	连接 RGPS 天线
接地端口	OT	2	用于保护接地
电源接口	快速安装型公端(压接型)连接器	1	给 RRU 提供-48 V 电源
RET/EXT_ALM	DB9	1	用于连接电调天线 RCU 或外部告警设备

(3) 频带

RRU3252(DC)可以支持多种频带,具体的频带如表 3-86 所示。

表 3-86　RRU3252(DC)频带

频　带	频率范围	载波带宽
Band 38(2.6 GHz)	2 570～2 620 MHz	5 MHz/10 MHz/15 MHz/20 MHz
Band 41(2.5 GHz)	2 496～2 690 MHz	5 MHz/10 MHz/15 MHz/20 MHz
Band 40(2.3 GHz)	2 300～2 400 MHz	5 MHz/10 MHz/15 MHz/20 MHz

说明:RRU3252(DC)的 IBW 为 80 MHz,OBW 为 40 MHz。

(4) 容量

RRU3252(DC)在 4T4R 应用时,其硬件能力最多支持 3 个载波,在 eRAN TDD 7.0 版本应用中支持 3 个载波。

RRU3252(DC)拆分为 2 个 2T2R RRU 时,每个 2T2R RRU 的硬件能力最多支持 3 个载波,在 eRAN TDD 7.0 版本应用中支持 3 个载波。

(5) 输出功率

RRU3252(DC)的每个射频通道最大发射功率是 20 W,4 个射频通道最大发射总功率是 80 W。

(6) 电源

RRU3252(DC)对输出电源有一定要求,如表 3-87 所示。

表 3-87　RRU3252(DC)电源

项　目	指　标
输入电源	-48 V DC,电压范围:-32 V DC～-60 V DC

(7) 整机规格

RRU3252(DC)的具体规格如表 3-88 所示。

表 3-88　RRU3252(DC)整机规格

项　目	指　标
尺寸(高×宽×深)	480 mm×270 mm×140 mm (18 L 不带壳)
重量	≤19.5 kg(不带壳)

(8) 环境指标

RRU3252(DC)在工作温度、湿度、气压等方面都有一定的要求，如表 3-89 所示。

表 3-89 RRU3252(DC)环境指标

项 目	指 标
工作温度	−40～50 ℃(无风，无太阳辐射，自然散热)
相对湿度	5%～100% RH
气压	70～106 kPa
运行环境	遵从标准： • 3GPP TS25.141 V3.0.0 • ETSI EN 300019-1-4 V2.1.2 (2003-04) Class 4.1："Non-weatherprotected locations"
防震保护	NEBS GR63 zone4
保护级别	IP65

5. RRU3253

RRU3253 是分布式基站的射频远端处理单元，与 BBU3900 等模块配合组成完整的分布式基站系统。

RRU3253 实现以下主要功能。

- 接收 BBU3900 发送的下行基带数据，并向 BBU3900 发送上行基带数据，实现与 BBU3900 的通信。
- 接收通道通过天馈接收射频信号，将接收信号下变频至中频信号，并进行放大和模数转换(A/D 转换)处理。发射通道完成下行信号滤波、数模转换(D/A 转换)、射频信号上变频至发射频段。
- 提供射频通道接收信号和发射信号复用功能，可使接收信号与发射信号共用一个天线通道，并对接收信号和发射信号提供滤波功能。

(1) 外观

RRU3253 外观如图 3-41 所示。

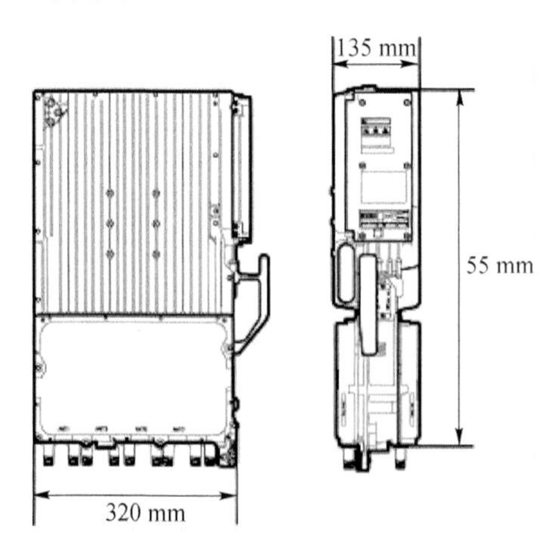

图 3-41 RRU3253 外观示意图

RRU3253 的正背面示意图如图 3-42 所示。

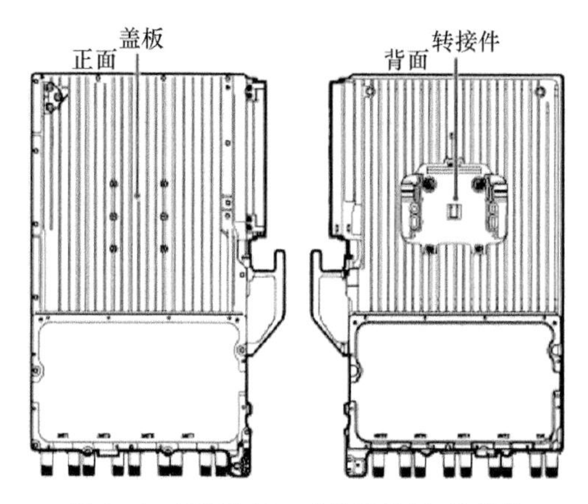

图 3-42 RRU3253 正背面盖板、转接件

RRU3253 安装示意图如图 3-43 所示。

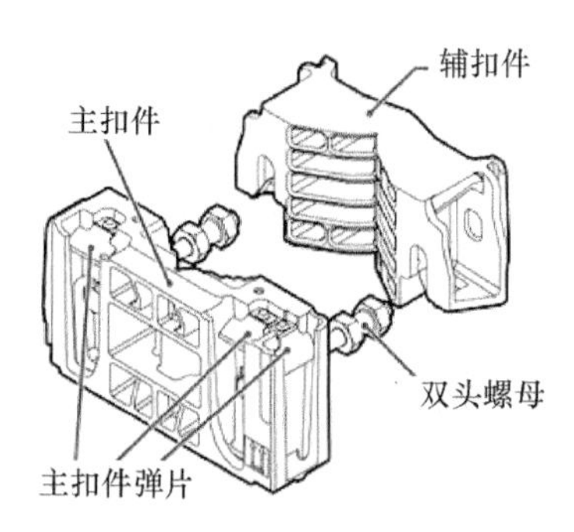

图 3-43 RRU3253 安装扣件组

(2) 接口

RRU3253 的接口主要是面部接口,包括底部接口和配线腔接口。面部接口示意如图 3-44 所示。

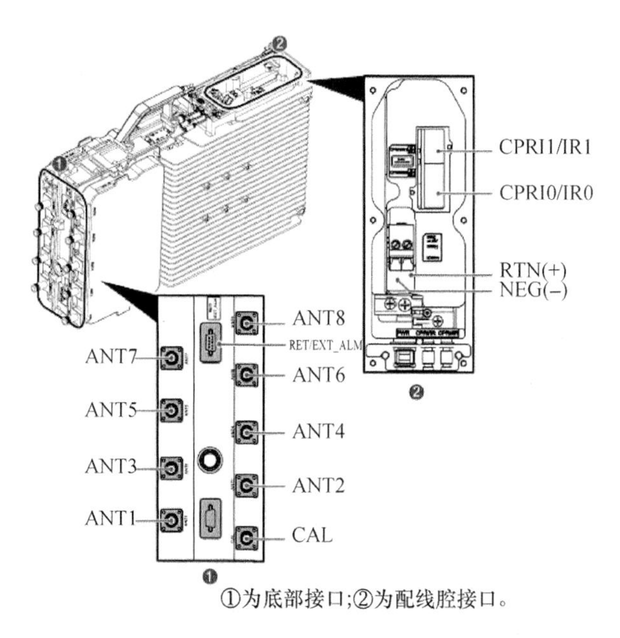

图 3-44 RRU3253 面部接口

RRU3253 面板上接口的说明如表 3-90 所示。

表 3-90　RRU3253 面板接口

接口标识		连接器类型	数　量	说　明
底部接口	ANT1～ANT8	N 型	8	发送/接收射频接口，用于下行信号输出/上行信号输入
	CAL	N 型	1	校准接口，用于校准信号输入/输出 此接口暂不使用
	RET/EXT_ALM	DB9	1	告警接口 此接口暂不使用
配线腔接口	CPRI0/IR0	DLC	1	光纤接口
	CPRI1/IR1		1	
	RTN(+)	快速安装型公端(压接型)连接器	1	直流电源输入
	NEG(−)		1	

(3) 指示灯

通过查看 RRU3253 的指示灯，可以了解 RRU3253 的运行状态，如图 3-45 所示。

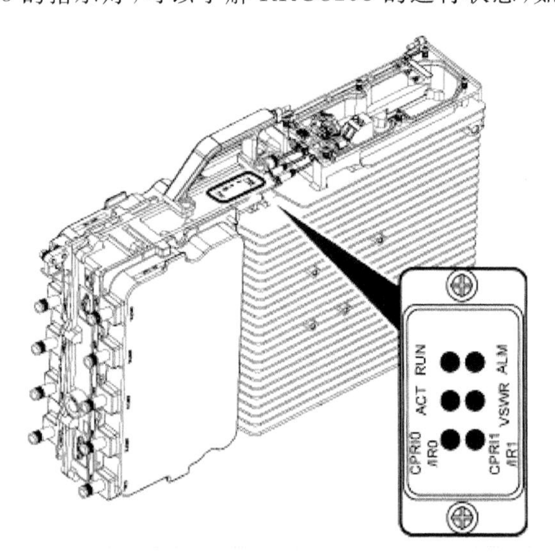

图 3-45　RRU3253 指示灯

RRU3253 的指示灯含义如表 3-91 所示。

表 3-91　RRU3253 指示灯含义

标　识	颜　色	状　态	含　义
RUN	绿色	常亮	有电源输入，但单板硬件存在故障
		常灭	无电源输入，或单板故障状态
		1 s 亮，1 s 灭	单板运行正常
		0.125 s 亮，0.125 s 灭	单板软件加载中或单板未运行，或正在自动升级版本

续 表

标　识	颜　色	状　态	含　义
ALM	红色	常亮	告警状态,需要更换模块
		1 s 亮,1 s 灭	告警状态,单板或接口故障,告警严重程度低于常亮状态,不一定需要更换模块
		常灭	无告警
ACT	绿色	常亮	工作正常
		常灭	正常运行前
		1 s 亮,1 s 灭	单板运行,但 ANT 口未发功率
VSWR	红色	常亮	一个或多个校准通道出现故障
		常灭	无驻波告警
		1 s 亮,1 s 灭	小区建立后检测到一个或多个通道异常
		0.125 s 亮,0.125 s 灭	启动过程中有一个或多个端口 VSWR 告警
CPRI0/IR0	红绿双色	绿色常亮	CPRI 链路正常工作状态
		红色常亮	光模块接收异常告警
CPRI1/IR1		红色 1 s 亮,1 s 灭	CPRI 链路失锁或者 RRU3253 驻波比告警
		常灭	光模块不在位或者光模块电源下电

(4) 光模块

光模块的作用就是进行光电转换,发送端把电信号转化成光信号,通过光纤传送出去,接收端再把光信号转化成电信号。

RRU3253 CPRI 接口光模块外观示意图如图 3-46 所示。

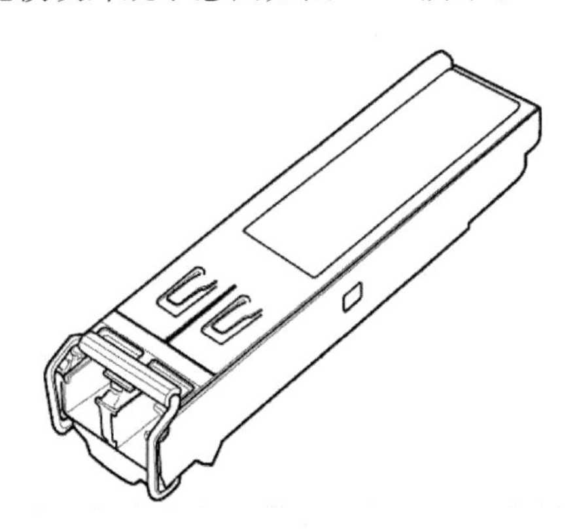

图 3-46　光模块外观示意图

RRU3253 CPRI 接口光模块规格如表 3-92 所示。

表 3-92　RRU3253 CPRI 接口光模块规格

序　号	封装类型	工作波长/nm	速率/Gbit/s	光接头类型	光纤类型	传输距离/km
1	SFP+	1 310	6.144	LC	单模	2
2	SFP+	1 310	6.144	LC	单模	10
3	SFP+	850	6.144	LC	多模	0.3
4	SFP+	1 550	10	LC	单模	40

配置原则如下所示。

① 当CPRI接口勘测为单模时，配置单模光模块，距离小于2 km时配置类型1；大于2 km时配置类型2；距离在10～40 km时，配置类型4，每个RRU3253配置2根(BBU3900和RRU3253侧各1根)。

② 当CPRI接口勘测为多模时，默认配置多模光模块，默认配置类型3，每个RRU3253配置2根(RRU3253和BBU3900侧各1根)。

③ 无工勘默认配置第1种。

6. RRU3255

RRU3255是分布式基站的射频远端处理单元，与BBU3900等模块配合组成完整的分布式基站系统。

RRU3255实现以下主要功能。

① 接收BBU3900发送的下行基带数据，并向BBU3900发送上行基带数据，实现与BBU3900的通信。

② 通过天馈接收射频信号，将接收信号下变频至中频信号，并进行放大和模数转换(A/D转换)处理。发射通道完成下行信号滤波、数模转换(D/A转换)、射频信号上变频至发射频段。

③ 提供射频通道接收信号和发射信号复用功能，可使接收信号与发射信号共用一个天线通道，并对接收信号和发射信号提供滤波功能。

RRU3255外观主要有无遮阳罩和带遮阳罩2种，如图3-47和3-48所示。

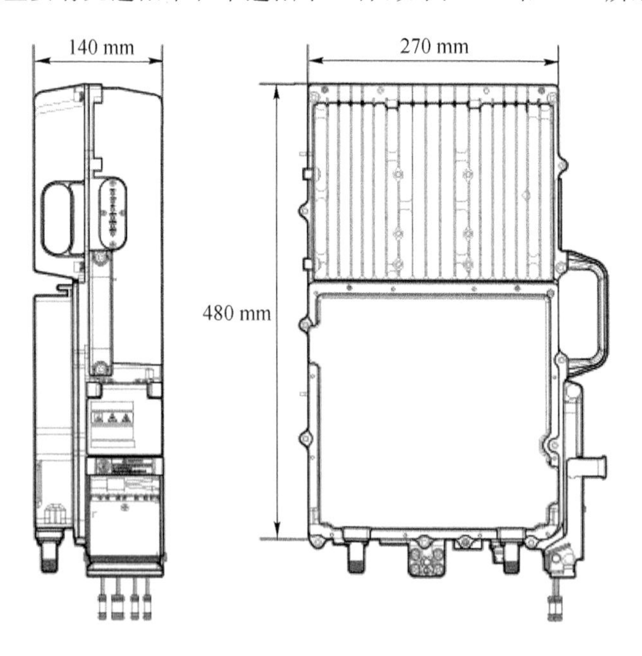

图3-47　RRU3255外观示意图(无遮阳罩)

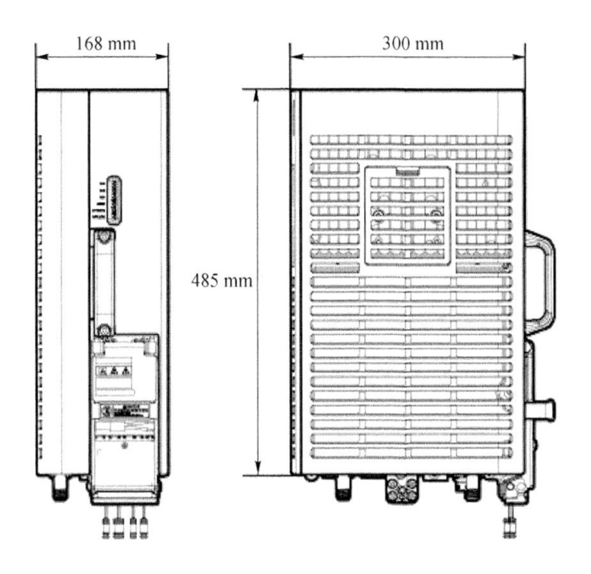

图 3-48　RRU3255 外观示意图(带遮阳罩)

RRU3255 正面和背面的示意图如图 3-49 所示。

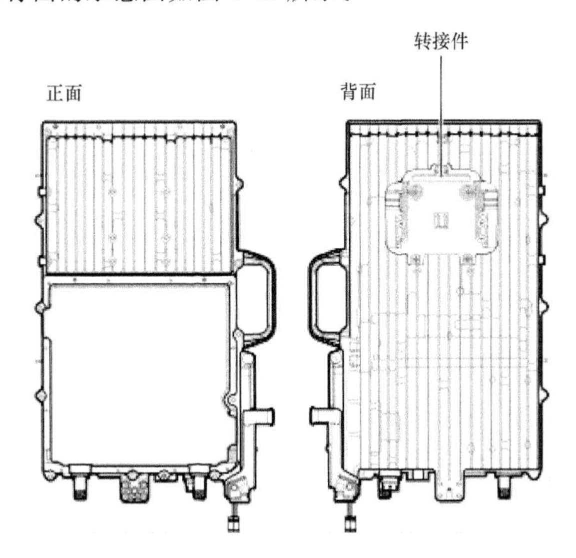

图 3-49　RRU3255 正面和背面示意图

RRU3255 的安装示意如图 3-50 所示。

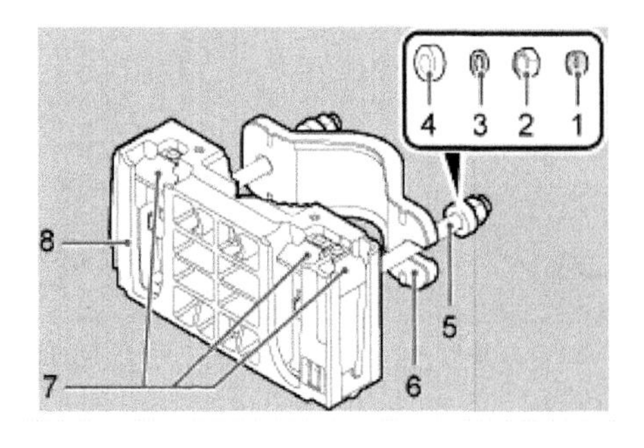

图 3-50　RRU3255 安装扣件组示意图

安装扣件组说明如表 3-93 所示。

表 3-93　安装扣件组说明

1	塑胶螺帽	5	M10×150 螺栓
2	M10 标准螺母	6	辅扣件
3	弹垫	7	主扣件弹片
4	厚平垫	8	主扣件

7. RRU3908

RRU3908 为室外型射频拉远单元，是分布式基站的射频部分，可靠近天线安装。RRU3908 主要完成基带信号和射频信号的调制解调、数据处理、合分路等功能。RRU3908 采用 SDR(Software Defined Radio)技术，通过不同的软件配置可以支持 GU、GL 双模工作。

(1) 外观

RRU3908 主要有 4 种类型，如图 3-51、图 3-52、图 3-53 和图 3-54 所示。

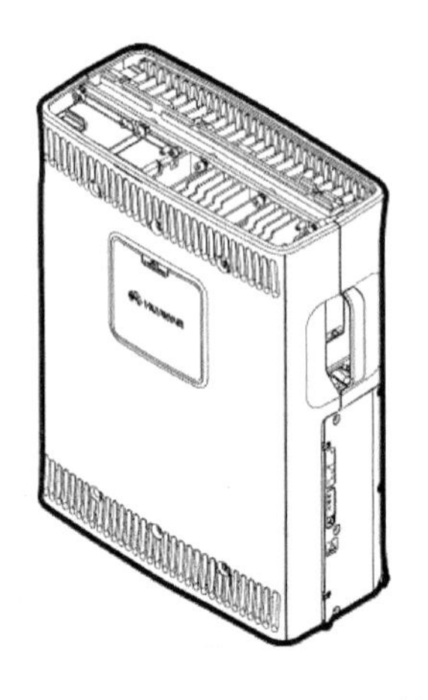

图 3-51　RRU3908 V1 (DC)外观

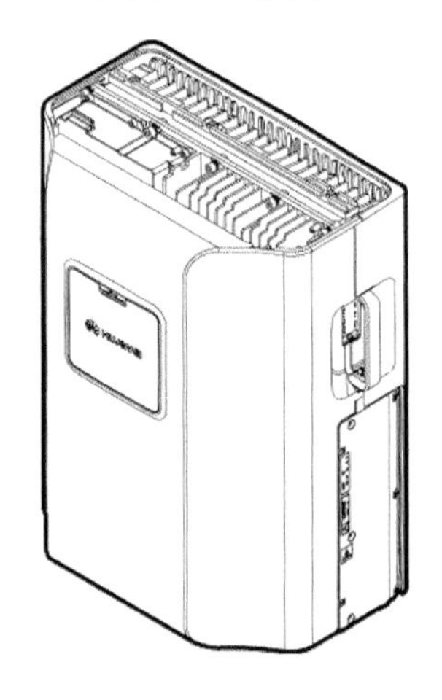

图 3-52　RRU3908 V1(AC)外观

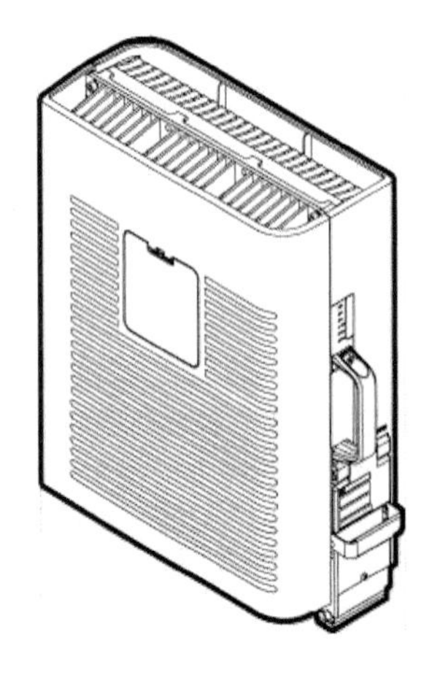

图 3-53　RRU3908 V2(DC)外观

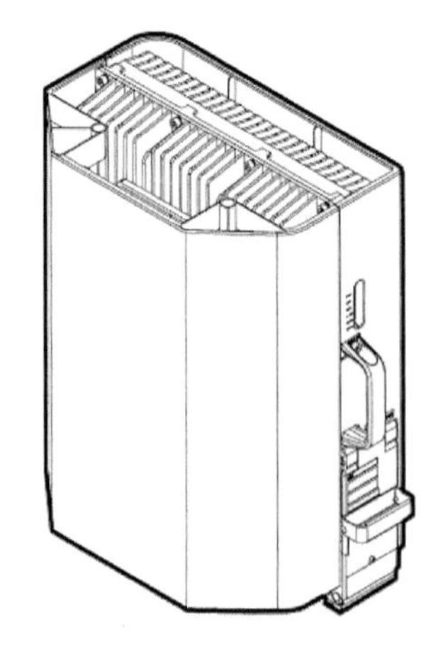

图 3-54　RRU3908 V2(AC)外观

(2) 物理接口

RRU 采用模块化结构，对外接口分布在模块底部和配线腔中，如图 3-55、图 3-56、图 3-57

和图 3-58 所示。

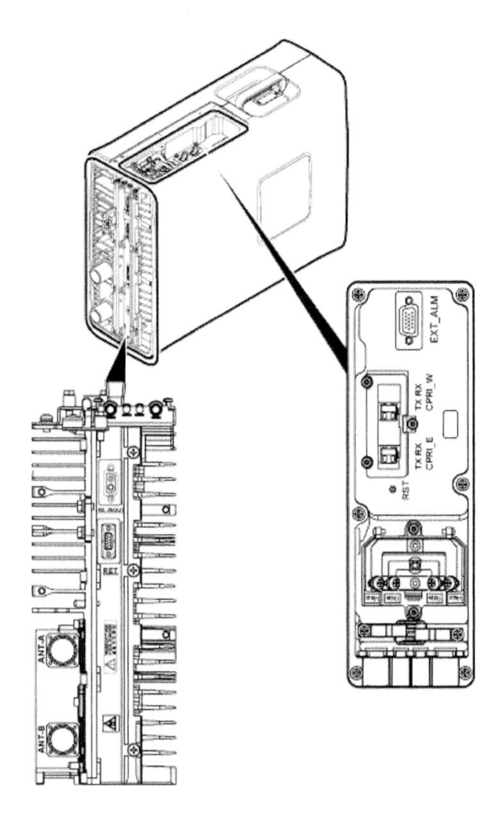

图 3-55　RRU3908 V1(DC)面板接口图

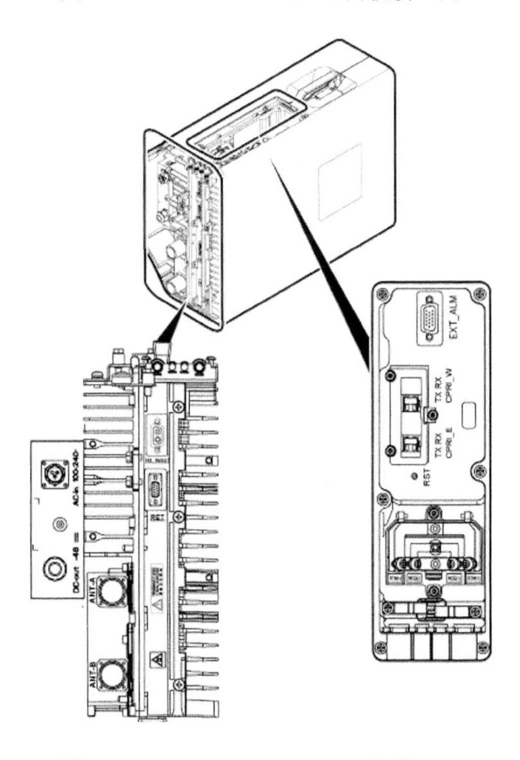

图 3-56　RRU3908 V1(AC)面板接口图

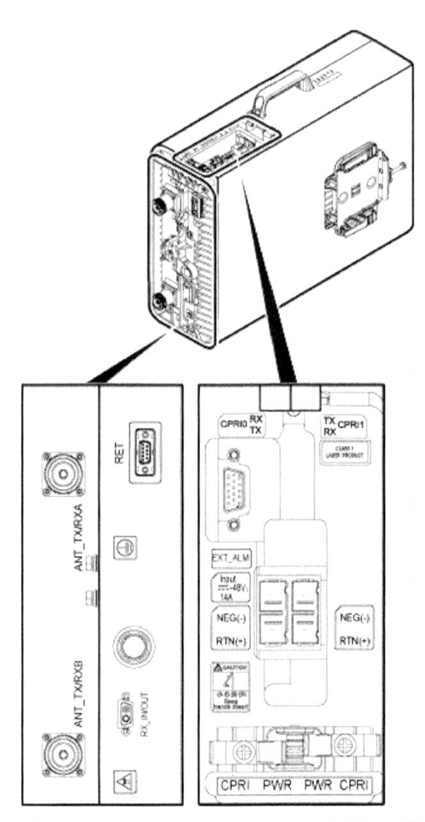

图 3-57　RRU3908 V2(DC)面板接口图

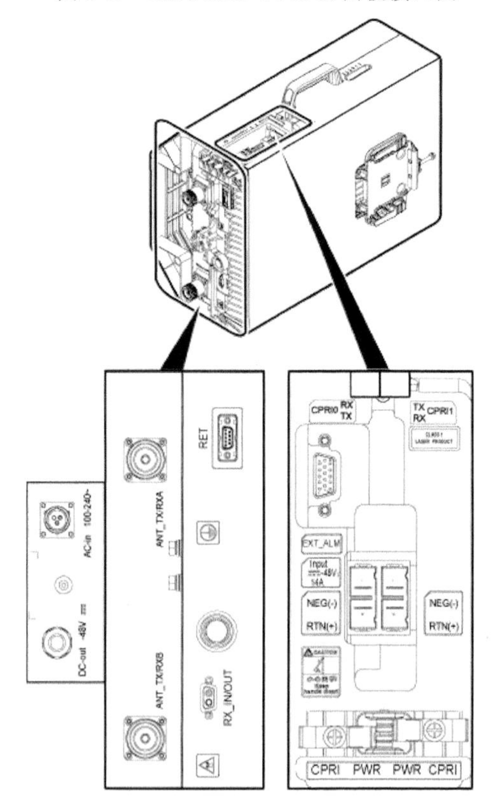

图 3-58　RRU3908 V2(AC)面板接口图

(3) 物理接口

RRU3908 有射频接口、CPRI 接口、电源接口等，如表 3-94 所示。

表 3-94　RRU3908 V2 物理接口

接口类型	连接器类型	数　量	说　明
射频接口	DIN	2	用于连接天馈系统
射频互联接口	DB2W2	1	用于射频模块互联
CPRI 接口	DLC	2	用于连接 BBU3900
电源接口 (DC)	OT	2	用于－48 V 电源输入
电源接口 (AC)	3-pin 圆形连接器	2	用于交流电源输入
RET 接口	DB9	1	用于连接 RCU
告警接口	DB15	1	用于引入外部设备的告警信号

(4) 频段

RRU3908 可以支持多种频带，具体的频带如表 3-95、表 3-96 和表 3-97 所示。

表 3-95　RRU3908 V1(DC/AC)频段

频段/MHz	接收频段/MHz	发射频段/MHz
850	824～849	869～894
900	890～915	935～960
	880～905	925～950
1 800	1 710～1 755	1 805～1 850
	1 740～1 785	1 835～1 880
1 900	1 850～1 890	1 930～1 970
	1 870～1 910	1 950～1 990

表 3-96　RRU3908 V2(DC)频段

频段/MHz	接收频段/MHz	发射频段/MHz
850	824～849	869～894
900 PGSM	890～915	935～960
900 EGSM	880～915	925～960

表 3-97　RRU3908 V2(AC)频段

频段/MHz	接收频段/MHz	发射频段/MHz
900 PGSM	890～915	935～960

(5) 容量

① 单制式容量

单制式容量指的就是一个系统可以支持的容量，如表 3-98 所示。

表 3-98　RRU3908 单制式容量

制　式	容　量
GSM	RRU3908 V1：每个 RRU3908 V1 支持 6 载波 RRU3908 V2：每个 RRU3908 V2 支持 8 载波
UMTS	每个 RRU3908 支持 4 载波 说明：RRU3908 V2 仅在 900 MHz 频段支持 3、4 载波配置
LTE	RRU3908 V1(1 800 MHz)：每个 RRU3908 V1 支持 1 载波，LTE 带宽为 5 MHz/10 MHz/15 MHz/20 MHz 说明：RRU3908 V1 在 850 MHz/900 MHz/1 900 MHz 频段硬件预支持 LTE RRU3908 V2(900 MHz)：每个 RRU3908 V2 支持 1 载波，LTE 带宽为 1.4 MHz/3 MHz/5 MHz/10 MHz/15 MHz/20 MHz

② 多制式容量

多制式容量指的是 2 个不同系统能支持的容量，如表 3-99 所示。

表 3-99　RRU3908 多制式容量

制　式	容　量
GSM+UMTS	RRU3908 V1：详细规格请参见表 2-10 和表 2-11 RRU3908 V2：详细规格请参见表 2-14 和表 2-15
GSM+LTE	RRU3908 V1 (1 800 MHz)：详细规格请参见表 2-12 RRU3908 V2 (900 MHz)：详细规格请参见表 2-16

(6) 接收灵敏度

① RRU3908 V1(DC/AC) 接收灵敏度

RRU3908 V1(DC/AC)可以支持多种制式，如表 3-100 所示。

表 3-100　RRU3908 V1(DC/AC) 接收灵敏度

制　式	频段/MHz	单天线接收灵敏度/dBm	双天线接收灵敏度/dBm	四天线接收灵敏度/dBm
GSM	850/900/1 800/1 900	−113	−115.8	−118.5(理论值)
UMTS	850/900/1 900	−125.5	−128.3	−131
LTE	1 800	−106.3	−109.1	−111.8

② RRU3908 V2(DC) 接收灵敏度

RRU3908 V2(DC/AC)可以支持多种制式，如表 3-101 所示。

表 3-101　RRU3908 V2(DC) 接收灵敏度

制　式	频段/MHz	单天线接收灵敏度/dBm	双天线接收灵敏度/dBm	四天线接收灵敏度/dBm
GSM	850/900 PGSM	−113.5	−116.3	−119(理论值)
	900 EGSM	−113.3	−116.1	−118.8(理论值)
UMTS	850/900 PGSM	−125.5	−128.3	−131
	900 EGSM	−125.3	−128.1	−130.8

续表

制　式	频段/MHz	单天线接收灵敏度/dBm	双天线接收灵敏度/dBm	四天线接收灵敏度/dBm
LTE	900 PGSM	−106.3	−109.1	−111.8
	900 EGSM	−106.1	−108.9	−111.6

③ RRU3908 V2(AC) 接收灵敏度

RRU3908 V2(AC)可以支持多种制式，如表 3-102 所示。

表 3-102 RRU3908 V2(AC) 接收灵敏度

制　式	频段/MHz	单天线接收灵敏度/dBm	双天线接收灵敏度/dBm	四天线接收灵敏度/dBm
GSM	900 PGSM	−113.5	−116.3	−119(理论值)
UMTS	900 PGSM	−125.5	−128.3	−131
LTE	900 PGSM	−106.3	−109.1	−111.8

说明：

① GSM 的接收灵敏度是依据 3GPP TS 51.021 建议的测试方法，13 kbit/s 通道速率，误码率 BER(Bit Error Ratio)不超过 2%，中心频段(全频段的 80%频段，去除边缘频段)，天线连接器测得的接收灵敏度。

② UMTS 的接收灵敏度是依据 3GPP TS 25.104 建议的测试方法，12.2 kbit/s 通道速率，误码率 BER(Bit Error Ratio)不超过 0.1%，全频段，天线连接器测得的接收灵敏度。

③ LTE 的接收灵敏度是依据 3GPP TS 36.104 建议的测试方法，基于 5 MHz 带宽，FRC A1-3 in Annex A.1(QPSK，$R=1/3$，25RB)标准测得的接收灵敏度。

(7) 典型输出功率

① RRU3908 工作在 GSM 场景。

900 MHz/1 800 MHz 频段顺从 EN 301 502 V9.2.1 标准，850 MHz/1 900 MHz 频段顺从 3GPP TS 45.005 V10.2.0 和 3GPP TS 51.021 V10.2.0 标准。RRU3908 工作在 UMTS、LTE、MSR 场景，900 MHz/1 800 MHz 频段顺从 ETSI EN 301 908 V5.2.1 及 3GPP TS 37.104 标准，850 MHz/1 900 MHz 顺从 3GPP TS 37.104 V10.4.0 和 TS 37.141 V10.4.0 标准。

② RRU3908 V2(900 MHz)工作在 GSM 场景。

通过设计改进，S1-S6 配置下的 8PSK 功率和 GMSK 功率相同。对于 S7-S8 配置，如果购买“EDGE 业务覆盖增强”功能，则使得 8PSK 功率和 GMSK 功率相同。

③ RRU3908 在海拔 3 500～4 500 m 时，功率值回退 1 dB；RRU3908 在海拔 4 500～6 000 m 时，功率值回退 2 dB。

④ 站间距、频率复用因子、功控算法、流量模型等因素会影响动态功率分配的增益，但是大多数情况下，网络规划可以基于动态功率分配的功率指标进行设计。

⑤ 使用功率共享功能时，必须打开 DTX 和功率控制开关。此外，功率共享与同心圆、Co-BCCH、主 B 频率紧密复用、增强型测量报告在 GBSS8.1 版本互斥，在 GBSS9.0 及后续版本可以同时使用。功率共享与 IBCA、动态 MAIO、RAN sharing、双时隙小区在 GBSS8.1、GBSS9.0 及后续版本暂不支持同时使用。

功率共享时假设小区内的终端随机分布。

• RRU3908 V1 典型输出功率(850 MHz/900 MHz/1 800 MHz/1 900 MHz,单制式)

RRU3908 V1 在不同系统、不同制式下输出功率有所不同,如表 3-103～表 3-110 所示。

表 3-103　RRU3908 V1 典型输出功率

GSM 载波数	UMTS 载波数	LTE 载波数	GSM 每载波输出功率/W	GSM 每载波输出共享功率/W	UMTS 每载波输出功率/W	LTE 每载波输出功率/W
1	0	0				
2	0	0				
3	0	0	20	20	0	0
4	0			20	0	0
5	0		12	12	0	0
6	0		10	12	0	0
	1		0	0	40	0
	(MIMO)					
0	2	0	0	0	30	0
0	2 (MIMO)	0	0	0	2×15	0
0	3	0	0	0	20	0
0	4	0	0	0	15	0
0	0	1 (MIMO)	0	0	0	2×30

• RRU3908 V1 典型输出功率(900 MHz/1 900 MHz,GU 非 MSR)

表 3-104　RRU3908 V1 典型输出功率

GSM 载波数	UMTS 载波数	GSM 每载波输出功率/W	UMTS 每载波输出功率/W
1	1	40	30
1	1	30	40
1	2	30	20
2	1	20	30
2	1	15	40
2	2	15	20
3	1	10	30
3	2	10	10
4	1	7.5	20
4	2	7.5	10
5	1	6	20

• RRU3908 V1 典型输出功率(900 MHz,GU MSR)

表 3-105　RRU3908 V1 典型输出功率

GSM 载波数	UMTS 载波数	GSM 每载波输出功率/W	UMTS 每载波输出功率/W
1	1	20	20
4	1	12	12
4	2	10	10
5	1	10	10

• RRU3908 V1 典型输出功率(1 800 MHz,GL MSR)

表 3-106　RRU3908 V1 典型输出功率

GSM 载波数	LTE 载波数	GSM 每载波输出功率/W	LTE 每载波输出功率/W
1	1 (MIMO)	20	2×10
1	1 (MIMO)	10	2×20
2	1 (MIMO)	20	2×10
2	1 (MIMO)	10	2×20
3	1 (MIMO)	10	2×10
4	1 (MIMO)	10	2×10

• RRU3908 V2 典型输出功率(850 MHz/900 MHz,单制式)

表 3-107　RRU3908 V2 典型输出功率

GSM 载波数	UMTS 载波数	LTE 载波数	GSM 每载波输出功率/W	GSM 每载波输出共享功率/W	UMTS 每载波输出功率/W	LTE 每载波输出功率/W
1	0	0	40	40	0	0
2	0	0	40	40	0	0
3	0	0	20	20	0	0
4	0	0	20	20	0	0
5	0	0	13	15	0	0
6	0	0	13	15	0	0
7	0	0	10	13	0	0
8	0	0	10	13	0	0
0	1	0	0	0	60	0
0	1 (MIMO)	0	0	0	2×40	0
0	2	0	0	0	40	0
0	2 (MIMO)	0	0	0	2×20	0
0	3	0	0	0	20	0
0	3 (MIMO)	0	0	0	2×10	0
0	4	0	0	0	20	0
0	4 (MIMO)	0	0	0	2×10	0
0	0	1 (2T2R)	0	0	0	2×40

- RRU3908 V2 典型输出功率(850 MHz/900 MHz,GU 非 MSR)

表 3-108 RRU3908 V2 典型输出功率,GU 非 MSR

GSM 载波数	UMTS 载波数	GSM 每载波输出功率/W	UMTS 每载波输出功率/W
1	1	40	40
2	1	20	40
3	1	13	40
4	1	10	40
5	1	6	20
1	2	40	20
2	2	20	20
3	2	13	20
4	2	10	20

- RRU3908 V2 典型输出功率(850 MHz/900 MHz,GU MSR)

表 3-109 RRU3908 V2 典型输出功率,GU MSR

GSM 载波数	UMTS 载波数	GSM 每载波输出功率/W	UMTS 每载波输出功率/W
1	1 (MIMO)	20	2×20
2	1 (MIMO)	20	2×20
3	1	20	20
3	1 (MIMO)	15	2×10
4	1	13	20
4	1 (MIMO)	15	2×10
4	1 (MIMO)	10	2×20
5	1	10	30

- RRU3908 V2 典型输出功率(900 MHz,GL MSR)

表 3-110 RRU3908 V2 典型输出功率,GL MSR

GSM 载波数	LTE 载波数	GSM 每载波输出功率/W	LTE 每载波输出功率/W
1	1 (MIMO)	20	2×20
2	1 (MIMO)	20	2×20
3	1 (MIMO)	15	2×10
4	1 (MIMO)	15	2×10
4	1 (MIMO)	12	2×15

(8) 功耗

- 典型功耗和最大功耗均指环境温度为 25 ℃时的功耗值。
- GSM 典型功耗是负荷 30%的功耗值，GSM 最大功耗是负荷 100%的功耗值。
- UMTS 典型功耗是负荷 40%的功耗值，最大功耗负荷 100%的功耗值。
- LTE 典型功耗是负荷 50%的功耗值，最大功耗是负荷 100%的功耗值。
- GSM：1×GTMU。
- UMTS：1×UMPTb1+1×WBBPf3(3×1 和 3×2)。
- UMTS：1×UMPTb1+2×WBBPf3(3×3 和 3×4)。
- LTE：1×UMPTb1+1×LBBPd。

DBS 配置不同的 RRU，在不同的频带功耗是有所不同的，具体的功耗如表 3-111、表 3-112、表 3-113 和表 3-114 所示。

① DBS3900(−48 V)功耗(配置 RRU3908 V1，900 MHz)

表 3-111　DBS3900(−48 V)功耗，900 MHz

制　式	配　置	每载波输出功率/W	典型功耗/W	最大功耗/W
GSM	S2/2/2	20	615	725
	S4/4/4	20	860	1 190
	S6/6/6	12	775	1 110
UMTS	3×1	20	500	595
	3×2	20	645	795
	3×3	20	880	1 125
	3×4	15	880	1 130
GSM+UMTS	GSM S2/2/2+ UMTS 3×1	GSM：20 UMTS：20	885	1 090
	GSM S4/4/4+ UMTS 3×1	GSM：10 UMTS：20	895	1 160
	GSM S4/4/4+ UMTS 3×2	GSM：10 UMTS：10	895	1 160

② DBS3900(−48 V)功耗(配置 RRU3908 V1，1 800 MHz)

表 3-112　DBS3900(−48 V)功耗，1 800 MHz

制　式	配　置	每载波输出功率/W	典型功耗/W	最大功耗/W
GSM	S2/2/2	20	615	725
	S4/4/4	20	860	1 190
LTE	3×10 MHz	2×20	825	970

③ DBS3900(−48 V)功耗(配置 RRU3908 V2，850 MHz)

表 3-113 DBS3900(－48 V)功耗,850 MHz

制　式	配　置	每载波输出功率/W	典型功耗/W	最大功耗/W
GSM	S2/2/2	20	550	650
	S4/4/4	20	770	1 085
	S6/6/6	13	740	1 085
UMTS	3×1	20	470	545
	3×2	20	590	735
GSM＋UMTS	GSM S2/2/2＋UMTS 3×1	GSM：20 UMTS：40	945	1 190
	GSM S3/3/3＋UMTS 3×1	GSM：13 UMTS：40	915	1 195
	GSM S4/4/4＋UMTS 3×1	GSM：10 UMTS：40	905	1 205

④ DBS3900(－48 V)功耗(配置 RRU3908 V2,900 MHz)

表 3-114 DBS3900(－48 V)功耗,900 MHz

制　式	配　置	每载波输出功率/W	典型功耗/W	最大功耗/W
GSM	S2/2/2	20	615	725
	S4/4/4	20	860	1 190
	S6/6/6	13	805	1 165
UMTS	3×1	20	500	595
	3×2	20	645	795
GSM＋UMTS	GSM S2/2/2＋UMTS 3×1	GSM：20 UMTS：40	1 025	1 285
	GSM S3/3/3＋UMTS 3×1	GSM：13 UMTS：40	980	1 275
	GSM S4/4/4＋UMTS 3×1	GSM：10 UMTS：40	1 035	1 355
LTE	3×10 MHz	2×20	650	795

(9) 电源

DBS3900 在电源上有一定要求,如表 3-115 所示。

表 3-115 DBS3900 电源

项　目	指　标
输入电源	－48 V DC,电压范围:－36 V DC～－57 V DC
	220 V AC 单相,电压范围:176 V AC～290 V AC
	110 V AC 双火线,电压范围:90 V/180 V AC～135 V/270 V AC

(10) 整机规格

DBS3900 主要有 DC 和 AC 2 种型号，如表 3-116 和表 3-117 所示。

① 整机规格(DC)

表 3-116　DBS3900 整机规格(DC)

项　目	指　标
尺寸(高×宽×深)	485 mm×380 mm×170 mm(含外壳)
重量	23 kg(含外壳)

② 整机规格(AC)

表 3-117　DBS3900 整机规格(AC)

项　目	指　标
尺寸(高×宽×深)	485 mm×380 mm×250 mm(含外壳)
重量	29 kg(含外壳)

(11) CPRI 接口能力

RRU3908 V1 和 RRU3908 V2 的接口能力和组网方式基本差不多，如表 3-118 和表 3-119 所示。

① RRU3908 V1(850 MHz/900 MHz/1 900 MHz) CPRI 接口能力

表 3-118　RRU3908 V1(850 MHz/900 MHz/1 900 MHz) CPRI 接口能力

项　目	指　标
CPRI 接口数量	2 个
CPRI 接口速率	1.25 Gbit/s
支持的 CPRI 组网方式	双星型

② RRU3908 V2 和 RRU3908 V1 (1 800 MHz) CPRI 接口能力

表 3-119　RRU3908 V2 和 RRU3908 V1 (1 800 MHz) CPRI 接口能力

项　目	指　标
CPRI 接口数量	2 个
CPRI 接口速率	1.25 Gbit/s 或 2.5 Gbit/s
支持的 CPRI 组网方式	双星型

(12) 环境指标

RRU3908 在工作温度、湿度、气压等方面都有一定的要求，如表 3-120 所示。

表 3-120　RRU3908 环境指标

项　目	指　标	
工作温度	RRU3908 V1	−40～50 ℃(无太阳辐射) −40～45 ℃ (有太阳辐射)
	RRU3908 V2	−40～55 ℃ (无太阳辐射) −40～50 ℃ (有太阳辐射)

续 表

项　目	指　标
相对湿度	5%～100% RH
绝对湿度	1～30 g/m^3
气压	70～106 kPa
运行环境	遵从标准： • 3GPP TS 45.005 • 3GPP TS 25.141 • 3GPP TS 36.141 • 3GPP TS 37.141 • ETSI EN 300019-1-4 V2.1.2 (2003-04) Class 4.1:“Non-weather protected locations”
防震保护	NEBS GR63 zone4
保护级别	IP65

3.3　典型场景及配置

随着三网融合，全IP化时代的到来；随着人类对数据速率的不断提高等，LTE的覆盖会给大家一个满意的答案。它应用的场景十分广泛：家庭、办公室、广场、大型活动场所……LTE的覆盖主要分为室内覆盖和室外覆盖两种方式。具体方案见下面的详细介绍。

3.3.1　典型安装场景

DBS3900由BBU3900/BBU3910和RRU组成。对于需要采用分散安装的场景，可将RRU靠近天线安装以减少馈线损耗，提高基站的性能。

DBS3900典型安装场景如表3-121所示。

表3-121　DBS3900典型安装场景

站点环境		安装场景
室外	输入电源为110 V AC或220 V AC	BBU安装在APM30H (Ver. B)/APM30H (Ver. C)/APM30H (Ver. D)中，RRU拉远安装，APM30H (Ver. B)/APM30H (Ver. C)/APM30H (Ver. D)为BBU和远端RRU供电，如图2-3中“场景1”所示
	输入电源为－48V DC	BBU安装在TMC11H (Ver. B)/TMC11H (Ver. C)/TMC11H (Ver. D)中，RRU拉远安装，TMC11H (Ver. B)/TMC11H (Ver. C)/TMC11H (Ver. D)为BBU和远端RRU供电，如图2-3中“场景1”所示
室内	输入电源为－48 V DC	BBU安装在IMB03(Indoor Mini Box)中，RRU集中安装在IFS06(Indoor Floor installation Support)上，如图2-3中“场景2”所示
		BBU安装在墙面上，RRU室外拉远安装，如图2-3中“场景3”所示

DBS3900典型安装场景逻辑图如图3-59所示。

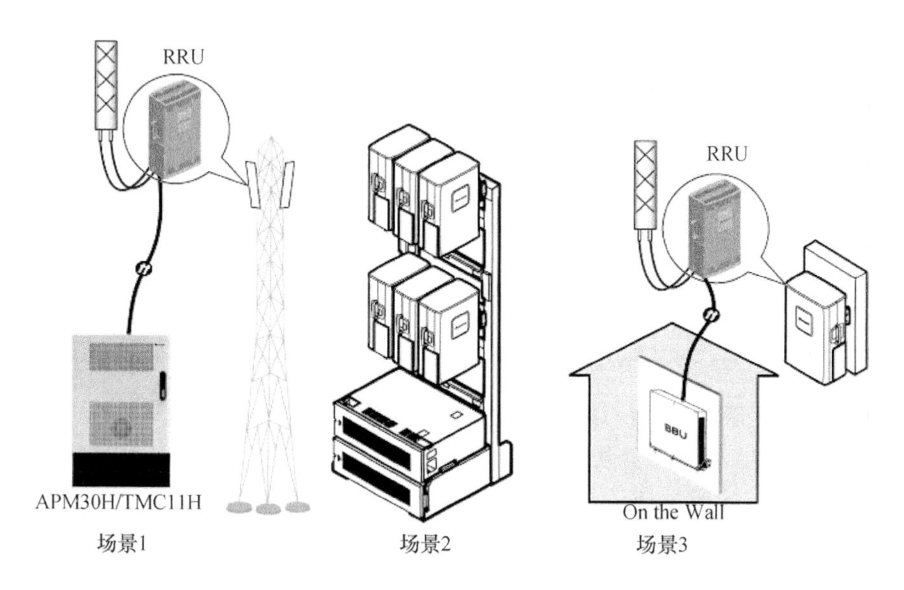

图 3-59　DBS3900 典型安装场景

DBS3900 有很多种配置类型，典型配置如表 3-122 所示。

表 3-122　DBS3900 典型配置

配置类型	多天线技术	基带板数量	基带板类型	RRU 数量
3×5 MHz	2×2 MIMO	1	LBBPc/LBBPd2/UBBPd4	3 RRU
3×10 MHz	2×2 MIMO 4T4R 波束赋形	1	LBBPc/LBBPd2/UBBPd4	3 RRU
3×15 MHz	2×2 MIMO 4T4R 波束赋形	1	LBBPd2/UBBPd4	3 RRU
3×20 MHz	2×2 MIMO 4T4R 波束赋形	1	LBBPc/LBBPd2/UBBPd4	3 RRU
6×10 MHz	2×2 MIMO 4T4R 波束赋形	1	UBBPd6	6 RRU
6×20 MHz	2×2 MIMO 4T4R 波束赋形	1	UBBPd6	6 RRU

说明：RRU3251 是 2T2R RRU，不支持 5 MHz 带宽，不支持 4T4R 波束赋形。RRU3232、RRU3252、RRU3256 是 4T4R RRU，支持 MIMO 和 4T4R 波束赋形。

3.3.2　典型室外覆盖方案

此覆盖目标业务为一定速率的分组数据业务，不存在电路域业务，只有分组域业务，不同速率业务的覆盖能力不同。因此 TD-LTE 覆盖规划时，需确定边缘用户目标速率，如 512 kbit/s、1 Mbit/s 等需要考虑此覆盖边缘控制信道是否受限。

室外 TD-LTE 可能应用的频段如表 3-123 所示。

表 3-123 TD-LTE 可能应用的频段

频段	频率范围/MHz	支持模式		应用场景		备注
		TD-LTE	TD-S	室外	室内	
F 频段	1 880～1 920	Y	Y	Y		TD-LTE 频段若需要与邻频 FDD 或其他系统共存，还需考虑在合法使用频带内预留一定的频率隔离带，以符合国家频率使用要求，并保证异系统共存的性能
A 频段	2 010～2 025		Y	Y	Y	
E 频段	2 300～2 400	Y	Y		Y	
D 频段	2 570～2 620	Y		Y	Y	

在表 3-123 中，有以下几点注意事项。

① F 频段：TD-SCDMA F 频段室外设备已明确要求具备同 TD-LTE 共模能力。

② D 频段：与 TD-S 通过合路方式共天馈的前提是更换或新建新天线（现有 TD-S 天面需更换天线，新建站点需部署新天线）。

3.3.3 典型室内覆盖方案

室内分布系统覆盖采用分布式基站（BBU＋RRU）实现。

高话务场景的室内覆盖可优先考虑采用大容量 BBU 配置，并通过使用多个 RRU 实现大容量覆盖。

基于分布式基站的室内覆盖系统包括单通道室内分布系统和双通道室内分布系统。

1. 单通道室内分布系统

每个室内覆盖点只需要一条射频传输链路和一根吸顶天线进行发射和接收。

这样的覆盖方式通常每一层只使用 RRU 的一个通道。

本方案适合规模较小、对数据需求不高的场景或难于进行室分改造的场景。

2. 双通道室内分布系统

每个室内覆盖点都需要通过一根双极化天线或者两个物理位置不同的普通单极化天线吸顶天线进行发射和接收，形成 2×2MIMO 组网。

该方案有完整的 MIMO 特性，可更好满足室内对业务速率的需求，用户峰值速率和系统容量明显提升，但缺点是工程复杂度高。

3. 室内分布系统建设总策略

新建室内分布场景：尽可能建设双路室内分布系统，减少后续扩容投资。

改造场景：有效保护已有资源，最小化对现有室分系统的改造和影响。

3.4 配套解决方案

3.4.1 电源线方案

基站支持 110 V AC、220 V AC、－48 V DC 和＋24 V DC 电源输入。当采用 AC 电源输

入或＋24 V 电源输入时，基站将 AC 或＋24 V 电源转换为可支持基站运行的－48 V DC 电源。

DBS3900 基站支持的电压输入范围如表 3-124、表 3-125 和表 3-126 所示。

表 3-124　220 V AC、380 V AC、110 V AC

电源输入类型	额定电压	工作电压
220 V AC 单相	200 V AC～240 V AC	176 V AC～290 V AC
220 V/380 V AC 三相	200 V/346 V AC～240 V/415 V AC	176 V/304 V AC～290 V/500 V AC
110 V AC 双火线	100 V/200 V AC～120 V/240 V AC	90 V/180 V AC～135 V/270 V AC

表 3-125　－48 V DC

电源输入类型	额定电压
－48 V DC	－38.4 V DC～－57 V DC

表 3-126　＋24 V DC

电源输入类型	额定电压
＋24 V DC	＋21.6 V DC～＋29 V DC

3.4.2　光纤方案

此光纤主要分为 FE/GE 光纤和 CPRI 光纤两种。

1. FE/GE 光纤

FE/GE 光纤用于传输 BBU 与传输设备之间的光信号。FE/GE 光纤最大长度为 20 m。

FE/GE 光纤的一端为 LC 连接器，另一端为 FC、SC 或 LC 连接器，外观如图 3-60、图 3-61 和图 3-62 所示。

图 3-60　一端 LC，另一端 FC

图 3-61　一端 LC，另一端 SC

图 3-62　两端都是 LC

对接时，应遵循如下原则：

① BBU 的 TX 接口必须对接传输设备侧的 RX 接口；

② BBU 的 RX 接口必须对接传输设备侧的 TX 接口。

2. CPRI 光纤

CPRI 光纤分为多模光纤和单模光纤，用于传输 CPRI 信号。

多模光纤用于连接 BBU 与 RRU 或 RRU 互联。多模光纤用于连接 BBU 与 RRU 时，最大长度为 150 m；用于两个 RRU 互联时，定长为 10 m。

单模光纤由单模尾纤通过 ODF 与主干单模光缆对接而成。BBU 侧单模尾纤最大长度为 20 m，RRU 侧单模尾纤最大长度为 70 m。

说明：

- ODF 和主干单模光缆由客户提供且须符合 ITU G. 652 标准；
- ODF 为室外光纤转接盒，实现单模尾纤与主干单模光缆的转接；
- 多模光纤配套多模光模块使用，单模尾纤配套单模光模块使用。

CPRI 光纤的选用原则如表 3-127 所示。

表 3-127　CPRI 光纤的选用原则

拉远距离	选用原则	备　注
小于等于 100 m	多模光纤	用于连接 BBU 与 RRU 用于 RRU 互联时要求 RRU 间距离小于等于 10 m
100～150 m(含 150 m)	多模光纤	用于连接 BBU 与 RRU
	推荐使用：单模光纤（单模尾纤＋主干单模光缆）	BBU 或 RRU 端单模尾纤通过 ODF 与单模光缆进行对接
大于 150 m	单模光纤（单模尾纤＋主干单模光缆）	

3.4.3　RRU 跳线方案

RRU 射频跳线用于射频信号的输入和输出。

射频跳线的两端为 N 公型连接器，外观如图 3-63 所示。

图 3-63　射频跳线

3.4.4　GPS 天馈方案

GPS 时钟信号线连接 GPS 天馈系统，可将接收到的 GPS 信号作为 BBU 的时钟基准，该电缆为选配线缆。

GPS 时钟信号线的一端为 SMA 公型连接器，另一端为 N 型母型连接器，外观如图 3-64 所示。

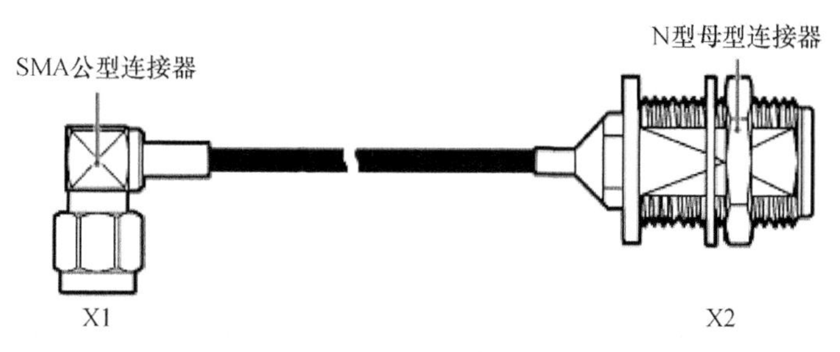

图 3-64　GPS 时钟信号线

任务与练习

一、填空题

1. eNodeB 基站采用分布式架构，包括__________和__________基本功能模块。

2. F 频段的工作频段是__________，D 频段的工作频段是__________。

3. FE/GE 光纤的最大长度为__________。

二、选择题

1. eNodeB 的主要功能有（　　）。

A. 无线资源管理，包括无线承载控制、无线准入控制、连接移动性控制和资源调度

B. 数据包的压缩加密

C. 用户面数据包到 S-GW 的路由

D. MME 选择

2. BBU 的主要功能包括（　　）。

A. 集中管理整个基站系统，包括操作维护、信令处理和系统时钟

B. 完成上、下行数据基带处理功能，并提供与射频模块通信的 CPRI 接口

C. 提供与环境监控设备的通信接口，接收和转发来自环境监控设备的信号

D. 提供基站与传输网络的物理接口，完成信息交互

3. RRU 的主要功能有（　　）。

A. 接收 BBU 发送的下行基带数据，并向 BBU 发送上行基带数据

B. 接收通道通过天馈接收射频信号

C. 发射通道完成下行信号滤波、数模转换、射频信号上变频至发射频段

D. 提供射频通道接收信号和发射信号复用功能

三、判断题

1. WMPT 单板是 BBU 的主控传输板，为其他单板提供信令处理和资源管理功能。

2. WBBP 是 BBU 的主控传输板，管理整个 eNodeB，完成操作维护管理和信令处理，并为整个 BBU 提供时钟。

3. WBBP（WCDMA BaseBand Processing Unit）单板是 BBU 的基带处理板，主要实现基带信号处理功能。

4. USCU（Universal Satellite Card and Clock Unit）为通用星卡时钟单元。

第4章　eNodeB维护与故障处理

学习目标

本章的主要内容是对基站eNodeB设备的维护与故障处理。通过本章的学习，能够了解和掌握如下几个方面的知识：

- eNodeB的例行维护；
- 日志管理；
- 告警管理；
- eRAN常见故障维护。

4.1　eNodeB例行维护

4.1.1　站点设备维护

1. 维护准备工作

在开始对硬件进行维护之前，需要了解以下站点信息：站点遗留的故障和告警、站点硬件配置、站点环境、备件情况。根据了解的站点信息，选择相应的维护项目，维护项目包括以下具体内容：更换BBU3900机框、更换单板/模块、更换光模块及维护BBU3900线缆。

当设备部件发生故障需要更换时，还需根据待更换部件的具体情况准备型号一致的新部件以及相应的配套工具。常用的维护工具包括：防静电手套，M3、M4、M6、M8十字螺丝刀，万用表，一字螺丝刀，开口扳手、力矩扳手，防水胶带，绝缘胶带，本地维护终端LMT。

特别提醒，在接触设备之前，为防止人体静电损坏敏感元器件，请确保正确的ESD防护措施，如佩戴防静电手套、手环等。

维护BBU3900硬件部分主要包括对其进行上电和下电操作介绍，以及更换BBU3900机框、单板/模块和光模块的方法和步骤的介绍。

2. 站点整体维护

对站点整体进行例行维护，维护内容包括机房环境、机柜、电源和接地系统以及天馈系统。

(1) 维护机房环境

机房环境例行维护项目如表4-1所示。

表 4-1　机房环境例行维护项目列表

项　目	周　期	操作指导	参考标准
检查机房温度	1 个月	记录机房内温度计指示	−5～45 ℃
检查机房湿度	1 个月	记录机房内湿度表指示	5%～85% RH
检查机房照明设施	1 个月	检查日常照明、应急照明是否正常	日常照明、应急照明能正常使用
检查室内空调	1 个月	检查空调是否正常运行，能否制冷/热	空调正常运行，正常制冷/热
检查灾害防护设施	1 个月	查看机房的灾害隐患防护设施、消防设施等是否正常	基站机房配备泡沫型手提灭火器，巡检时检查灭火器压力、有效期
清洁机房环境	1 个月	查看机房的机柜、设备外壳、设备内部、桌面、地面、门窗等是否清洁	机房内所有设备应干净整洁，无明显灰尘附着

(2) 维护机柜

机柜例行维护项目如表 4-2 所示。

表 4-2　机柜例行维护项目列表

项　目	周　期	操作指导	参考标准
检查风扇	1 周	检查风扇指示灯是否正常显示	风扇指示灯状态含义请参见《BBU3900 硬件描述》
检查机柜外表	1 个月	检查机柜外表是否完好，机柜标识是否可辨认	机柜外表无凹痕、裂缝、孔洞、腐蚀等损坏痕迹，机柜标识清晰可辨
检查机柜清洁	1 个月	检查各机柜是否清洁	机柜表面清洁、机框内部无明显灰尘附着
检查防静电腕带	1 个月	使用以下两种方法之一检查：使用防静电腕带测试仪；使用万用表测量防静电腕带接地电阻	使用防静电腕带测试仪，结果为 GOOD 灯亮。 使用万用表，防静电腕带接地电阻在 0.75～10 MΩ 范围内

(3) 维护电源和接地系统

电源和接地系统例行维护项目如表 4-3 所示。

表 4-3　电源和接地系统例行维护项目列表

项　目	周　期	操作指导	参考标准
检查电源线	1 个月	仔细检查各电源线连接	连接安全、可靠；电源线无老化，连接点无腐蚀
检查电压	1 个月	用万用表测量 DBS3900 电源输入端口的电压	DBS3900 电源输入端口的电压范围：BBU3900 电源输入端口电压应在 −38.4 V DC ～ −57 V DC 范围内 eRRU3232 采用直流供电时，电源输入端口的电源电压应在 −36 V DC～ −57 V DC 范围内 eRRU3232 采用交流供电时，电源输入端口的电源电压应在 100 V AC～240 V AC 范围内 eRRU3253 电源输入端口的电源电压应在 −36 V DC～ −60 V DC 范围内 eRRU3251 电源输入端口的电源电压应在 −36 V DC～ −60 V DC 范围内 eRRU3255 电源输入端口的电源电压应在 −36 V DC～ −60 V DC 范围内 说明：eRRU3232 和 eRRU3252 的电源输入端口信息请参见相关配套产品手册

续表

项　目	周　期	操作指导	参考标准
检查保护地线	1个月	检查保护地线、机房地线排连接是否安全、可靠	各连接处安全、可靠，连接处无腐蚀；地线无老化；地线排无腐蚀，防腐蚀处理得当
检查地阻	1个月	用地阻仪测量地阻并记录	机柜接地地阻小于10 Ω
检查整流器	1个月	用万用表测量整流器直流输出端口电压	整流器直流输出电压为－48 V
检查线缆	1个月	检查线缆：检查机柜内部出线孔防水密闭情况；检查线缆外观是否完好；检查线缆连接是否正确	线缆情况：出线孔已经安装防水塞或用防水泥密封完好；线缆外观无腐蚀、破损情况；线缆连接正确，符合工程要求，无安全隐患
检查光模块、光纤	1个月	检查光模块、光纤：检查光模块是否松动；检查光纤接口是否洁净；检查光纤弯曲半径是否符合规格	光模块、光纤情况：光模块安装紧固；光纤接口无明显灰尘附着；光纤最小弯曲半径不小于光纤直径的20倍

(4) 维护天馈系统

天馈系统例行维护项目如表4-4所示。

表4-4　天馈系统例行维护项目列表

项　目	周　期	操作指导	参考标准
检查各接头防水情况	1年	检查各接头是否有进水现象，防水胶带、防水胶泥有无破损	各接头无进水现象，防水胶带、防水胶泥无破损情况
检查馈线夹	1年	检查馈线夹是否有松动情况	馈线夹无松动情况
检查馈线	1年	检查馈线是否有压扁、变形的情况	馈线无压扁、变形的情况，外观完好
检查接地夹	1年	检查接地夹连接和防水处理是否完好	接地夹连接良好且接地夹包扎处无漏水现象
铁塔维护	1年	检查铁塔情况：检查铁塔有无结构变形和基础沉陷情况；检查铁塔结构螺栓连接的松紧程度；检查铁塔防腐防锈情况；检查抱杆防腐防锈情况	铁塔情况：铁塔无结构变形和基础沉陷情况；铁塔结构螺栓连接紧固；铁塔防腐防锈良好；抱杆防腐防锈情况良好

3. 蓄电池维护

介绍例行维护蓄电池的内容和方法。

通过在维护终端查看相关告警并进入现场查看蓄电池外观来检查蓄电池运营情况，如图4-1、图4-2所示。

(1) 检查电池短路

检查蓄电池正负极之间有无金属异物，金属异物会导致电池短路。如蓄电池正负极之间有金属异物，首先断开工作中的电池连接，再使用绝缘工具移走金属异物。

危险：电池短路会造成人身伤害。虽然一般的电池电压比较低，但是短路造成的瞬间大电流会释放出大量的能量。

(2) 检查电池封闭情况、放置方式和位置

① 检查铅酸蓄电池是否封闭完好。

② 检查铅酸蓄电池是否水平摆放、固定，以免电池释放出可燃性气体，导致燃烧或腐蚀设备。

③ 铅酸蓄电池在工作中会释放出可燃性气体，检查摆放蓄电池的地方是否保持通风并做好防火措施。

(3) 检查电池温度

检查蓄电池温度以及是否膨胀，可在 eOMC910“网元批量配置”界面执行 MML 命令 DSP BATTERY 查询蓄电池当前温度。

小心：电池温度过高会导致电池变形、损坏及电解液溢出；当电池温度超过 60 ℃时，应检查是否有电解液溢出，如有电解液溢出，应及时处理。

(4) 检查电池漏液

检查并记录是否有电解液溢出或漏出。一旦发现有电解液溢出，请依照电池生产厂家指导及时使用相关物质中和、吸收电解液。

危险：如果身体不小心接触到电池的漏液，应立即用清水冲洗。对于情况严重的，冲洗后应立即前往医院处理。

图 4-1　蓄电池示意图

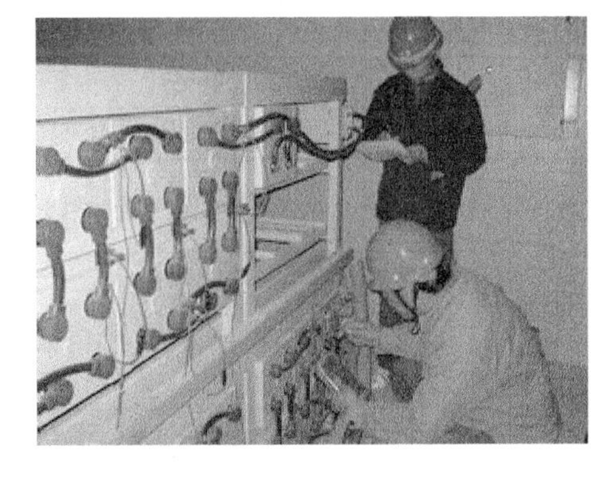

图 4-2　蓄电池检查示意图

4. GPS 天线维护

介绍例行维护 GPS 天线的内容和方法。GPS 天线外观及安装位置示意图如图 4-3、图 4-4 所示。

操作步骤：

① 若有多个 GPS 天线，现场检查并记录 GPS 天线之间的水平间距(边缘)，水平间距(边缘)应大于 0.2 m。

② 现场检查并记录 GPS 天线是否远离高压电缆的下方，以及强辐射、强干扰区域。

③ 现场检查并记录 GPS 天线与天线支架是否固定良好。

④ 现场检查并记录 GPS 天线外观是否完好。

⑤ 现场检查并记录 GPS 天线与 GPS 避雷器或者 GPS 馈线间接头的防水绝缘处理是否

完好。

⑥ 现场检查并记录 GPS 馈线接地线的接地情况是否完好。

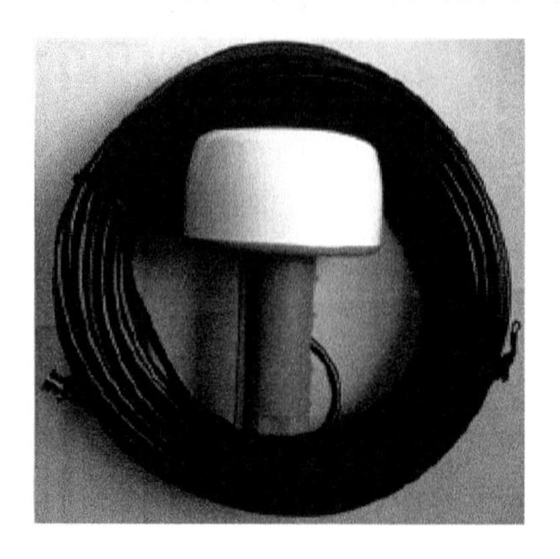

图 4-3 GPS 天线示意图

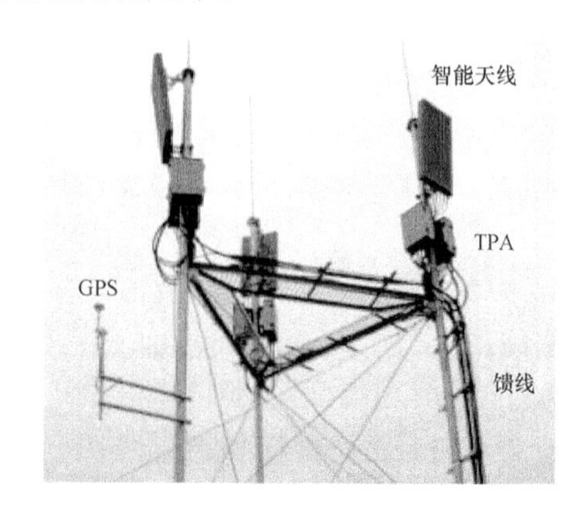

图 4-4 GPS 天线安装位置示意图

4.1.2 BBU 设备维护

1. BBU3900 设备例行维护

BBU3900 设备正式投入运行后，应对 BBU3900 进行维护，提高 BBU3900 设备运行稳定性。

BBU3900 设备例行维护项目如表 4-5 所示。

表 4-5 BBU3900 设备例行维护项目

项 目	周 期	操作指导	参考标准
检查设备外表	1 个月	检查设备外表、设备标识	设备外表无凹痕、裂缝、孔洞、腐蚀等损坏痕迹，设备标识清晰
检查设备清洁	1 个月	检查各设备是否清洁	设备表面清洁、机框内部灰尘不得过多
检查螺钉紧固	1 个月	检查 BBU3900 盒体、面板上的螺钉是否紧固	用扳手沿螺钉紧固方向扳动，检验是否紧固
检查线缆	1 年	检查线缆是否磨损、切割和破损，射频线缆和电源线缆是否密封、屏蔽	线缆表面完好，密封、屏蔽以及配套导管均保持良好

如果检查结果不符合检查项目的描述，需要采取以下措施。

① 拧紧松脱的连接。

② 检查过程中发现其他问题请及时联系设备供应商技术支持人员。

2. BBU3900 上电和下电

维护 BBU3900 硬件时，视情况需要对其进行上电和下电操作。上电过程中需根据相关面板指示灯状态判断 BBU3900 的运行状况。BBU3900 下电有两种情况：常规下电和紧急下电。设备搬迁、可预知的区域性停电等情况下，需要对 BBU3900 进行常规下电；机房发生火灾、烟雾、水浸等现象时，需要对 BBU3900 设备进行紧急下电。

(1) BBU3900 上电

BBU3900 上电的前提条件包括：BBU3900 硬件及线缆已正确安装完毕；确保外部输入电

源电压范围正常，BBU3900 采用－48 V DC 输入，外部输入电源电压应在－36 V DC～－60 V DC 范围内。

操作步骤：

① 打开 BBU3900 电源的外部电源输入设备开关。

② 将 BBU3900 电源开关置为“ON”，给 BBU3900 上电，此时 UPEUc 模块的 RUN 指示灯绿色常亮。电源开关和相关指示灯位置如图 4-5 所示。

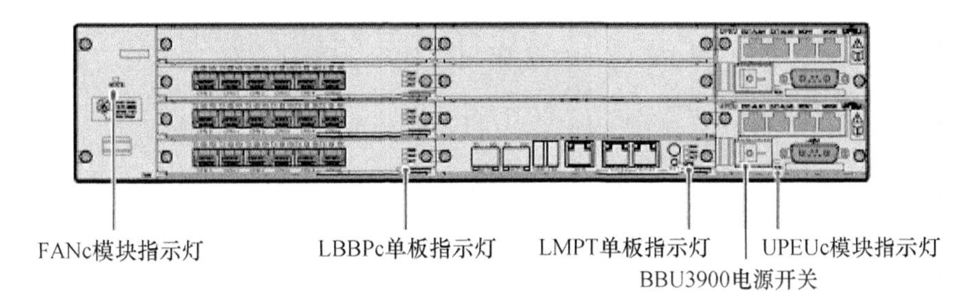

图 4-5 BBU3900 电源开关和相关指示灯位置示意图

③ 查看 LMPT 单板和 LBBP 单板指示灯状态。

如果 RUN 指示灯常亮，ALM 指示灯亮 1 s 后常灭，ACT 指示灯亮 1 s 后常灭，则单板开始运行，转步骤 4。

如果 RUN 指示灯常亮，ALM 指示灯常亮，ACT 指示灯常亮，则单板未能开始运行，可采取以下措施排除故障：

a. 通过单板上的 RST 按钮复位单板（LMPT 单板上的 RST 按钮能够同时复位 LMPT 和 LBBP 单板）；

b. 拔下单板检查背板插针是否有损坏，如果背板插针有损坏则需更换机框，如果插针无损坏则重新安装单板；

c. 查看单板指示灯状态，如果指示灯显示正常，转步骤 4，如果指示灯仍显示不正常，请及时联系设备供应商技术支持人员。

④ 单板开始运行后，等待 3～5 min，LMPT 单板和 LBBP 单板指示灯的状态会发生变化，根据指示灯的状态进行下一步操作。

如果 LMPT 和 LBBP 单板 RUN 指示灯慢闪（1 s 亮，1 s 灭），LMPT 和 LBBP 单板 ALM 指示灯常灭，UPEUc 模块的 RUN 指示灯绿色常亮，FANc 模块 STATE 指示灯慢闪（1 s 亮，1 s 灭），则 BBU3900 运行正常，上电结束。

如果为其他状态，BBU3900 发生故障，请及时联系设备供应商技术支持人员。

（2）BBU3900 下电

BBU3900 下电有两种情况：常规下电和紧急下电。设备搬迁、可预知的区域性停电等情况下，需要对 BBU3900 进行常规下电；机房发生火灾、烟雾、水浸等现象时，需要对 BBU3900 设备进行紧急下电。

① 常规下电的操作步骤为：将 BBU3900 的电源开关置为“OFF”，之后关闭 BBU3900 电源的外部电源输入设备开关。

② 紧急下电的操作步骤为：关闭 BBU3900 电源的外部电源输入设备开关，如果时间允许，将 BBU3900 的电源开关置为“OFF”。特别提醒：紧急下电可能导致 BBU3900 损坏，非紧

急情况下请勿使用此方法下电。

3. 更换 BBU3900 机框

更换 BBU3900 机框的前提条件为：已经登录 LMT 客户端，并且 LMT 客户端与相关 DBS3900 通信正常。拥有执行 MML 命令的权限。确认需要更换的 BBU3900 机框的数量，准备好新的可用的 BBU3900 机框。已准备好工具：防静电手套、M6 十字螺丝刀、M3 螺丝刀。

操作步骤：

① 去激活该基站上的所有小区。在 LMT 上执行 MML 命令 BLK CELL 闭塞该基站的所有小区，"小区闭塞优先级"选择"低优先级闭塞"，执行 MML 命令 DSP CELL 查询并确认相关小区处于"去激活"状态。

② 给 BBU3900 下电，请参见 BBU3900 下电。

③ 记录 BBU3900 盒体各单板面板上所有线缆的连接位置。

④ 拆卸 BBU3900 盒体各单板面板上电源线、传输线、CPRI 光纤、监控信号线等线缆。

⑤ 用 M6 螺丝刀拧松机框上的 4 颗紧固螺钉。

⑥ 从机柜里缓缓拉出故障 BBU3900 机框，如图 4-6 所示。

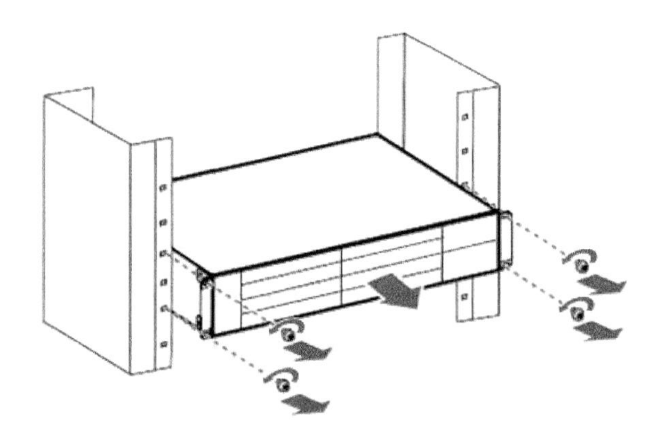

图 4-6　拆卸 BBU3900 机框

⑦ 拆卸故障 BBU3900 机框的所有单板和假面板，用 M3 螺丝刀按逆时针方向拧松单板/模块或假面板上的 2 颗固定螺钉，拉出单板/模块或假面板。

⑧ 将所有拆卸下来的单板/模块和假面板安装到新机框上相应的槽位。将单板/模块和假面板缓缓推入对应槽位，卡紧后，用 M3 螺丝刀按顺时针方向拧紧面板上的 2 颗螺钉（扭力矩：0.6 N·m）。

⑨ 将新 BBU3900 机框插入原故障 BBU3900 机框所在的槽位，缓缓平推进入，卡紧后，用 M6 螺丝刀拧紧新 BBU3900 盒体面板上的 4 颗紧固螺钉（扭力矩为 2 N·m），具体操作请参见《安装 BBU3900 硬件》。

⑩ 按照先前记录的线缆位置安装线缆，具体操作请参见安装线缆。

⑪ 确认新 BBU3900 盒体中的单板均正常工作。参见各单板指示灯说明，确认单板工作正常。指示灯状态信息请参见《BBU3900 硬件描述》。

⑫ 激活该站点小区。执行 MML 命令 UBL CELL，解闭塞该站点小区，执行 MML 命令 ACT CELL，激活该站点小区。

注意：更换 BBU3900 机框将导致该基站所承载的业务完全中断，请尽快完成更换。更换完成后请进行下面的确认工作：LMT 或 eOMC910 的告警管理系统中相关告警消失。业务可以正常接入到该 BBU3900 所服务的小区。

4. 更换 BBU3900 单板

发生故障的 BBU3900 单板/模块必须及时更换，可更换的单板/模块包括：LMPT 单板、CNPU 单板、LBBP 单板、FANc 模块、UPEUc 模块、UEIU 模块、UFLPb 单板。TDD 场景下，支持的 LBBP 类型为 LBBPc、LBBPd4。FDD 场景下，支持的 LBBP 类型为 LBBPd2。

更换单板/模块前需要确认故障单板/模块的类型，以确保新单板/模块与故障单板/模块类型一致。

操作步骤：

① 根据故障单板/模块所在槽位判断故障单板类型，查看新单板/模块面板上的条形码标签信息，确保新单板/模块与故障单板/模块类型一致。条形码标签如图 4-7 所示。

图 4-7　条形码标签

② 更换单板/模块

更换单板/模块的前提条件是：已确认故障单板/模块类型，并准备好新的可用的单板/模块，已准备好工具：防静电手套、M3 十字螺丝刀。拥有执行 MML 命令的权限。

③ 更换单板/模块需注意：LMPT 单板、LBBP 单板、FANc 和 UEIU 模块支持热插拔；更换 LMPT、LBBP 单板会造成业务完全中断；更换故障单板之前需要通知相关人员及进行相应的影响评估；如果未配置备份 UPEUc 模块，则更换 UPEUc 模块将导致 BBU3900 断电并且业务完全中断。

操作步骤：

① 记录单板/模块面板上所有线缆的连接位置。

② 拆卸单板/模块上的线缆。

可选：如果故障单板为 LBBP 或 LMPT 时，则拆卸单板上的光模块，具体操作请参见更换光模块。

③ 用 M3 十字螺丝刀按逆时针方向拆卸单板/模块面板上的 2 颗固定螺钉，拉出故障单板/模块。

说明：

- 拧下面板固定螺钉后，先拉开单板面板上的拉手，抓紧拉手缓缓抽出故障单板/模块；
- 将新单板/模块缓缓推入原故障单板/模块所在槽位，卡紧后，用十字螺丝刀按顺时针方向拧紧面板上的 2 颗 M3 螺钉(扭力矩：0.6 N·m)；
- 可选：如果新单板为 LBBP 或 LMPT 时，将故障单板上拆卸下来的光模块安装至新单板上，LBBP 和 LMPT 上的光模块安装具体操作请分别参见“安装光模块”和“安装 FE/GE 光纤”；
- 按照之前记录的线缆连接位置安装线缆，具体操作请参见《安装 BBU3900 硬件》。

④ 根据新单板/模块面板指示灯状态，判断新单板/模块是否正常工作。指示灯状态信息请参见《BBU3900 硬件描述》。

如果新单板/模块正常工作，进行下步操作。如果新单板/模块未正常工作，请检查以下项目：单板安装是否到位；线缆安装是否到位；如果单板及线缆安装均已到位，指示灯显示仍不正常，请及时联系设备供应商技术支持人员处理。

⑤ 在 LMT 上执行 MML 命令 LST ALMAF 查看活动告警，并根据相关告警的处理建议进行处理。

⑥ 如果更换单板为 LMPT，则更换后需重新加载系统软件，重新配置基站数据。

5. 更换光模块

介绍更换光模块的方法和步骤，更换 CPRI 接口和 S1 接口光模块将分别导致 CPRI 接口和 S1 接口传输中断。

光模块安装于 LBBP 单板的 CPRI 接口和 LMPT 单板的 SFP 接口，CPRI 接口和 SFP 接口中的光模块更换操作相同。光模块在 BBU3900 上的位置如图 4-8 所示。

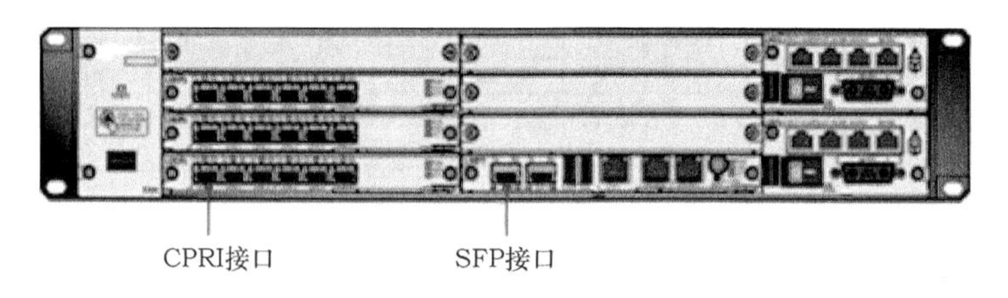

图 4-8　光模块位置示意图

操作步骤：

① 根据光模块上的标签，准备好与故障光模块相同规格的光模块。

说明： 新光模块应与对应安装的 CPRI 接口或 SFP 接口速率匹配。

② 记录光模块在单板上的位置。

③ 去激活该 CPRI 光纤或 FE/GE 光纤上承载的所有小区。在 LMT 上执行 MML 命令 BLK CELL 闭塞 CPRI 光纤或 FE/GE 光纤承载的所有小区，“小区闭塞优先级”选择“低优先级闭塞”，执行 MML 命令 DSP CELL 查询并确认相关小区处于“去激活”状态。

④ 按下光纤连接器上的突起部分，将连接器从故障光模块中拔下，分别如图 4-9、图 4-10 所示。

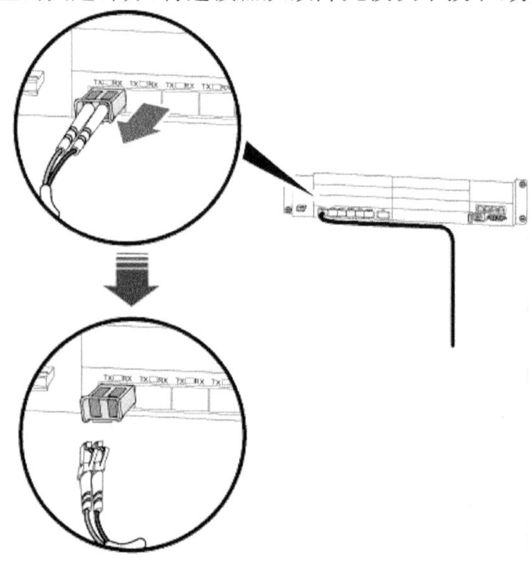

图 4-9　拆卸 CPRI 光纤连接器示意图

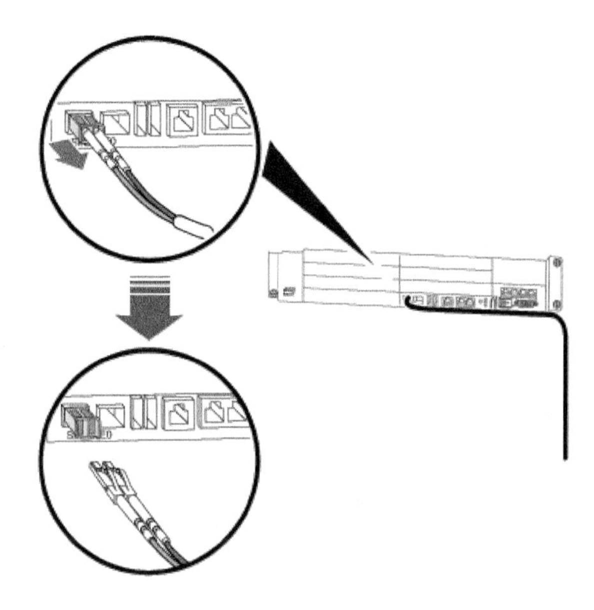

图 4-10　拆卸 FE/GE 光纤连接器示意图

小心：从光模块中拔出光纤后，请勿直视光模块，防止对眼睛造成损害。

⑤ 将故障光模块上的拉环往下翻，将光模块拉出槽位，从 CPRI 接口或 SFP 接口拆下，分别如图 4-11、图 4-12 所示。

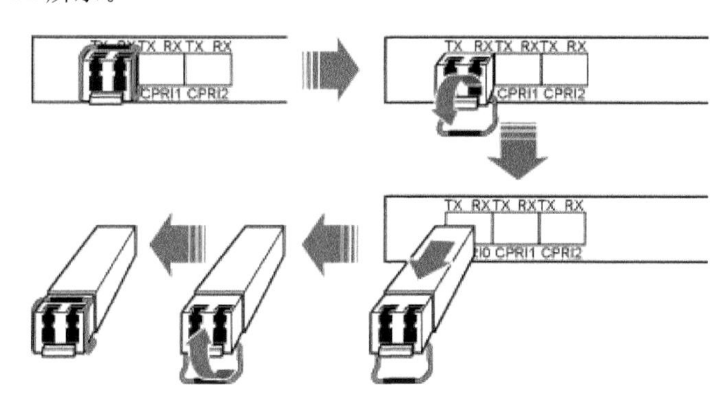

图 4-11　拆卸 CPRI 接口光模块

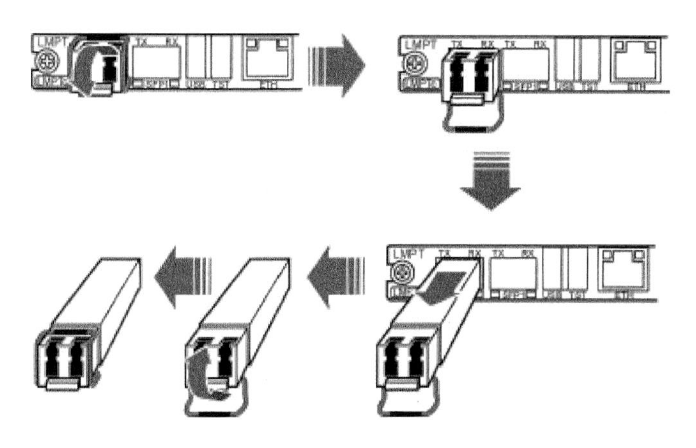

图 4-12　拆卸 SFP 接口光模块

⑥ 取下新光模块的防尘帽，将新的光模块插入原故障光模块所在 CPRI 或 SFP 接口，详细操作请参见《安装 BBU3900 硬件》。

⑦ 将光纤连接器插入新光模块，详细操作请参见《安装 BBU3900 硬件》。

⑧ 激活该 CPRI 光纤或 FE/GE 光纤上的相关小区。执行 MML 命令 UBL CELL，解闭塞该站点相关小区，执行 MML 命令 ACT CELL，激活该站点相关小区。

⑨ 查看 LBBPc 单板上 CPRI 接口或 LMPT 单板上 SFP 接口的指示灯状态，判断传输是否正常。单板面板指示灯状态请参见《BBU3900 硬件描述》。

6. 维护 BBU3900 线缆

下面介绍电源线和光纤更换的通用注意事项。

(1) 电源线更换注意事项

① 在更换电源线前，必须关断该路电源的前级开关或者空开。

② 关断前级开关或空开后，用万用表测量电路是否断电，确保断电后再进行后续操作。

③ 拆卸故障电源线时，先取下电源线源端的连接器，再取下电源线尾端的连接器。

④ 安装新电源线必须先安装电源线尾端的连接器，再安装电源线源端的连接器。

⑤ 安装好电源线后，必须先检查接线关系(正负极、接地等)是否正确。在确认接线正确后，再合上该路电源的前级开关或者空开。

(2) 光纤更换注意事项

① 插拔光纤时，注意眼睛不要直接对着设备上的光源端，以免激光刺伤眼睛。

② 安装新光纤时，注意不要折损光纤。在光纤走线的拐弯处，注意不要让光纤折弯，其转弯半径必须大于 50 mm。

③ 布放好光纤后，须用光纤绑扎带适当绑扎。

4.1.3 eRRU 硬件维护

1. eRRU 站点维护准备

eRRU 站点维护的准备工作包括了解站点信息、准备维护工具和备件。

(1) 需要了解的站点信息

① 站点环境。

② 站点硬件配置。

③ 站点遗留的故障和告警。

(2) 备件情况

① 准备维护工具和备件。

② 当设备有部件发生故障需要更换时，需根据待更换部件具体情况准备型号一致的新部件以及相应的配套工具。

常用的站点维护工具包括：LMT，防静电手套，M3、M4、M6、M8 十字螺丝刀，一字螺丝刀，开口扳手、力矩扳手，防水胶带、绝缘胶带。

2. eRRU 设备例行维护

eRRU 设备正式投入运行后，应对 eRRU 进行定期维护，提高 eRRU 设备运行的稳定性。

危险：高处作业时，防止高空坠物伤人。作业区内，所有人员一律佩戴头盔并避免站在危险区内。

说明：eRRU3232 和 eRRU3252 的例行维护信息请参见相关配套产品手册。

eRRU 设备例行维护项目如表 4-6 所示。

表 4-6　eRRU 设备例行维护项目

项　目	周　期	操作指导	参考标准
检查机柜线缆入口处密封	1 个月	检查机柜线缆入口处是否密封良好	机柜线缆入口处的防水胶带、防水胶泥完好
检查射频跳线	1 个月	检查射频跳线连接器、射频跳线导管是否完好	射频跳线连接器、射频跳线导管外表完好无破损
检查电源线	1 个月	检查电源线外表和电源线导管外表是否完好，电源线密封、屏蔽是否完好	电源线外表和电源线导管外表完好无破损，电源线屏蔽、密封情况良好
检查 CPRI 光纤	1 个月	检查 CPRI 光纤线缆外表是否完好	CPRI 光纤线缆无磨损、切割和破损
检查维护配线腔盖板	1 个月	检查维护配线腔盖板是否紧固	配线腔盖板的盖板螺钉紧固
检查电源线、射频跳线连接端口	1 个月	检查电源线、射频跳线连接端口的防水处理是否完好	电源线、射频跳线连接端口的防水胶带无破损
检查未使用的天馈接口： • eRRU3232 天馈接口：ANT0～ANT3 • eRRU3253 天馈接口：ANT1～ANT8 • eRRU3251 天馈接口：ANT0 和 ANT1 • eRRU3255 天馈接口：ANT0 和 ANT1	1 个月	检查未使用的天馈接口防水防尘是否良好	未使用的天馈接口的防尘帽未被取下，且防水胶带保持完好
检查校准口	1 个月	检查未使用的校准口防水防尘是否良好	未使用的校准口的防尘帽未被取下，且防水胶带保持完好

如果检查结果不符合检查项目的描述，需要采取以下措施。

① 拧紧松脱的连接。

② 检查过程中发现的其他问题请及时与设备供应商技术支持人员联系。

3. eRRU 上电

介绍 eRRU 上电方法和步骤。

注意：eRRU 打开包装后，24 小时内必须上电；后期维护，下电时间不能超过 24 小时。

操作步骤：

① 将 eRRU 配套电源设备上对应的空开开关置为“ON”，给 eRRU 上电。

危险：eRRU 上电后，请不要直视光模块。

② 等待 3～5 min 后，查看 eRRU 模块指示灯的状态。如果 RUN 指示灯慢闪(1 s 亮，1 s 灭)，且 ALM 指示灯常灭，表示 eRRU 运行正常，上电结束；否则表示 eRRU 发生故障，将空开开关置为“OFF”，排除故障后转步骤 1。

4. eRRU 下电

介绍 eRRU 下电方法和步骤。

操作步骤:

① 常规下电:将 eRRU 配套电源设备上对应的空开开关置为“OFF”。

② 紧急下电。

注意:紧急下电可能导致 eRRU 损坏,非紧急情况下请勿使用此下电方法。

③ 关闭 eRRU 配套电源设备的外部输入电源。

④ 如果时间允许,再将 eRRU 配套电源设备上对应的空开开关置为“OFF”。

5. 更换 eRRU 模块

更换 eRRU 将导致该 eRRU 所承载的业务完全中断并出现告警。

操作步骤:

① 佩戴防静电手套。

注意:更换操作时请确保正确的 ESD 防护措施,如佩戴防静电手套,以避免模块或电子部件遭到静电损害。

② 更换 eRRU 操作时请注意防烫。

③ 将 eRRU 模块下电,具体请参见 eRRU 下电。

④ 打开 eRRU 配线腔。具体操作请参见相应的 eRRU 安装指南。

⑤ 记录面板上所有线缆的连接位置。

⑥ 拆卸 eRRU 模块线缆。

说明:拆卸 eRRU 模块线缆包括拆卸配线腔内的线缆以及 eRRU 模块底部的线缆,拆卸线缆的注意事项请参见维护 eRRU 线缆。

⑦ 拆卸 eRRU 模块。

以 eRRU3251 为例,具体操作如下所示。

a. eRRU3251 模块采用挂耳挂墙安装方式,操作步骤:用力矩扳手拧松固定 eRRU3251 上下挂耳的 3 颗膨胀螺栓,并取下其螺母头,然后将 eRRU3251 模块略抬起并取下,如图 4-13 所示。

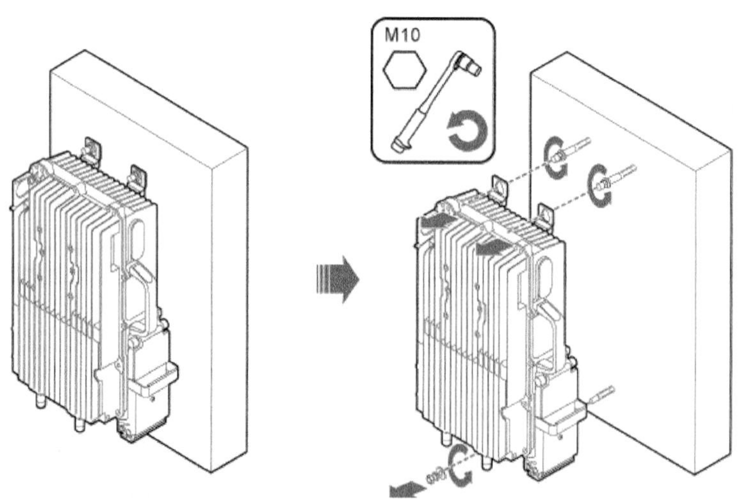

图 4-13 拆卸 eRRU3251 模块

b. eRRU3251 模块采用安装件安装方式，以抱杆安装为例，操作步骤如下所示。

说明：安装件挂墙安装方式下，拆卸 eRRU3251 模块的方法与安装件抱杆安装下的拆卸方法类似。

用 M4 十字螺丝刀将主扣件上两个弹片的松不脱螺钉拧松，如图 4-14 所示。

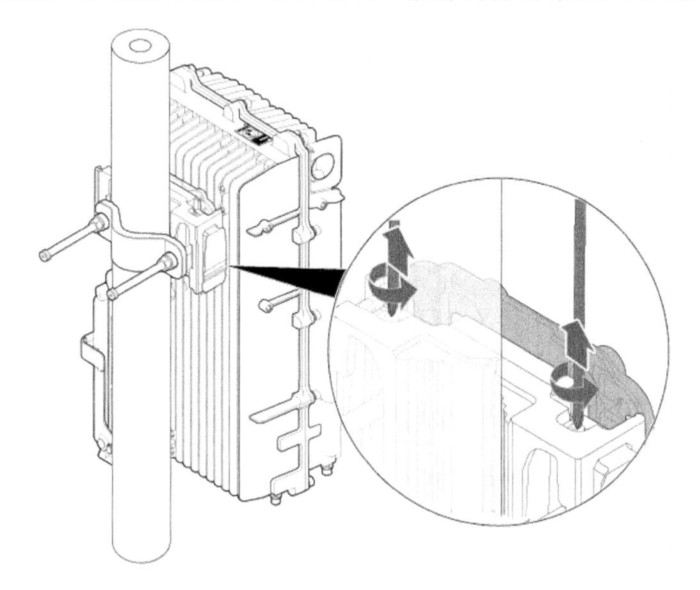

图 4-14　拧松主扣件螺钉示意图

用力上托 eRRU3251 模块，将 eRRU3251 模块拆卸下来，如图 4-15 所示。

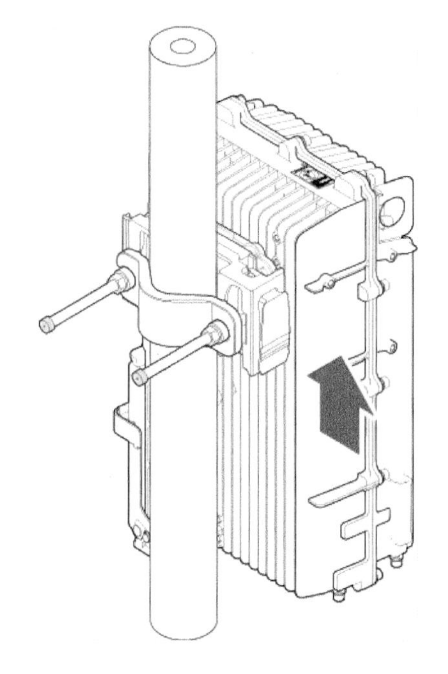

图 4-15　托起 eRRU3251 模块示意图

注意：

- 拆卸 eRRU3251 模块的过程中，需谨慎搬动 eRRU3251 模块，防止 eRRU3251 模块坠落伤人；

- eRRU3251 模块拆卸后，需拧紧两个主扣件弹片上的松不脱螺钉(扭力矩：1.4 N·m)。

⑧ 妥善处理拆卸下来的旧 eRRU 模块。

⑨ 安装新 eRRU 模块。具体操作请参见相应 eRRU 安装指南。

⑩ 连接 eRRU 模块线缆。正确连接 eRRU 模块上的所有线缆，配线腔上未走线的走线槽用防水胶棒堵住，具体操作请参见相应 eRRU 安装指南。

⑪ 关闭 eRRU 配线腔盖板。具体操作请参见相应 eRRU 安装指南。

⑫ 给 eRRU 模块上电。具体操作请参见 eRRU 上电。

⑬ 根据 eRRU 模块上的指示灯状态，判断新的 eRRU 模块是否正常运行。eRRU 模块指示灯状态信息，请参见相应 eRRU 硬件描述。

如果新 eRRU 模块正常运行，则 eRRU 模块更换完成。

如果新 eRRU 模块未正常运行，则请检查 eRRU 模块安装是否到位。如果 eRRU 模块安装已到位，指示灯显示仍不正常，请及时联系设备供应商技术支持人员处理。

⑭ 取下防静电手套，收好工具。

6. 更换 eRRU 光模块

光模块提供光电转换接口以实现 eRRU 与其他设备间的光纤传输。更换光模块需要拆卸光纤，将导致 CPRI 信号传输中断。

操作步骤：

① 佩戴防静电手套。

注意：

- 更换操作时请确保正确的 ESD 防护措施，如佩戴防静电手套，以避免模块或电子部件遭到静电损害；
- 更换 eRRU 操作时请注意防烫。

② 去激活该 CPRI 光纤上承载的所有小区。

在 BBU3900 LMT 上执行 MML 命令 BLK CELL，“小区闭塞优先级”设置为“低优先级闭塞”，闭塞该 CPRI 光纤上承载的所有小区。

在 BBU3900 LMT 上执行 MML 命令 DSP CELL 查询并确认相关小区处于“去激活”状态。

③ 打开 eRRU 模块配线腔。

具体操作请参见相应 eRRU 安装指南。

④ 记录故障光模块和光纤的连接位置。

⑤ 拆卸 CPRI 光纤。

以 eRRU3251 为例，具体操作如下：按下光纤连接器上的突起部分，将光纤上标签为 1A 和 1B 的一端从 eRRU3251 侧的光模块中拔出，如图 4-16 所示。

小心：从光模块中拔出光纤后，请勿直视光纤与光模块，防止眼睛受到损害。

⑥ 拆下 eRRU 光模块。

以 eRRU3251 为例，具体操作如下：将故障光模块上的拉环往下翻，将光模块拉出槽位，从 eRRU3251 上拆下，如图 4-17 所示。

⑦ 安装新的光模块及相应的光纤。具体操作请参见相应的 eRRU 安装指南。

⑧ 关闭配线腔。具体操作请参见相应的 eRRU 安装指南。

⑨ 激活该 CPRI 光纤上的相关小区。

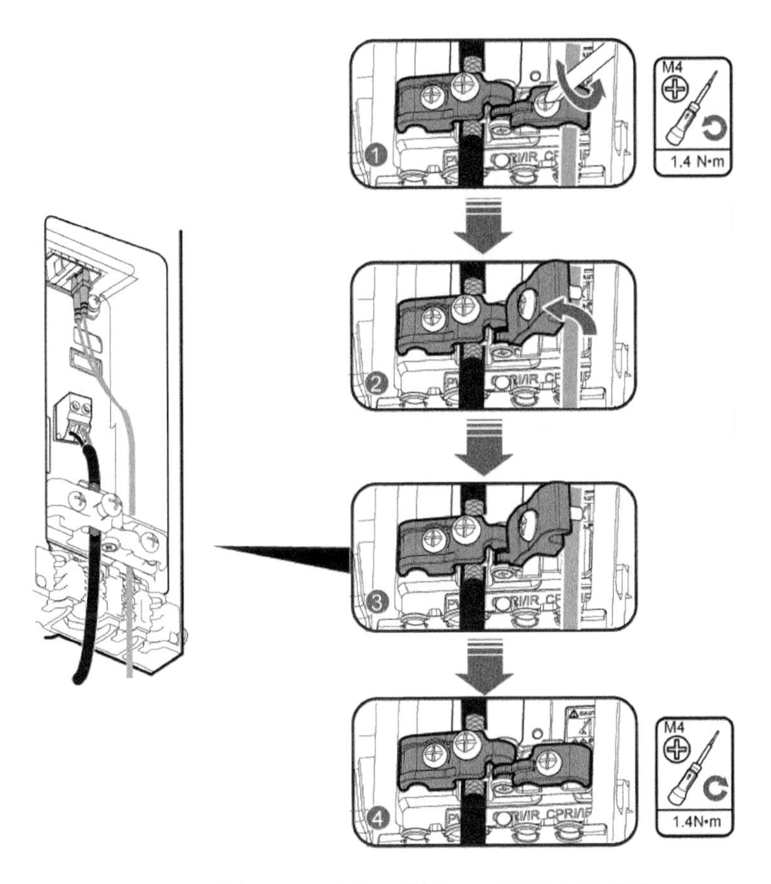

图 4-16　拆卸 CPRI 光纤示意图——eRRU3251 场景

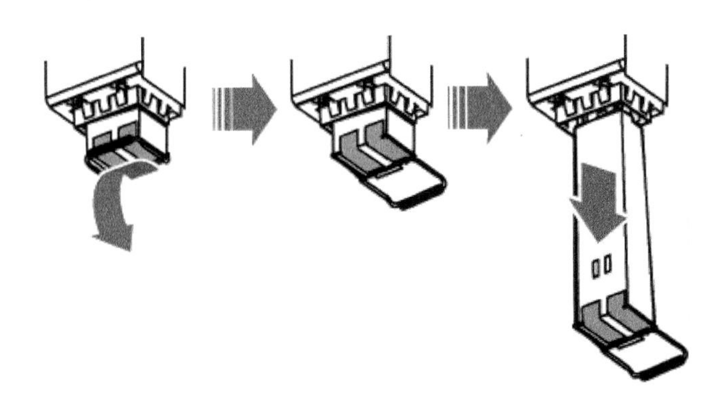

图 4-17　拆卸光模块

- 执行 MML 命令 UBL CELL，解闭塞该站点相关小区。
- 执行 MML 命令 ACT CELL，激活该站点相关小区。

⑩ 根据 CPRI/IR 指示灯状态，判断 CPRI 信号传输是否正常。

指示灯状态信息请参见相应 eRRU 硬件描述。

如果指示灯状态正常（CPRI 指示灯绿灯亮），则光模块更换完成。

如果指示灯状态不正常，则请检查光模块是否安装到位。如果光模块已安装到位，指示灯显示仍不正常，请及时联系设备供应商技术支持人员处理。

⑪ 取下防静电手套，收好工具。

7. 维护 eRRU 线缆

介绍 eRRU 电源线和光纤更换的通用注意事项。

（1）电源线更换注意事项

① 在更换电源线前，必须关断该路电源的前级开关或者空开。

② 关断前级开关或空开后，用万用表测量电路是否断电，确保断电后再进行后续操作。

③ 拆卸故障电源线时，先取下电源线源端的连接器，再取下电源线尾端的连接器。

④ 安装新电源线必须先安装电源线尾端的连接器，再安装电源线源端的连接器。

⑤ 安装好电源线后，必须先检查接线关系（正负极、接地等）是否正确。在确认接线正确后，再合上该路电源的前级开关或者空开。

（2）光纤更换注意事项

① 插拔光纤时，注意眼睛不要直接对着设备上的光源端，以免激光刺伤眼睛。

② 安装新光纤时，注意不要折损光纤。在光纤走线的拐弯处，注意不要让光纤折弯，其转弯半径必须大于 50 mm。

③ 布放好光纤后，须用光纤绑扎带适当绑扎。

4.2 日志管理

4.2.1 eNodeB 的日志类型

日志文件是 eNodeB 中的一种文件类型，eNodeB 通过日志文件来记录系统运行过程中的各种事件，如操作记录、故障记录、所有呼叫记录、板件的各种状态等，通过提取并分析日志，可以帮助我们了解 eNodeB 的运行状态，在排查 eNodeB 的故障时，日志文件是非常重要的参考资料。

eNodeB 的日志文件主要包括以下类型。

- 安全日志（SECLOG）：记录单板安全信息日志，可从主控板获取。
- 运行日志（RUNLOG）：记录单板运行日志，可从主控板获取。
- 操作日志（OPRLOG）：记录单板操作日志，如用户下发 MML 命令，可从主控板获取。
- 调试日志（DBGLOG）：记录网元调试日志，可从主控板获取。
- 异常配置文件（BAKOTHER）：备份错误的配置文件，可从主控板获取。
- 异常日志（EXPT）：记录单板运行时各种异常信息，方便异常问题定位，可从各单板获取。
- 机电单板日志（PERILOG）：记录机电单板的调试日志，可从支持日志的机电设备上获取。
- 正常配置文件（CDM）：网元当前配置文件，可从主控板上获取。
- Canbus 日志（CANBUSLOG）：记录 Canbus 的调试日志，可从主控板获取。
- 告警日志（ALMLOG）：记录网元告警日志，可从主控板获取。
- 中心层故障日志（CFLTLOG）：记录网元故障日志，可从主控板获取。
- 本地层故障日志（LFLTLOG）：记录单板故障日志，可从单板获取。

- 测试结果文件(TSTRSLT):记录测试结果信息,可从主控板获取。
- 换板日志(CBDLOG):记录单板、光模块的更换、拔出信息,可从主控板获取。
- 温度日志(BDTLOG):记录单板的温度信息,可从主控板获取。
- TOD 报文捕获(TODMSG):记录 TOD 时钟串口消息,可从主控板获取。
- 最大深度信令文件(TRCLOG):记录最大深度信令文件,可从主控板获取。
- 中等深度信令文件(SIGLOG):记录中等深度信令文件,可从主控板获取。
- 呼叫日志(CHRLOG):记录呼叫日志,可从主控板获取。
- BSP 体检报告日志(BSPREPORT):记录单板运行过程中的体检报告信息,可从各单板获取。
- SON 日志(SONLOG):记录 SON 日志,可从主控板获取。
- 主核链路日志(ITFLOG):记录主核链路日志,该类型保留未使用。
- RRU 日志(RRULOG):RRU 上的日志信息。
- 射频测试类日志(RFSTUFF):记录在射频测试后形成的测试类日志文件,可从射频单板获取。
- 天线权值文件(CALDPOWERFILE):记录天线权值参数的文件,可从主控板获取。
- 一键式空口日志(TALOG):记录一键式空口日志,该类型保留未使用。
- 证书请求文件(CERTREQ):申请证书使用的文件,可以从主控板获取。

4.2.2 提取日志文件

通过使用上载网元文件(ULD NEFILE)命令,可以将各种日志文件上载至 FTP 服务器,以供分析和解决设备的各种问题使用。

1. 上载网元文件

(1) 命令功能

该命令用于获取保存在网元中的文件,并将其上传到指定的 FTP 服务器的指定目录。

(2) 注意事项

命令执行前,必须确保以下条件已满足:

① FTP 服务器运行正常;

② FTP 服务器与网元在同一个 Internet 内且与网元连接正常;

③ FTP 服务器与网元之间防火墙开放 FTP 端口;

④ 输入的 FTP 服务器用户名、用户密码必须与 FTP 服务器的用户名、用户密码保持一致,并确保该用户对指定目录有可写权限。

2. 检查目的文件名

检查目的文件名所对应的文件是否已经存在,避免因重复上传文件而覆盖 FTP 服务器上的同名文件。

非压缩方式文件上传会耗用较长时间,压缩方式文件上传会使 CPU 占有率有较大提升(10%~50%),CPU 过载会影响用户接入。建议采用非压缩方式上传,并选择进行流控。

3. 上传主控日志及单板日志

上传主控日志、单板日志时,由于采用的是打包上传的方式,所以上传过程中在 FTP 服务器端只生成一个包文件,在填写 MML 命令中的“目标文件(目录)名称”这个参数的时候,请注意要填写路径加目标文件名。

主控板支持的文件类型有 SECLOG(安全日志)、RUNLOG(运行日志)、OPRLOG(操作日志)、DBGLOG(调试日志)、BAKOTHER(异常配置文件)、EXPT(异常日志)、CDM(正常配置文件)、CANBUSLOG(Canbus 日志)、ALMLOG(告警日志)、CFLTLOG(中心层故障日志)、LFLTLOG(本地层故障日志)、TSTRSLT(测试结果文件)、BSPREPORT(BSP 体检报告日志)、BRDLOG(一键式日志)等。

基带板支持的文件类型有 EXPT(异常日志)、LFLTLOG(本地层故障日志)、BRDLOG(一键式日志)等。

通用传输板支持的文件类型有 EXPT(异常日志)、LFLTLOG(本地层故障日志)、BRDLOG(一键式日志)等。

4. 上传 RRU 的一键式日志

在上传 RRU 的一键式日志时,文件类型选"BRDLOG"。

流控在系统忙时可以有效降低上传过程中的 CPU 占用率,但有可能使上传变慢;在系统闲时可以使上传速度加快。一般情况下都建议选择进行流控。

如果只填目标文件名,最长支持 230 个字符;如果填目录加文件名最长支持 248 个字符,其中文件名最长支持 64 个字符。

5. 参数说明

参数说明如表 4-7 所示。

表 4-7 参数说明

参数 ID	参数名称	参数描述
SRCF	文件类型	含义:该参数表示文件类型。其中一键式日志(BRDLOG)包含 ALMLOG,CFLTLOG,LFLTLOG,BSPREPORT,EXPT,CANBUSLOG,CBDLOG,BDTLOG,OPRLOG,SECLOG,RUNLOG,DBGMEM,BAKOTHER,CDM 等文件类型,可从各单板获取 安全日志(SECLOG):记录单板安全信息日志,可从主控板获取 运行日志(RUNLOG):记录单板运行日志,可从主控板获取 操作日志(OPRLOG):记录单板操作日志,如用户下发 MML 命令,可从主控板获取 调试日志(DBGLOG):记录网元调试日志,可从主控板获取 异常配置文件(BAKOTHER):备份错误的配置文件,可从主控板获取 异常日志(EXPT):记录单板运行时各种异常信息,方便异常问题定位,可从各单板获取 机电单板日志(PERILOG):记录机电单板的调试日志,可从支持日志的机电设备上获取 正常配置文件(CDM):网元当前配置文件,可从主控板上获取 Canbus 日志(CANBUSLOG):记录 Canbus 的调试日志,可从主控板获取 告警日志(ALMLOG):记录网元告警日志,可从主控板获取 中心层故障日志(CFLTLOG):记录网元故障日志,可从主控板获取 本地层故障日志(LFLTLOG):记录单板故障日志,可从单板获取 测试结果文件(TSTRSLT):记录测试结果信息,可从主控板获取 换板日志(CBDLOG):记录单板、光模块的更换、拔出信息,可从主控板获取 温度日志(BDTLOG):记录单板的温度信息,可从主控板获取 TOD 报文捕获(TODMSG):记录 TOD 时钟串口消息,可从主控板获取 最大深度信令文件(TRCLOG):记录最大深度信令文件,可从主控板获取 中等深度信令文件(SIGLOG):记录中等深度信令文件,可从主控板获取 呼叫日志(CHRLOG):记录呼叫日志,可从主控板获取 BSP 体检报告日志(BSPREPORT):记录单板运行过程中的体检报告信息,可从各单板获取 SON 日志(SONLOG):记录 SON 日志,可从主控板获取 主核链路日志(ITFLOG):记录主核链路日志,该类型保留未使用

续 表

参数 ID	参数名称	参数描述
		RRU 日志(RRULOG):RRU 上的日志信息 射频测试类日志(RFSTUFF):记录在射频测试后形成的测试类日志文件,可从射频单板获取 天线权值文件(CALDPOWERFILE):记录天线权值参数的文件,可从主控板获取 一键式空口日志(TALOG):记录一键式空口日志,该类型保留未使用 证书请求文件(CERTREQ):申请证书使用的文件,可以从主控板获取 界面取值范围:SECLOG(安全日志),RUNLOG(运行日志),OPRLOG(操作日志),DBGLOG(调试日志),BAKOTHER(异常配置文件),EXPT(异常日志),PERILOG(机电单板日志),CDM(正常配置文件),CANBUSLOG(Canbus 日志),ALMLOG(告警日志),CFLTLOG(中心层故障日志),LFLTLOG(本地层故障日志),TSTRSLT(测试结果文件),CBDLOG(换板日志),BDTLOG(温度日志),TODMSG(TOD 报文捕获),TRCLOG(最大深度信令文件),SIGLOG(中等深度信令文件),CHRLOG(呼叫日志),BSPREPORT(BSP 体检报告日志),SONLOG(SON 日志),ITFLOG(主核链路日志),RRULOG(RRU 日志),RFSTUFF(测试类日志),CALDPOWERFILE(天线权值文件),BRDLOG(一键式日志),TALOG(一键式空口日志),CERTREQ(证书请求文件) 单位:无 实际取值范围:SECLOG,RUNLOG,OPRLOG,DBGLOG,BAKOTHER,EXPT,PERILOG, CDM, CANBUSLOG, ALMLOG, CFLTLOG, LFLTLOG, TSTRSLT, CBDLOG, BDTLOG,TODMSG,TRCLOG,SIGLOG,CHRLOG,BSPREPORT,SONLOG,ITFLOG,RRULOG,RFSTUFF,CALDPOWERFILE,BRDLOG,TALOG,CERTREQ MML 缺省值:无 建议值:无 参数关系:无 修改是否中断业务:不涉及 对无线网络性能的影响:无
CN	柜号	含义:该参数表示柜号 界面取值范围:0～62 单位:无 实际取值范围:0～62 MML 缺省值:无 建议值:无 参数关系:无 修改是否中断业务:不涉及 对无线网络性能的影响:无
SRN	框号	含义:该参数表示框号 界面取值范围:0～1,4～5,7～8,11～12,14～15,60～254 单位:无 实际取值范围:0～1,4～5,7～8,11～12,14～15,60～254 MML 缺省值:无 建议值:无 参数关系:无 修改是否中断业务:不涉及 对无线网络性能的影响:无

续 表

参数 ID	参数名称	参数描述
SN	槽号	含义：该参数表示槽号 界面取值范围：0～8 单位：无 实际取值范围：0～8 MML 缺省值：无 建议值：无 参数关系：无 修改是否中断业务：不涉及 对无线网络性能的影响：无
DSTF	目标文件（目录）名称	含义：该参数表示上传保存到 FTP 服务器的目的文件名，可以包含路径。如果只填写文件名，则上传到 FTP 服务器设置的缺省路径下。是否支持绝对路径或相对路径，以及支持哪些路径写法，都是由 FTP 服务器及服务器所在的操作系统决定的。可以参考“使用实例”中的写法 界面取值范围：1～248 个字符 单位：无 实际取值范围：1～248 个字符 MML 缺省值：无 建议值：无 参数关系：全路径文件名的最大长度要根据上下载时 FTP 服务器所能支持的最大文件名长度决定，最长不能超过 248 个字符（有些服务器不能支持 248 个字符的全路径文件名，具体请参考 FTP 服务器手册） 修改是否中断业务：不涉及 对无线网络性能的影响：无
MODE	IP 模式	含义：该参数表示 FTP 服务器 IP 地址模式 界面取值范围：IPV4（IPv4），IPV6（IPv6） 单位：无 实际取值范围：IPV4，IPV6 MML 缺省值：IPV4（IPv4） 建议值：无 参数关系：无 修改是否中断业务：不涉及 对无线网络性能的影响：无
IP	服务器 IP	含义：该参数表示 FTP 服务器 IP 地址 界面取值范围：合法的 IP 地址 单位：无 实际取值范围：合法的 IP 地址 MML 缺省值：无 建议值：无 参数关系：无 修改是否中断业务：不涉及 对无线网络性能的影响：无

续 表

参数 ID	参数名称	参数描述
USR	用户名	含义:该参数表示 FTP 服务器用户名 界面取值范围:1～32 个字符 单位:无 实际取值范围:1～32 个字符 MML 缺省值:无 建议值:无 参数关系:无 修改是否中断业务:不涉及 对无线网络性能的影响:无
PWD	密码	含义:该参数表示 FTP 服务器用户密码 界面取值范围:1～32 个字符 单位:无 实际取值范围:1～32 个字符 MML 缺省值:无 建议值:无 参数关系:无 修改是否中断业务:不涉及 对无线网络性能的影响:无
CF	压缩类型	含义:该参数表示是否将源文件压缩后上传。如果选择了不压缩上传,则不压缩,直接上传。如果选择了压缩上传,则将得到一个压缩文件。压缩文件通过增加后缀“.gz”来标识,此类型的压缩包可以用 WinRAR 解压缩。例如,指定上传的文件名为“OPLOG.txt”,压缩上传后,接收到的文件名变为“OPLOG.txt.gz” 界面取值范围:UNCOMPRESSED(不压缩), COMPRESSED(压缩) 单位:无 实际取值范围:UNCOMPRESSED, COMPRESSED MML 缺省值:UNCOMPRESSED(不压缩) 建议值:UNCOMPRESSED(不压缩) 参数关系:无 修改是否中断业务:不涉及 对无线网络性能的影响:压缩方式文件上传会提高 CPU 占有率(10%～50%),CPU 过载会影响用户接入
GA	进度标识	含义:该参数表示传送过程中是否上报进度。上报进度会在文件传送过程中以百分比的方式显示当前的传送进度,如 30% 界面取值范围:Y(上报进度), N(不上报进度) 单位:无 实际取值范围:Y, N MML 缺省值:Y(上报进度) 建议值:无 参数关系:无 修改是否中断业务:不涉及 对无线网络性能的影响:无

续 表

参数 ID	参数名称	参数描述
ST	文件开始时间	含义:该参数表示上传文件的开始时间。如果不填写,则从网元最早的日志记录开始上传。例如,ST 填写为 2012-01-18 10:57:18,则表示上传文件修改时间在此时间点之后的日志文件 界面取值范围:2000-01-01 00:00:00~2033-12-31 23:59:59 单位:无 实际取值范围:2000-01-01 00:00:00~2033-12-31 23:59:59 MML 缺省值:无 建议值:无 参数关系:现在只支持 RUNLOG,DBGLOG,SECLOG,OPRLOG 和 BRDLOG 这几种文件类型。对于其他文件类型,无须填写此参数。需要注意的是,选择 BRDLOG 时,只针对 RUNLOG,DBGLOG,SECLOG 和 OPRLOG 这几种文件类型进行了过滤 ST 必须不大于 ET 修改是否中断业务:不涉及 对无线网络性能的影响:无
ET	结束时间	含义:该参数表示上传文件的截止时间。如果不填写,则上传内容包括最新的日志记录。例如,ET 填写为 2012-01-18 10:57:18,则表示上传文件修改时间在此时间点之前的日志文件。如果指定了起始时间,则结束时间必须大于等于起始时间 界面取值范围:2000-01-01 00:00:00~2033-12-31 23:59:59 单位:无 实际取值范围:2000-01-01 00:00:00~2033-12-31 23:59:59 MML 缺省值:无 建议值:无 参数关系:现在只支持 RUNLOG,DBGLOG,SECLOG,OPRLOG 和 BRDLOG 这几种文件类型。对于其他文件类型,无须填写此参数。需要注意的是,选择 BRDLOG 时,只针对 RUNLOG,DBGLOG,SECLOG 和 OPRLOG 这几种文件类型进行了过滤 ST 必须不大于 ET 修改是否中断业务:不涉及 对无线网络性能的影响:无
EXT_P1	小区号	含义:该参数表示小区号,唯一标识一个小区。当上载日志为 TALOG 时该参数为必填参数 界面取值范围:0~5 个字符 单位:无 实际取值范围:0~5 个字符 MML 缺省值:无 建议值:无 参数关系:无 修改是否中断业务:不涉及 对无线网络性能的影响:无
FLOWCTRL	流控类型	含义:该参数表示上传文件过程中是否进行流控。流控在系统忙时可以有效降低上传过程中的 CPU 占用率,但会使上传变慢;在系统闲时可以使上传速度加快。除非因流控导致在急需上传日志时上传速度过慢或不能上传,否则都建议选择进行流控 界面取值范围:Y(流控), N(不流控) 单位:无

续 表

参数 ID	参数名称	参数描述
		实际取值范围:Y, N MML 缺省值:Y(流控) 建议值:Y(流控) 参数关系:无 修改是否中断业务:不涉及 对无线网络性能的影响:无

4.2.3 提取日志文件实例

上载网元的黑匣子文件到 FTP,文件类型为“异常日志”,柜号为 0,框号为 0,槽号为 3,FTP 服务器 IP 模式为“IPv4”,服务器 IP 为“192.168.60.35”,用户名为“admin”,密码为“admin”:

① 目标文件(目录)名称包含 SFTPServer 绝对路径“D:\FTP\expt”:

ULD NEFILE: SRCF = EXPT, CN = 0, SRN = 0, SN = 3, DSTF = "D:\FTP\expt", MODE = IPV4, IP = "192.168.60.35", USR = "admin", PWD = "*****";

② 目标文件(目录)名称包含 SFTPServer 相对路径“\expt”:

ULD NEFILE: SRCF = EXPT, CN = 0, SRN = 0, SN = 3, DSTF = "\expt", MODE = IPV4, IP = "192.168.60.35", USR = "admin", PWD = "*****";

③ 目标文件(目录)名称包含 eOMC FTP Server 相对路径“expt”:

ULD NEFILE: SRCF = EXPT, CN = 0, SRN = 0, SN = 3, DSTF = "expt", MODE = IPV4, IP = "192.168.60.35", USR = "admin", PWD = "*****";

4.3 eNodeB 告警管理

4.3.1 告警分类

故障告警是由于硬件设备故障或某些重要功能异常而上报的告警,如单板故障。

(1) 故障告警发生后,根据故障所处的状态,可分为:

① 恢复告警

故障已经恢复,该告警将处于“恢复”状态。恢复告警仍然存在于数据库中,可以被查询。

② 活动告警

故障尚未恢复,该告警则处于“活动”状态。

(2) 告警级别。

告警级别用于标识一条告警的严重程度。按严重程度递减的顺序可以将所有告警分为 4 种:紧急告警、重要告警、次要告警、提示告警。

不同告警级别的定义和处理方法如表 4-8 所示。

表 4-8　告警级别的定义及处理方法

告警级别	定　义	处理建议
紧急告警	此类级别的告警影响系统提供的服务，必须立即进行处理。即使该告警在非工作时间内发生，也需立即采取措施。如某设备或资源不可用，需对其进行修复	需要紧急处理，否则系统有瘫痪危险
重要告警	此类级别的告警影响服务质量，需要在工作时间内处理，否则会影响重要功能的实现。如某设备或资源服务质量下降，需对其进行修复	需要及时处理，否则会影响重要功能的实现
次要告警	此类级别的告警未影响服务质量，但为了避免更严重的故障，需要在适当时候进行处理或进一步观察	发送此类告警的目的是提醒维护人员及时查找告警原因，消除故障隐患
提示告警	此类级别的告警指示可能有潜在的错误影响提供的服务，相应的措施根据不同的错误进行处理	只要对系统的运行状态有所了解即可

4.3.2　处理告警/事件

处理告警/事件包括刷新告警/事件、查看处理建议、手动恢复告警/事件、清除告警/事件和保存告警/事件等操作。

1. 手动刷新告警/事件

当浏览或查询告警/事件时，可以通过手动刷新来更新窗口中的告警/事件信息。

操作步骤：

① 在 LMT 工具栏或主操作区，单击“告警/事件”，进入“告警/事件”页签。

② 在“告警/事件”页签中选择“浏览活动告警/事件”子页签，单击“刷新”。

说明：手动刷新后，恢复的告警/事件记录将不再出现在“浏览活动告警/事件”窗口中。

2. 查询告警/事件处理建议

通过查询告警/事件处理建议，可以查看每条告警/事件记录的详细告警/事件帮助信息。

详细告警帮助信息包括告警解释、告警参数、对系统的影响、系统自处理过程、可能原因、处理步骤。

操作步骤：

① 在“浏览活动告警/事件”页签中，选中要查看的告警记录。

② 单击“处理建议”，弹出该告警记录的联机帮助。

3. 手动恢复告警/事件

当导致故障告警/事件发生的原因已经定位并排除后，可以手动设置该告警/事件为恢复告警/事件。

操作步骤：

① 在“浏览活动告警/事件”页签时，选中要恢复的告警/事件记录。

② 单击“手动恢复”，弹出“确认”对话框。

③ 单击“是”，系统恢复该故障告警/事件，此时该告警/事件记录显示为恢复告警颜色。

4. 清除告警/事件

用户可以通过该操作,清除当前窗口中的全部告警/事件,或清除全部恢复告警。

操作步骤:

① 清空当前窗口。

② 在“浏览活动告警/事件”页签,单击“清空当前窗口”。

③ 清除全部恢复告警。

说明:当告警列表中存在恢复告警时,可执行清除全部恢复告警操作。

④ 在“浏览活动告警/事件”页签,单击“清除全部恢复告警”。

5. 保存告警/事件

通过该操作,用户可以将部分或全部告警/事件记录导出为.csv 格式的文件。

操作步骤:

① 保存选中的告警/事件。

② 在“浏览活动告警/事件”页签,选中需要保存的告警/事件,单击鼠标右键选择“保存选中”,弹出“保存”对话框。

③ 设置文件名、保存路径,以及.csv 格式文件的编码格式。

④ 单击“保存”。

⑤ 保存全部告警。

⑥ 在“浏览活动告警/事件”页签,单击“保存全部”,弹出“保存”对话框。

⑦ 设置文件名、保存路径,以及.csv 格式文件的编码格式。

⑧ 单击“保存”。

4.3.3　告警/事件日志

1. 查询告警/事件日志

系统支持通过告警类型、级别、发生时间等条件查询历史告警信息。

操作步骤:

① 在 LMT 工具栏或主操作区,单击“告警/事件”,进入“告警/事件”页签。

② 在“查询告警/事件日志”子页签中,设置查询条件。

查询条件说明如表 4-9 所示。

表 4-9　查询条件说明

查询条件		说　明
一般选项	类型	可选择事件、已恢复告警和未恢复告警
	发生时间	可查询某个时间段内的告警/事件 当不选中“发生时间”时,系统根据以下时间原则查询:开始日期和开始时间无限制;以当前日期为结束日期,以当前时间为结束时间
	级别	可选择紧急、重要、次要和提示
	查询返回数目	设置每次查询的最大返回记录数,最多显示 1 000 条

续 表

查询条件		说　明
详细选项	网管分类	根据告警/事件的网管属性进行查询，包括电源系统、信令系统、硬件系统、运行系统等
	ID	根据告警/事件 ID 号进行查询
	工程态标志	根据工程状态查询
	流水号	根据告警/事件的流水号进行查询
	单板位置	根据发生告警/事件的单板所属位置进行查询，包括“柜号”“框号”和“槽号”

③ 单击“查询”，系统在“查询结果”列表中显示符合条件的告警/事件记录。

2. 查询告警/事件配置

用户可以通过该操作，查询某条告警的 ID、级别、屏蔽状态等信息。

可设定的查询条件包括 ID、级别、修改标志、屏蔽标志、查询返回数目。

操作步骤：

① 在 LMT 工具栏或主操作区，单击“告警/事件”，进入“告警/事件”页签。

② 在“查询告警/事件配置”子页签中，设置查询条件。

③ 单击“查询”，系统在“查询结果”列表中显示符合条件的告警/事件记录。

说明：用户可以通过单击“配置修改”修改某条告警/事件的级别和屏蔽标志。

3. 设置告警/事件查询属性

系统支持为不同级别的告警/事件设置不同的显示颜色，用户可自定义告警/事件列表的显示列。

操作步骤：

① 在 LMT 工具栏或主操作区，单击“告警/事件”，进入“告警/事件”页签。

② 单击“设置”，弹出“设置”对话框，如图 4-18 所示。

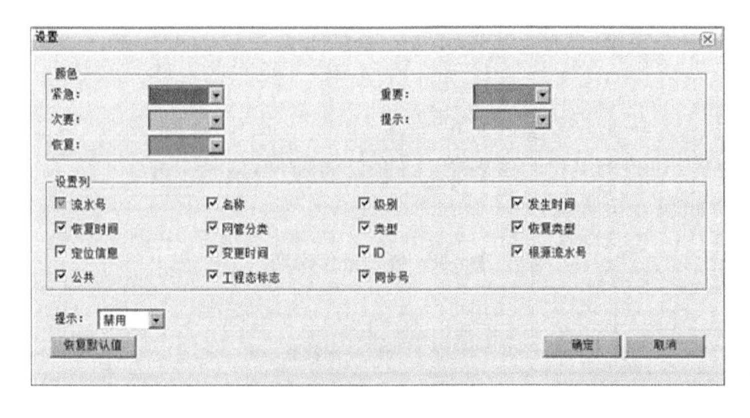

图 4-18　“设置”对话框

③ 设置不同告警/事件级别的显示颜色、告警/事件列表的显示列。

说明：如果“提示”下拉框设置为“启用”，则在“浏览活动告警/事件”和“查询告警/事件日志”窗口中，当鼠标移到一条告警/事件记录上时，会显示该告警/事件的详细信息。

④ 单击“确定”，完成设置。

4.3.4　常见告警

eNodeB 中常见的告警可以分为以下几类：安全违背、电源系统、环境系统、通信系统、信令系统、业务质量、硬件系统、运行系统、中继系统。

具体的告警信息可以参考设备手册，这里我们列举几个常见告警。

1. ALM-26232 BBU 光模块收发异常告警

(1) ALM-26232 BBU 光模块收发异常告警解释

当 BBU 与下级射频单元之间的光纤链路（物理层）的光信号接收异常时，产生此告警。

(2) ALM-26232 BBU 光模块收发异常告警参数

ALM-26232 BBU 光模块收发异常告警参数如表 4-10 所示。

表 4-10　ALM-26232 BBU 光模块收发异常告警参数

参数名称	参数含义
柜号	故障端口所在的柜号
框号	故障端口所在的框号
槽号	故障端口所在的槽号
端口号	故障端口所在的端口号
单板类型	故障单板的类型
具体问题	引起告警的具体问题（接收无信号，接收功率过高，接收功率过低）

(3) ALM-26232 BBU 光模块收发异常告警对系统的影响

ALM-26232 BBU 光模块收发异常告警对系统的影响如表 4-11 所示。

表 4-11　ALM-26232 BBU 光模块收发异常告警对系统的影响

告警级别	告警影响
重要	在链形组网下，下级射频单元的连接链路中断，下级射频单元承载的业务中断。如果基站工作在 CPRI MUX 组网方式下，本制式为汇聚方且故障端口为提供汇聚功能的端口时，会造成对端制式的业务中断 在环形组网下，射频单元连接链路的可靠性下降，下级射频单元的激活链路将倒换到备份链路上，在热环配置下对业务没有影响，在冷环配置下业务会出现短暂中断
次要	BBU 与下级射频单元的光模块的收发性能轻微恶化，可能导致下级射频单元承载的业务质量出现轻微恶化

(4) 系统自处理过程

在环形组网下，下级射频单元自动切换到正常的端口。

(5) 可能原因

① BBU 连接下级射频单元的端口上的光纤接头或光模块未插紧，或光模块故障。

② BBU 连接下级射频单元的端口上的光纤接头不洁净，存在灰尘等异物。

③ BBU 的连接端口和下级射频单元连接端口上的光模块的型号（单模/多模、速率）不匹配。

④ 下级射频单元的连接端口上的光模块型号（单模/多模、速率）和射频单元支持的型号

不匹配。

⑤ BBU 连接下级射频单元的端口的光模块和光纤的型号(单模/多模、速率)不匹配。

⑥ BBU 连接下级射频单元的接口单板故障。

⑦ 下级射频单元未上电。

⑧ 下级射频单元上的光纤接头或光模块未插紧,或光模块故障。

⑨ 下级射频单元连接端口上的光纤接头不洁净,存在灰尘等异物。

⑩ 下级射频单元上的光模块的型号(单模/多模、速率)不匹配。

⑪ BBU 与下级射频单元之间的光纤线路故障。

⑫ 下级射频单元故障。

2. ALM-26529 射频单元驻波告警

(1) ALM-26529 射频单元驻波告警解释

当射频单元发射通道的天馈接口驻波超过了设置的驻波告警门限时,产生此告警。

(2) ALM-26529 射频单元驻波告警参数

ALM-26529 射频单元驻波告警参数如表 4-12 所示。

表 4-12 ALM-26529 射频单元驻波告警参数

参数名称	参数含义
柜号	故障单板所在的柜号
框号	故障单板所在的框号
槽号	故障单板所在的槽号
TX 通道编号	TX 通道的编号
单板类型	故障射频单元的类型
驻波告警门限(0.1)	用户配置的驻波告警门限
驻波值(0.1)	检测到驻波值
输出功率(0.1 dBm)	射频单元的输出功率

(3) ALM-26529 射频单元驻波告警对系统的影响

ALM-26529 射频单元驻波告警对系统的影响如表 4-13 所示。

表 4-13 ALM-26529 射频单元驻波告警对系统的影响

告警级别	告警影响
重要	天馈接口的回波损耗过大,射频单元自动关闭发射通道开关,该发射通道承载的业务中断
次要	天馈接口的回波损耗较大,导致实际输出功率减小,小区覆盖减小

(4) 系统自处理过程

当驻波超过严重驻波告警门限时,射频单元自动关闭发射通道开关。

(5) 可能原因

- 用户设置的驻波告警门限过低。
- 跳线安装与规划不符合。
- 天馈接口的馈缆接头未拧紧或进水。
- 天馈接口连接的馈缆存在挤压、弯折,或馈缆损坏。

- 射频单元的驻波检测电路故障。

任务与练习

简答题

1. 请简要描述 BBU 上下电步骤。
2. 请简要描述更换 BBU 单板的操作步骤和注意事项。
3. eNodeB 的常见日志都有哪些？如何提取？
4. 如何保存 eNodeB 的当前告警？
5. 故障处理之前应当如何备份数据？

第5章　eNodeB 硬件安装项目实训

学习目标

本章的主要内容是对基站 eNodeB 设备的维护与故障处理。通过本章的学习，能够了解和掌握如下几个方面的知识：

- 掌握 eNodeB 的机柜安装、BBU 安装、RRU 安装、线缆铺设等施工操作；
- 熟练使用 eNodeB 硬件安装中所需的各种工具；
- 熟悉 eNodeB 硬件安装检查的方法。

5.1　安装施工前准备

施工前准备包括在施工开始前需要准备好的除本文档以外的其他参考文档，施工中所需要用到的工具仪表，进行施工的安装人员需要具备的技能与条件。

(1) 文档准备

安装开始前，请确保已经学习并掌握了以下文档中的信息。

(2) 工具仪表准备

进行安装操作之前需要提前准备下列工具和仪表：记号笔、水平尺、十字螺丝刀(M3～M6)、一字螺丝刀(M3～M6)、斜口钳、两用扳手(32 mm)、套筒扳手、力矩扳手、电源线压线钳、水晶头压线钳、剪线钳、橡胶锤、电烙铁、剥线钳、冲击钻(ϕ16)、热风枪、内六角扳手(M10)、工具刀、防静电手套、防静电腕带、万用表、长卷尺、吸尘器。

5.1.1　BBU 安装准备

1. 环境及供电要求

在安装过程中应注意的环境及供电要求如表 5-1 所示。

表 5-1　环境及供电要求

设　备	温　度	相对湿度	工作电压范围
BBU3900	−40～55 ℃	5%～95% RH	BBU3900 的正常工作电压范围：−38.4 V DC～−57 V DC

2. 安装空间要求

介绍 BBU3900 安装在 19 英寸(48.26 cm)标准机柜以及挂墙安装的空间要求。

（1）BBU3900 安装在 19 英寸标准机柜中

介绍安装 19 英寸标准机柜的空间要求及 BBU3900 安装在 19 英寸标准机柜中的空间要求。

① 19 英寸标准机柜安装空间要求

19 英寸标准机柜安装空间要求请参见具体机柜的配套产品资料。

② BBU3900 安装在 19 英寸标准机柜的空间要求

BBU3900 安装在 19 英寸标准机柜场景下，应该：

- BBU3900 左侧预留出 25 mm 的通风空间；
- BBU3900 右侧预留出 25 mm 的通风空间；
- BBU3900 面板前方需预留出 70 mm 的走线空间、800 mm 的维护空间。

具体如图 5-1 所示。

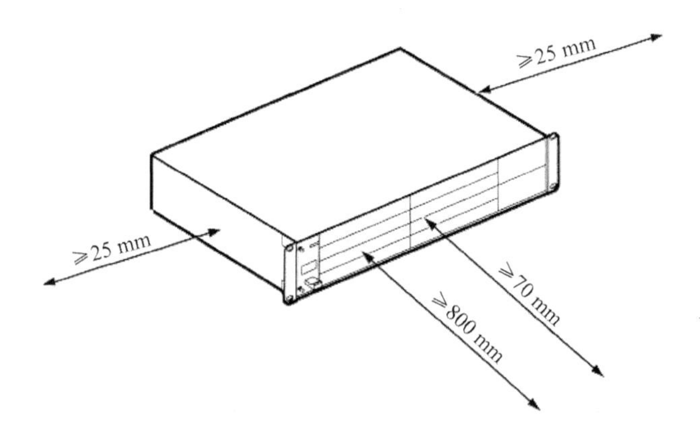

图 5-1　BBU3900 安装在 19 英寸标准机柜的空间要求

（2）BBU3900 安装在墙面上

BBU3900 单独挂墙安装空间要求如图 5-2 所示。

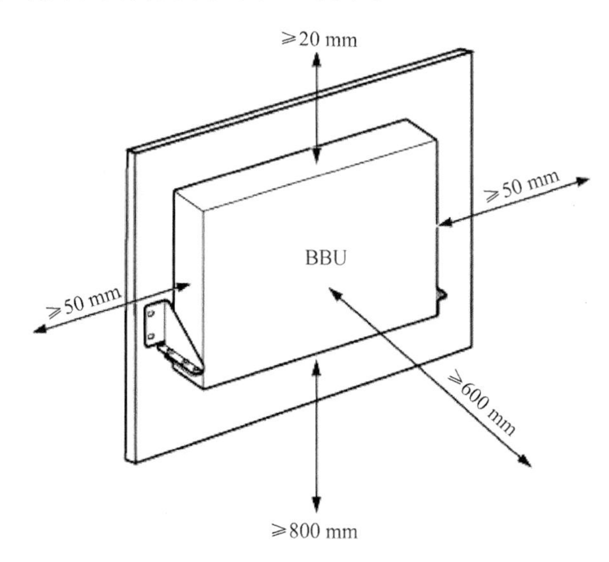

图 5-2　BBU3900 挂墙安装空间要求

3. 获取 ESN

ESN（Electronic Serial Number，电子序列号）是用来唯一标识一个网元的标志。在启动安装前需要预先记录 ESN,以便基站调测时使用。方法如下所示。

(1) 记录 BBU 盒体上的 ESN

① 如果 BBU 的 FAN 模块上没有标签,则 ESN 贴在 BBU 挂耳上,如图 5-3 所示,需手工抄录 ESN 和站点信息。

② 如果 BBU 的 FAN 模块上挂有标签,则 ESN 同时贴于标签和 BBU 挂耳上,如图 5-4 所示。将标签取下,在标签上印有“Site”的页面记录站点信息。

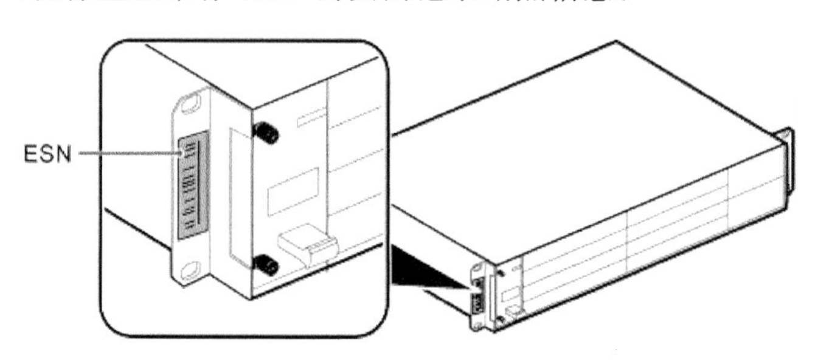

图 5-3 ESN 位置(一)

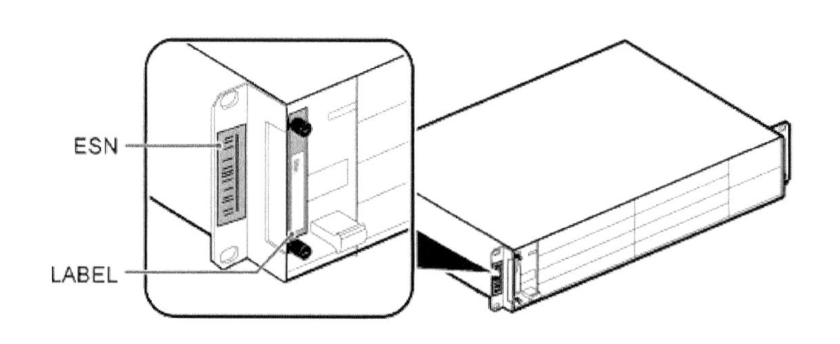

图 5-4 ESN 位置(二)

(2) 将 ESN 和站点信息上报给基站调测人员

说明:对于现场有多个 BBU 的站点,请将 ESN 逐一记录,并上报给基站调测人员。

5.1.2 RRU 安装准备

按照站点准备要求规划和建设安装设备,是设备得以顺利安装、开通和稳定运行的必要条件。站点准备包括环境及供电要求、安装空间要求。

1. 环境及供电要求

在安装过程中应注意的环境及供电要求如表 5-2 所示。

表 5-2 环境及供电要求

设 备	温 度	相对湿度	工作电压范围
eRRU3232(AC)	−40～+55 ℃	5%～100% RH	eRRU3232 正常工作电压范围:−100 V AC～240 V AC

2. 安装空间要求

介绍单 eRRU3232 的安装空间要求,包括推荐安装空间要求和最小安装空间要求。

(1) 推荐安装空间要求

eRRU3232 的推荐安装空间要求如图 5-5 所示。

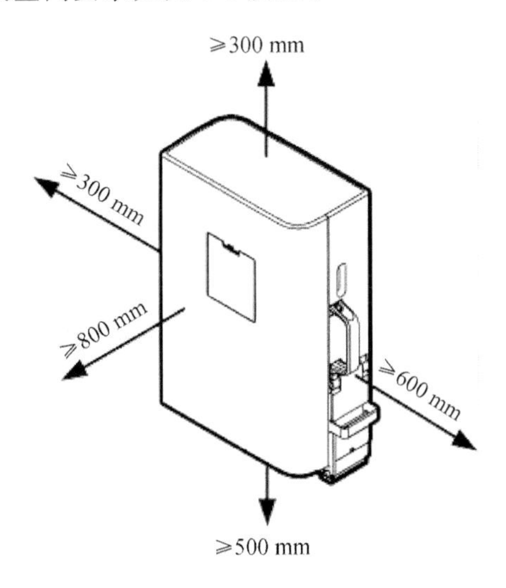

图 5-5　eRRU3232 的推荐安装空间要求

(2) 最小安装空间要求

eRRU3232 最小安装空间要求如图 5-6 所示。

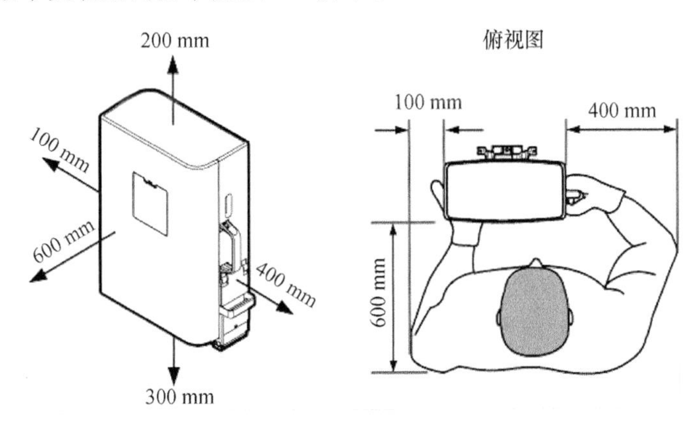

图 5-6　eRRU3232 最小安装空间要求

(3) 塔上最小安装空间要求

eRRU3232 塔上最小安装空间要求如图 5-7 所示。

5.1.3　线缆装配

提供无线接入网设备的安装指导，包括线缆接头制作、吊装 eRRU 上塔、接地夹的安装方法等。

1. 装配 OT 端子与电源电缆

介绍单孔 OT 端子与电源电缆的装配步骤。

说明：单孔 OT 端子与电源电缆组件的物料组成如图 5-8 所示。

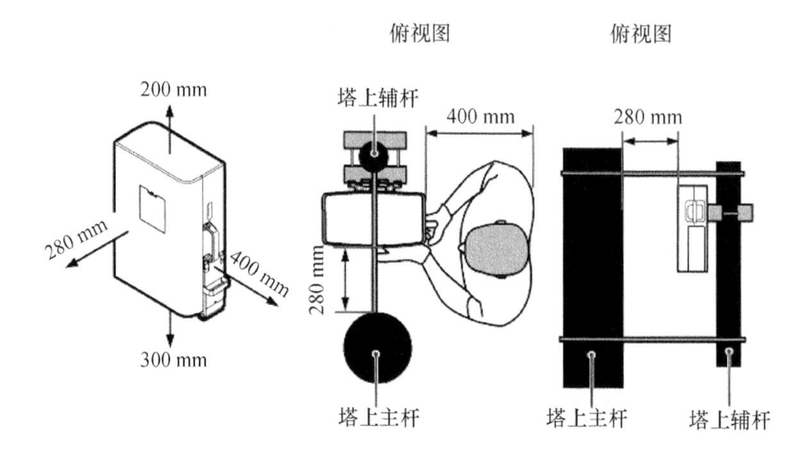

图 5-7 eRRU3232 塔上最小安装空间要求

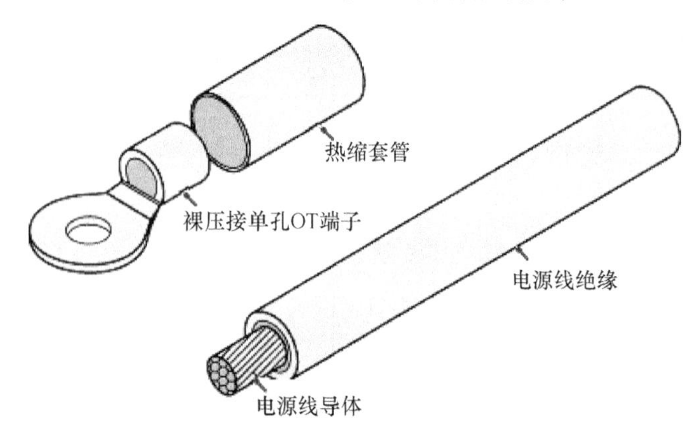

图 5-8 单孔 OT 端子和电源电缆组件的物料组成

操作步骤：

① 根据电源电缆导体截面积的不同，将电源电缆的绝缘剥去一段，露出长度为 L_1 的电源电缆导体，如图 5-9 所示，L_1 的推荐长度如表 5-3 所示。

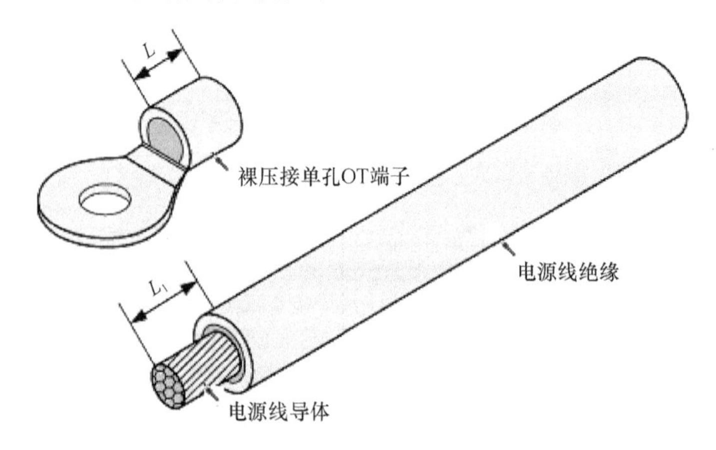

图 5-9 剥电源电缆（OT 端子）

注意：

- 剥电源电缆绝缘时，不要划伤电源电缆的金属导体；

- 配发的裸压接端子，可根据实际裸压接端子的 L 值适当调整 L_1 的值，$L_1=L+(1\sim2)$ mm。

表 5-3　电源电缆导体截面积与绝缘剥去长度 L_1 的对照表

电源电缆导体截面积/mm^2	电源电缆绝缘剥去长度 L_1/mm	电源电缆导体截面积/mm^2	电源电缆绝缘剥去长度 L_1/mm
1	7	10	11
1.5	7	16	13
2.5	7	25	14
4	8	35	16
6	9	50	16

说明：对于剥绝缘长度，现场实际操作熟练后，可直接用连接器的待压接部位与电缆进行对比。

② 将热缩套管套入电源电缆中，如图 5-10 所示。

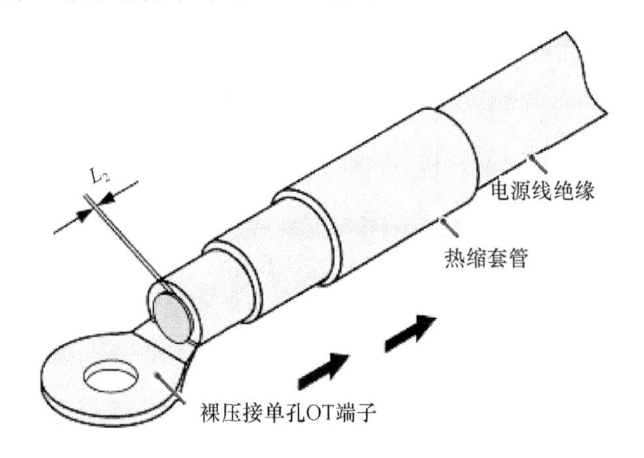

图 5-10　套热缩套管以及裸压接端子

③ 将 OT 端子套入电源电缆剥出的导体中，并将 OT 端子紧靠电源电缆的绝缘，如图 5-10 所示。

注意：OT 端子套接完成后，电源电缆的导体露出裸压接端子的 L_2 部分，其长度不得大于 2 mm，如图 5-10 所示。

使用压接工具，将裸压接端子尾部与电源电缆导体接触部分进行压接，如图 5-11 所示。

说明：由于不同的压接模具，压接后的端面形状以实际压接工具压接出的情况为准。

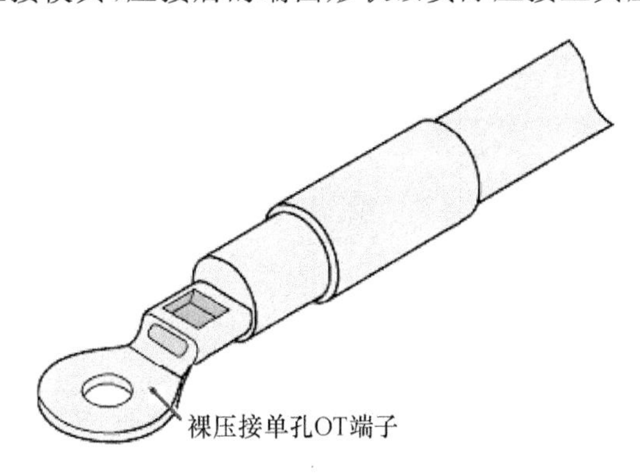

图 5-11　裸压接端子尾部与电源电缆导体接触部分压接（OT 端子）

④ 将热缩套管往连接器体的方向推，并覆盖住裸压接端子与电源电缆导体的压接区，使用热风枪将热缩套管吹缩，完成裸压接端子与电源电缆的装配，如图 5-12 所示。

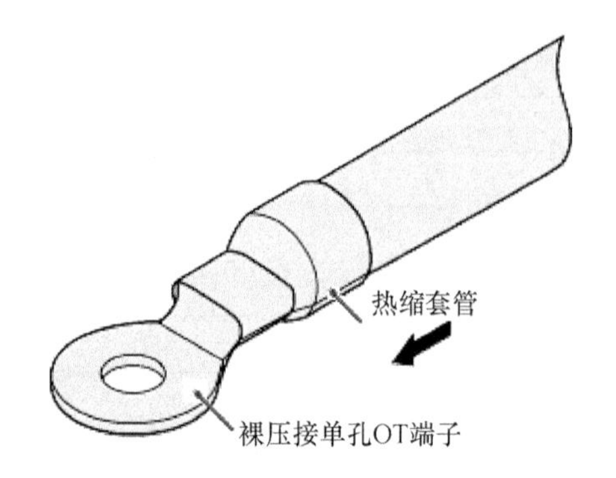

图 5-12 吹热缩套管（OT 端子）

注意：使用热风枪时，吹缩时间不宜过长，热缩套管紧贴连接器即可，以免烫伤绝缘层。

2. 安装接地夹

介绍接地夹的安装步骤。

（1）安装接地夹方法 1

① 确定 eRRU 电源线或 FE/GE 网线的接地位置，剥去电源线外皮 25 mm 左右，露出屏蔽层。

② 拧松接地夹上的螺钉，将 eRRU 电源线或 FE/GE 网线穿过接地夹。

③ 将 eRRU 电源线或 FE/GE 网线屏蔽层和接地夹压紧，拧紧接地夹上 M4 螺钉，紧固力矩为 1.2 N·m。

说明：机柜内部有 2 个接地夹，如果 eRRU 电源线和 FE/GE 网线一起接地，要保证两者都可靠接地。两者的配合接地方式如图 5-13 所示。

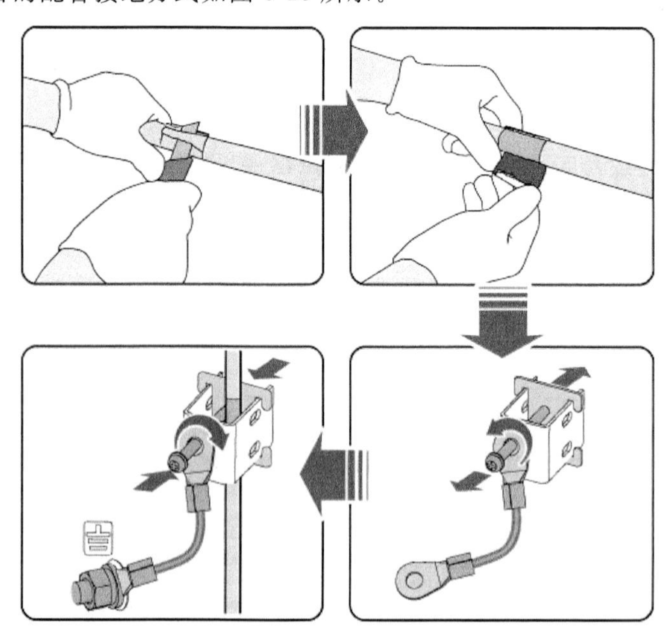

图 5-13 安装接地夹

• 当 eRRU 电源线为 1 根或 2 根时，电源线和 FE/GE 网线安装在同一个接地夹上，固定在同一侧。

- 当 eRRU 电源线为 3 根或 6 根时，电源线安装在同一个接地夹上，单侧 3 根；FE/GE 网线固定在另一个接地夹上。
- 当 eRRU 电源线为 4 根时，电源线安装在同一个接地夹上，单侧 2 根；FE/GE 网线固定在另一个接地夹上。
- 当 eRRU 电源线为 5 根时，其中 4 根固定在同一个接地夹上，单侧 2 根；FE/GE 网线和另 1 根电源线固定在另一个接地夹上，固定在同一侧。

(2) 安装接地夹方法 2

IMB03、TP48200B 机柜场景下，eRRU 电源线的安装方法如下所示。

① 用工具刀将电源线外皮剥去 63 mm 左右，露出屏蔽层，如图 5-14 所示。

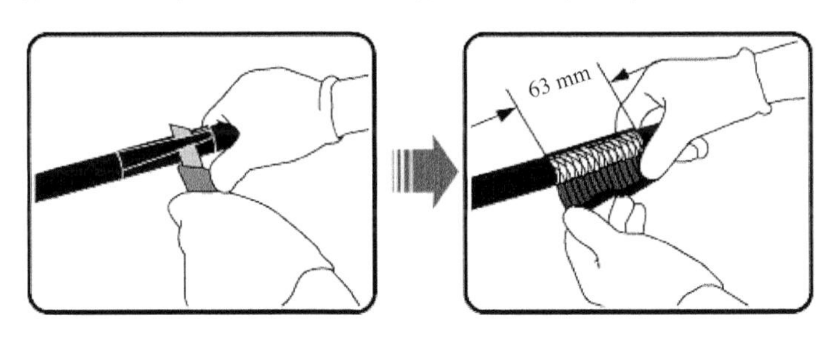

图 5-14　剥电源线外皮

② 将接地夹铜片紧裹在线缆屏蔽层上，用扎线带绑扎紧密，沿着扎线带头部平齐剪断，不留锋边，如图 5-15 所示。

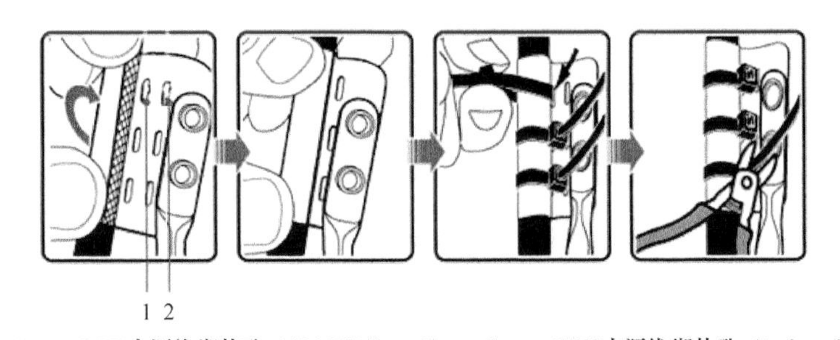

1——eRRU电源线绑扎孔（12AWG/4 mm²）　　2——eRRU电源线绑扎孔（≥6 mm²）

图 5-15　安装接地夹铜片并绑扎

③ 在接地夹处缠绕三层防水胶带和三层绝缘胶带，如图 5-16 所示。

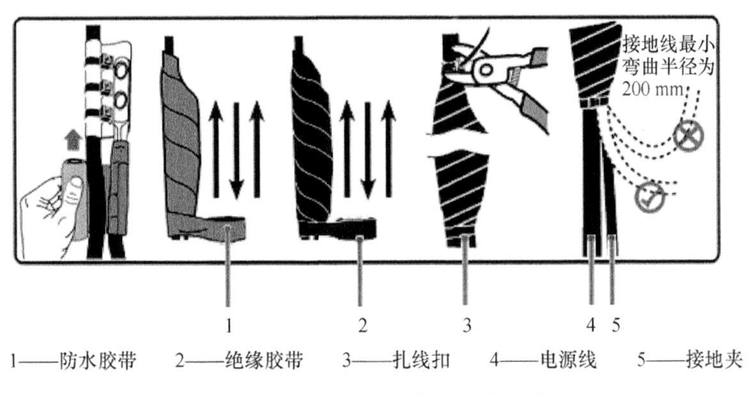

1——防水胶带　2——绝缘胶带　3——扎线扣　4——电源线　5——接地夹

图 5-16　缠绕防水胶带与绝缘胶带

注意：从扎线带头部 3～5 mm 处剪断线扣。

3. 装配冷压端子与电源电缆

介绍冷压端子与电源电缆的装配步骤。

说明：冷压端子与电源电缆组件的物料组成如图 5-17 所示。

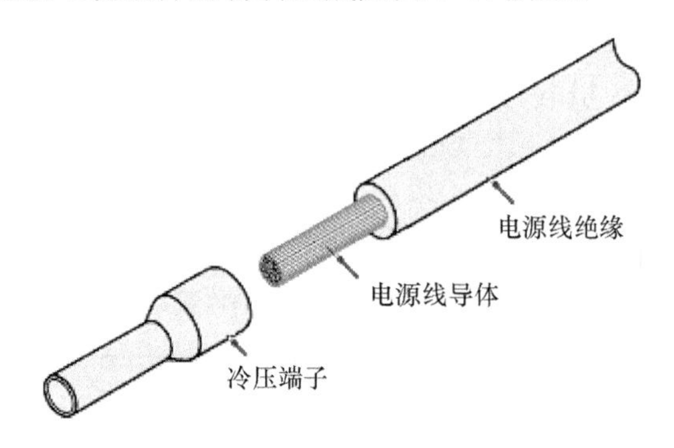

图 5-17　冷压端子和电源电缆组件的物料组成

操作步骤：

① BBU3900 电源线如图 5-18 所示，其安装方法如下：根据电源电缆导体截面积的不同，将电源电缆的绝缘剥去一段，露出长度为 L_1 的电源电缆导体，L_1 的推荐长度如表 5-4 所示。

注意：剥电源电缆绝缘时，注意不要划伤电源电缆的金属导体。

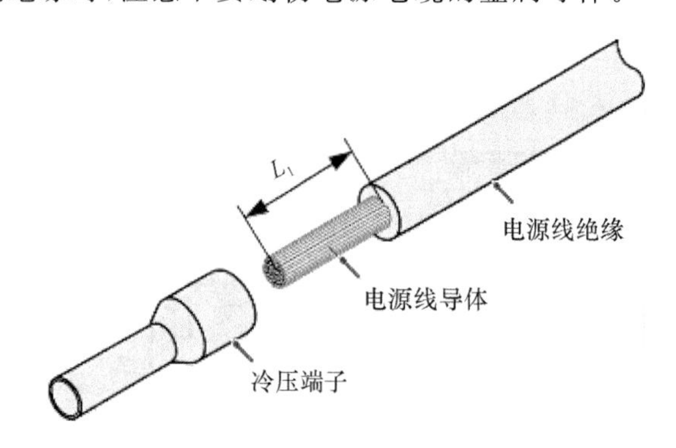

图 5-18　剥电源电缆(冷压端子)

表 5-4　电源电缆导体截面积与绝缘剥去长度 L_1 的对照表

电源电缆导体截面积/mm^2	电源电缆绝缘剥去长度 L_1/mm	电源电缆导体截面积/mm^2	电源电缆绝缘剥去长度 L_1/mm
1	8	10	15
1.5	10	16	15
2.5	10	25	18
4	12	35	19
6	14	50	26

② 将冷压端子套入电源电缆剥出的导体中，并使电源电缆的导体与冷压端子的端面平齐，如图 5-19 所示。

注意：冷压端子套接完成后，电源电缆的导体露出冷压端子的长度不得大于 1 mm。

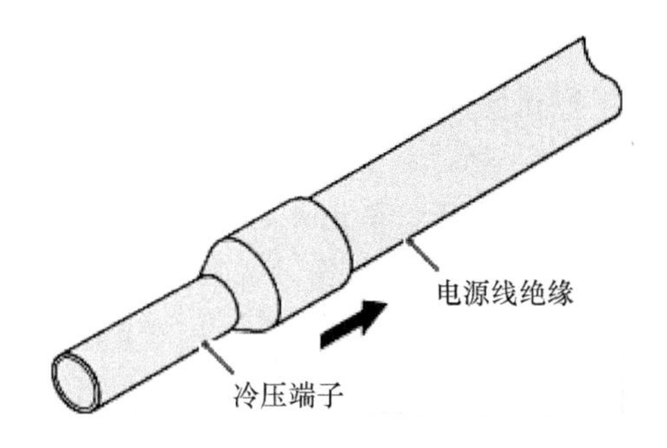

图 5-19　套冷压端子

③ 使用压接工具，选择合适的截面积，将冷压端子头部与电源电缆导体接触部分进行压接，如图 5-20 所示。

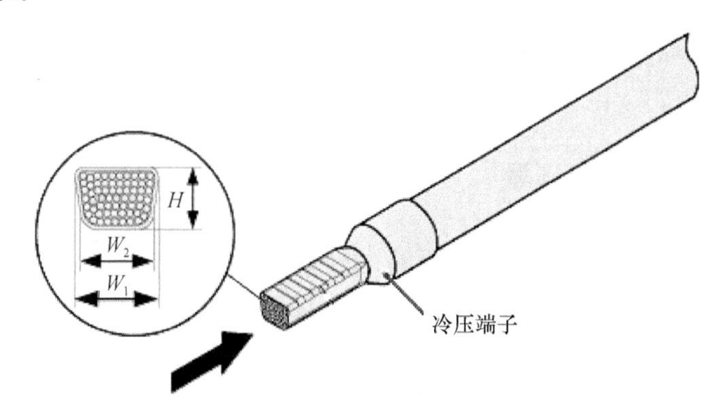

图 5-20　冷压端子与电源电缆压接

④ 端子压接后，应对压接后的最大宽度进行检验。管状端子压接后的宽度应小于表 5-5 所规定的宽度。

表 5-5　管状端子压接宽度规范

管状端子面积/mm^2	端子的最大压接宽度/mm
0.25	1
0.5	1
1.0	1.5
1.5	1.5
2.5	2.4
4	3.1
6	4
10	5.3
16	6
25	8.7
35	10

4. 线缆的折弯半径要求

布放线缆时,线缆的折弯半径需要满足规定的布放要求,以防信号间干扰。

线缆的折弯半径的具体要求如下所示。

- 馈线弯曲半径要求:7/8"馈线大于 250 mm,5/4"馈线大于 380 mm。
- 跳线弯曲半径要求:1/4"跳线大于 35 mm,1/2"跳线(超柔)大于 50 mm,1/2"跳线(普通)大于 127 mm。
- 电源线、保护地线弯曲半径要求:不小于线缆直径的 5 倍。
- 光纤弯曲半径要求:不小于光纤直径的 20 倍。
- 信号线弯曲半径要求:不小于线缆直径的 5 倍。

5.2 安装场景

5.2.1 DBS3900 典型安装场景

DBS3900 由 BBU3900/BBU3910 和 RRU 组成。对于需要采用分散安装的场景,可将 RRU 靠近天线安装以减少馈线损耗,提高基站的性能。

DBS3900 典型安装场景如表 5-6 所示。

表 5-6 DBS3900 典型安装场景

站点环境		安装场景
室外	输入电源为 110 V AC 或 220 V AC	BBU 安装在 APM30H (Ver. B)/APM30H (Ver. C)/APM30H (Ver. D)中,RRU 拉远安装,APM30H (Ver. B)/APM30H (Ver. C)/APM30H (Ver. D)为 BBU 和远端 RRU 供电,如图 2-3 中"场景 1"所示
	输入电源为−48 V DC	BBU 安装在 TMC11H (Ver. B)/TMC11H (Ver. C)/TMC11H (Ver. D)中,RRU 拉远安装,TMC11H (Ver. B)/TMC11H (Ver. C)/TMC11H (Ver. D)为 BBU 和远端 RRU 供电,如图 2-3 中"场景 1"所示
室内	输入电源为−48 V DC	BBU 安装在 IMB03(Indoor Mini Box)中,RRU 集中安装在 IFS06(Indoor Floor installation Support)上,如图 2-3 中"场景 2"所示
		BBU 安装在墙面上,RRU 室外拉远安装,如图 2-3 中"场景 3"所示

DBS3900 典型安装场景逻辑图如图 5-21 所示。

5.2.2 RRU 安装场景

介绍 eRRU3232 的主要安装场景——抱杆安装以及挂墙安装。

1. 抱杆安装

在抱杆安装场景下,安装要求如下所示。

① 抱杆安装 eRRU3232 支持的抱杆直径范围为 60~114 mm,推荐值为 80 mm,抱杆直径

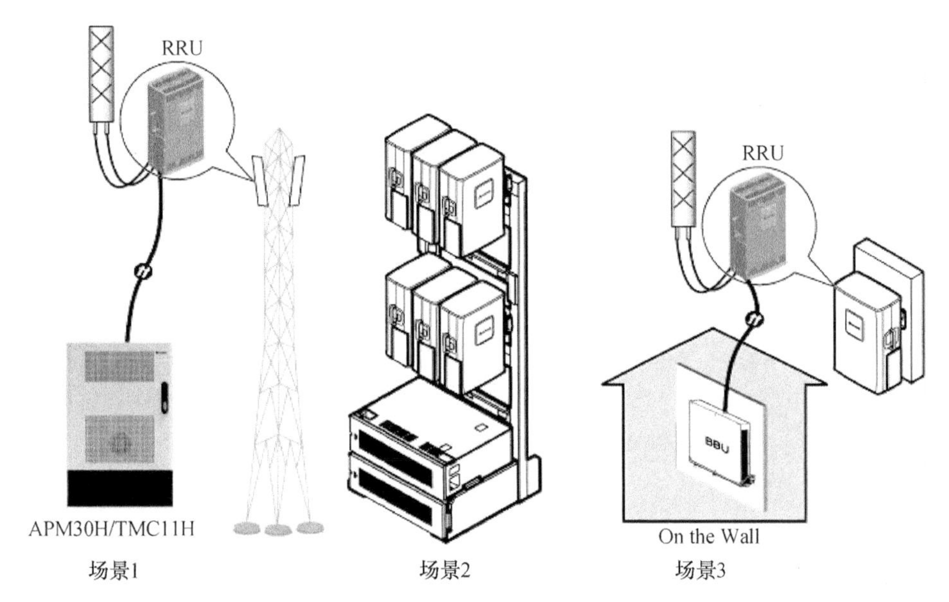

图 5-21　DBS3900 典型安装场景

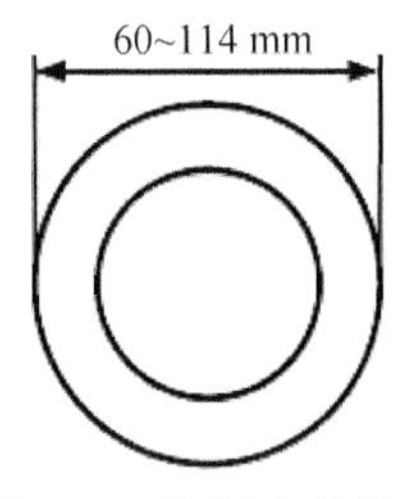

图 5-22　抱杆直径规格

规格如图 5-22 所示。

② 同一抱杆，安装单个或 2 个 eRRU3232 时，可以安装在直径为 60～76 mm 的抱杆上；安装 2 个以上 eRRU3232 时，必须安装在直径为 76～114 mm 的抱杆上。

抱杆安装 eRRU3232 如图 5-23、图 5-24 所示。

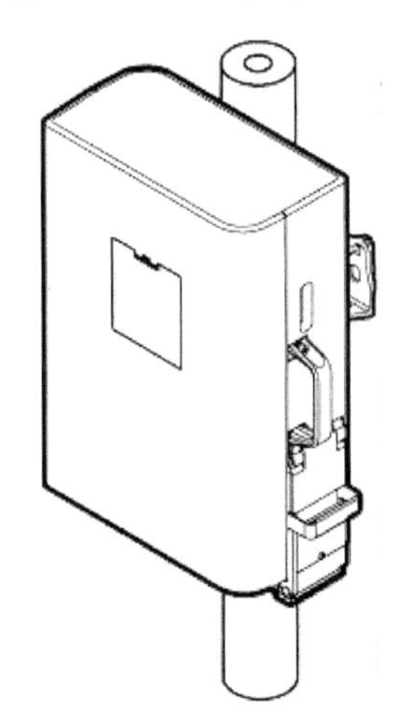

图 5-23　抱杆安装单 eRRU3232 示意图

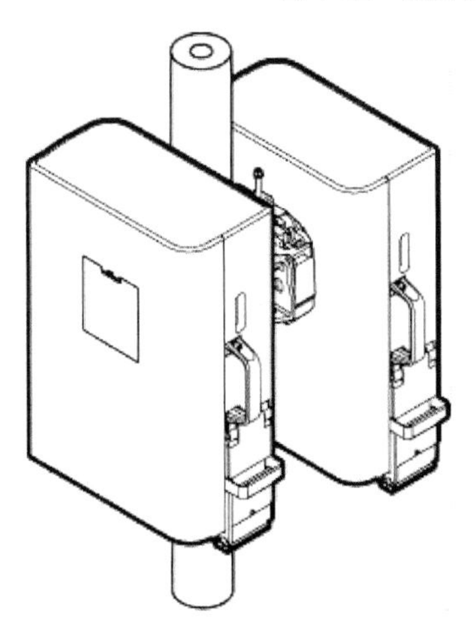

图 5-24　抱杆安装双 eRRU3232 示意图

2. 挂墙安装

在挂墙安装场景下，安装 eRRU3232 如图 5-25 所示。

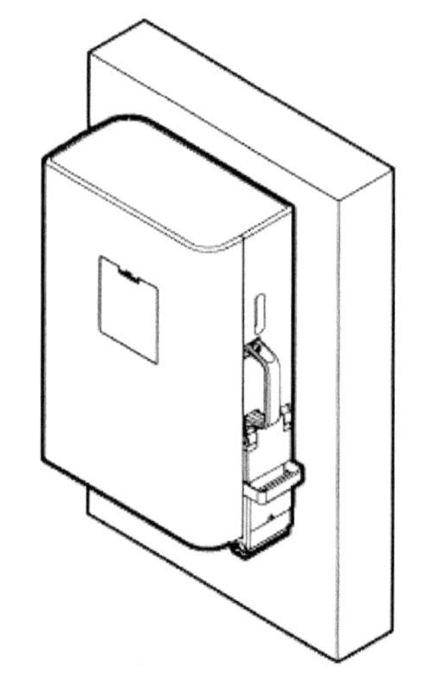

图 5-25 挂墙安装 eRRU3232 示意图

5.3 BBU 硬件安装

5.3.1 安装流程

BBU 硬件安装流程如图 5-26 所示。

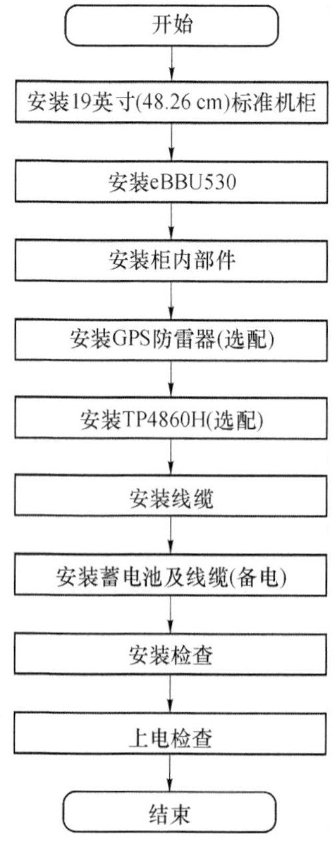

图 5-26 BBU 硬件安装流程

5.3.2 安装机柜

根据安装环境的不同，APM30H、TMC11H、IBBS200D/IBBS200T 机柜可在水泥地面上安装、抱杆上安装以及在电池柜上叠装。

1. 在水泥地面上安装机柜

APM30H、TMC11H、IBBS200D/IBBS200T 机柜在水泥地面上安装时，需先在水泥地面上安装底座，再将机柜安装到底座上，如果有需要，还可以在机柜上堆叠一个机柜。

（1）安装底座

APM30H、TMC11H、IBBS200D/IBBS200T 机柜在水泥地面上安装时，需先在水泥地面上安装底座，以下内容介绍了在水泥地面上安装底座的操作步骤和注意事项。

APM30H、TMC11H、IBBS200D/IBBS200T 机柜支持单机柜安装、多机柜肩并肩安装和在电池柜上堆叠安装。各类机柜遵循一定的配置原则进行组合摆放，配置原则以及摆放位置请参见配套机柜配置。

并柜安装时，两机柜间距最小为 40 mm，最大不超过 150 mm。有 NRM（降噪模块）安装需求的场景，柜间间距为 300 mm，机柜安装空间要求如图 5-27 所示。

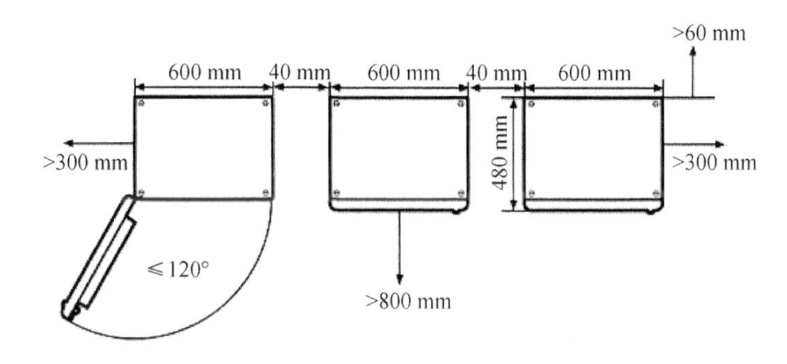

图 5-27　机柜安装空间要求（俯视图）

说明：图 5-26 中的 3 个机柜可以是 APM30H、TMC11H 和 IBBS200D/IBBS200T 中的任意一个机柜。

操作步骤：

① 定位底座。

② 根据施工平面设计图和机柜安装空间要求，确定机柜的安装位置。

③ 在水泥基础上标注出定位点，如图 5-28 中圆圈所示，确定底座的安装位置。

④ 划完所有孔位线后，用长卷尺对孔间尺寸再次进行测量，核对是否准确无误。

⑤ 在定位点处打孔并安装膨胀螺栓，如图 5-29 所示。

⑥ 选择钻头 Φ16，用冲击钻在定位点处打孔，打孔深度 52～60 mm。

注意：禁止用冲击钻直接从底座往下打孔，此操作会损伤底座的油漆涂层。为防止打孔时粉尘进入人体呼吸道或落入眼中，操作人员应采取相应的防护措施。

⑦ 使用吸尘器将所有孔位内部、外部的灰尘清除干净，再对孔距进行测量，对于误差较大的孔需重新定位、打孔。

⑧ 将膨胀螺栓略微拧紧，然后垂直放入孔中。

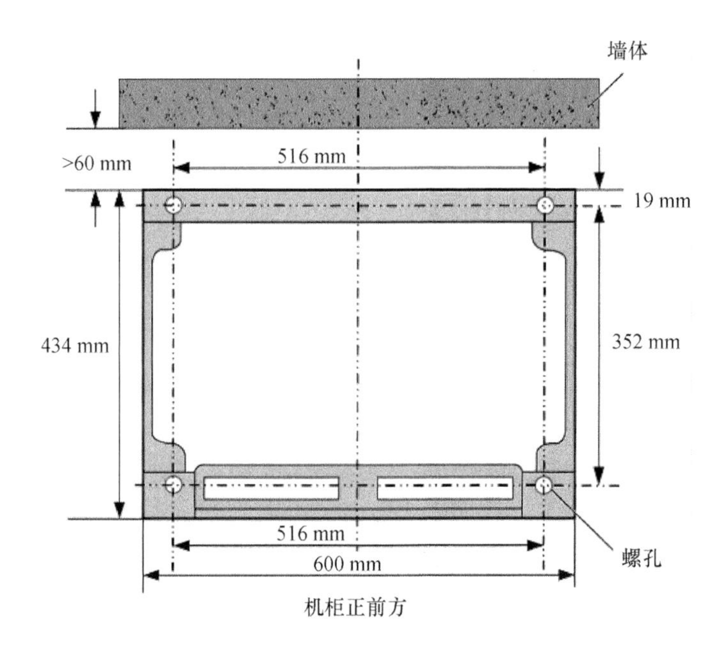

图 5-28　底座安装孔位图

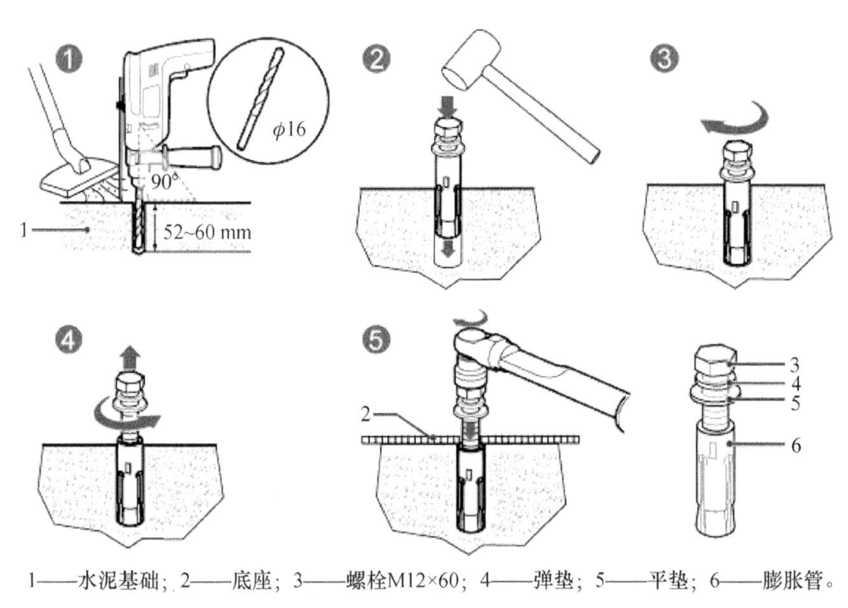

图 5-29　在水泥基础上打孔

⑨ 用橡胶锤敲击膨胀螺栓，直至膨胀管全部进入孔内，并拧紧螺栓。

⑩ 反方向拧出螺栓、弹垫和平垫。

注意：分解膨胀螺栓后，膨胀管的上端面必须保证与水泥地面相平，不凸出水泥地面，否则会使机柜在地面上摆放不平。

⑪ 定位底座，拧入螺栓、弹垫和平垫，如图 5-30 所示。

⑫ 用水平尺检测底座是否处于水平状态，若不水平，使用调平垫片进行调节，如图 5-31 所示。

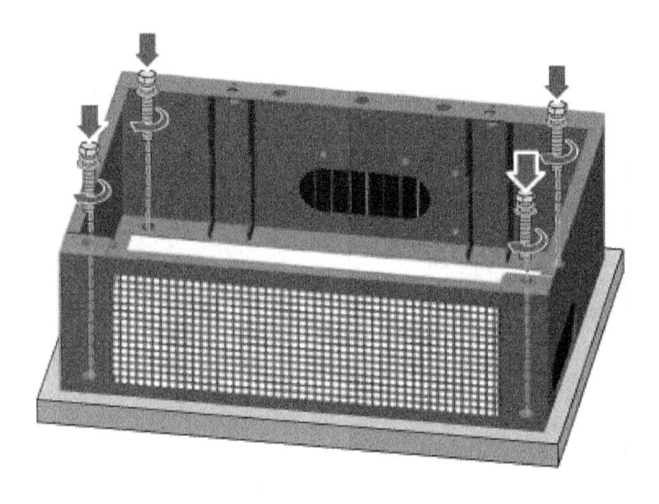

图 5-30　定位底座

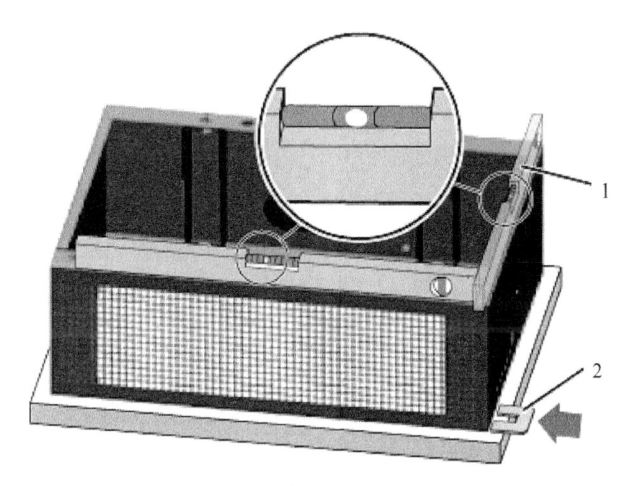

1——水平尺；2——调平垫片。

图 5-31　调节底座水平度

⑬ 使用力矩扳手拧紧螺栓，建议力矩为 45 N·m，如图 5-32 所示。

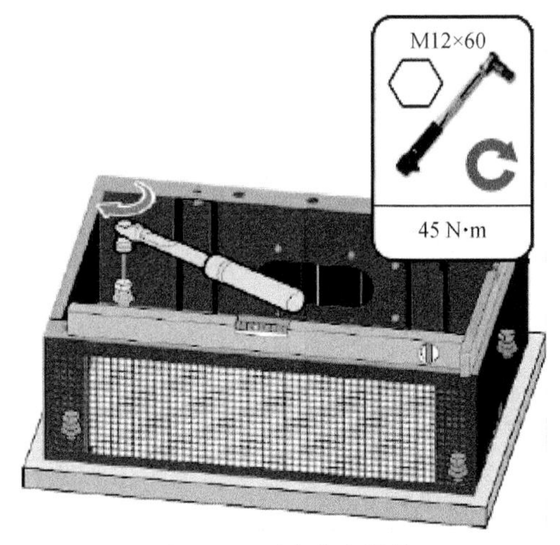

图 5-32　固定底座螺栓

⑭ 使用十字螺丝刀拧松底座前盖板上的 3 颗 M4 螺钉，拆除前盖板，如图 5-33 所示。

说明：请勿丢弃前盖板，后续仍需使用。

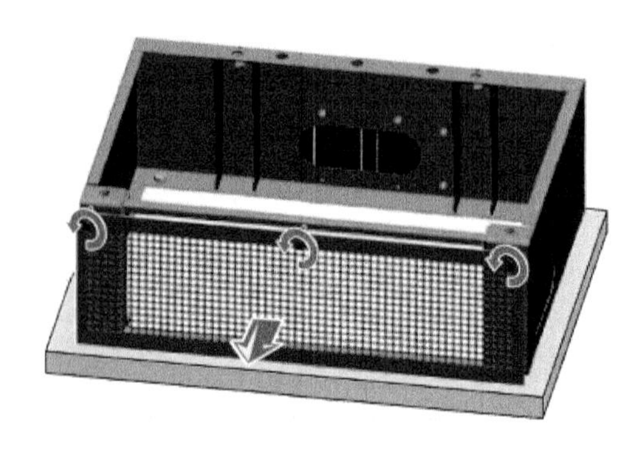

图 5-33　拆除底座前盖板

⑮ 移开底座两侧的挡板（以左侧为例），如图 5-34 所示。

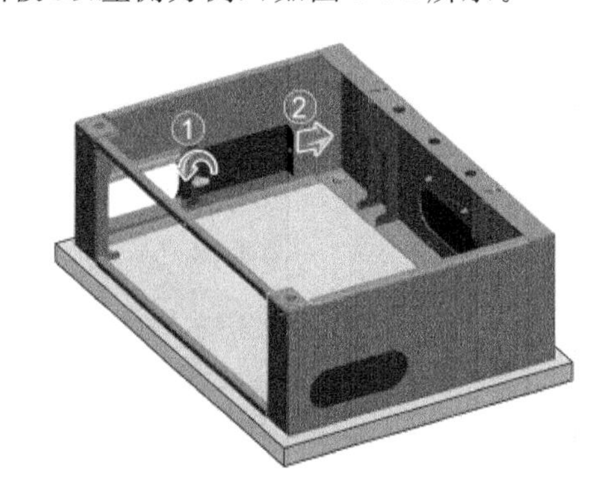

图 5-34　移开挡板

⑯ 拆除底座后部的挡板，如图 5-35 所示。

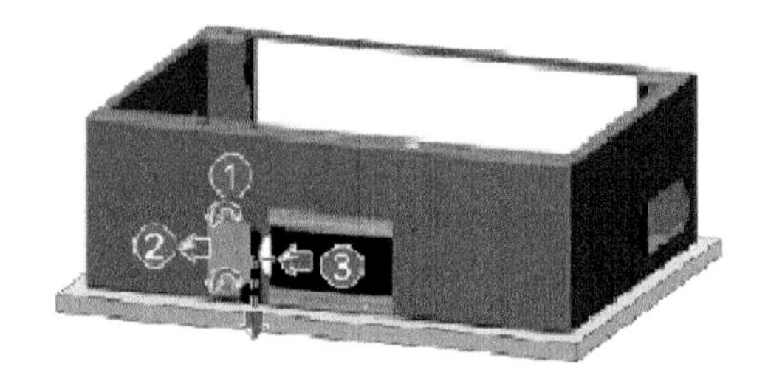

图 5-35　拆除后部挡板

(2) 在底座上安装机柜

在水泥地面上完成安装底座后，再将机柜安装到底座上，以下内容介绍了机柜在底座上安装的操作步骤和注意事项。

操作步骤：

① 将机柜搬运至底座上，使机柜和底座的螺栓孔位完全对应，如图 5-36 所示。

② 用 4 个 M12×35 螺栓将机柜固定在底座上，使用力矩扳手拧紧固定，紧固力矩为 45 N·m，如图 5-37 所示。

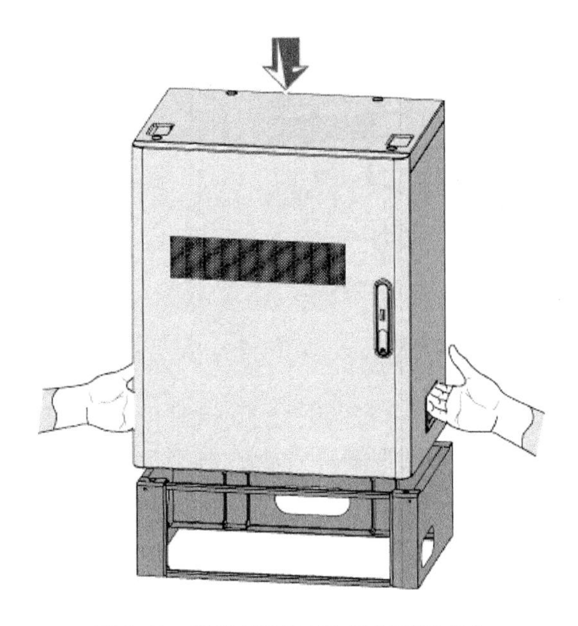

图 5-36　搬运 IBBS200D 机柜至底座上

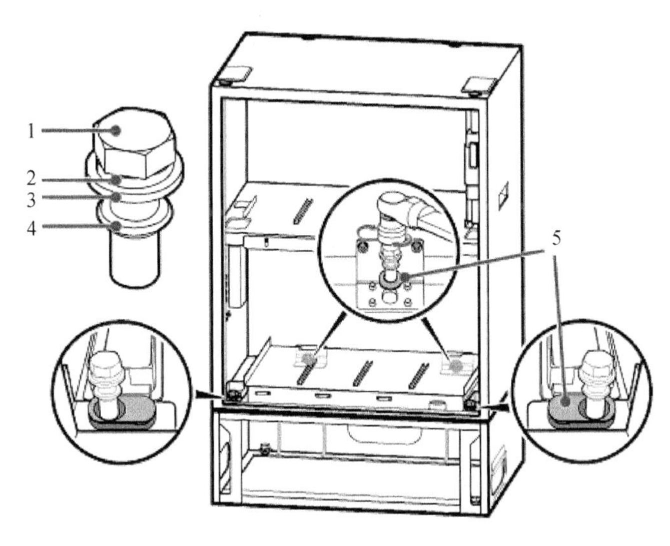

1——螺栓M12×35；2——弹垫；3——平垫；4——防水胶垫；5——腰型垫片。

图 5-37　在底座上固定 IBBS200D 机柜

2. 在抱杆上安装机柜

APM30H、TMC11H 机柜可以安装在抱杆上，以下内容介绍机柜在抱杆上安装的操作步骤和注意事项。

说明：机柜挂高不超过 10 m；抱杆直径范围为 60～114 mm。

注意：在 APM30H 机柜的安装过程中，紧固机柜底部螺栓前，需先从机柜底部依次拆除 3 个假模块，在完成固定后，再依次将假模块复位。

操作步骤：

① 在抱杆上合适的高度，用 4 颗 M12×180 的螺栓紧固梯形安装件，如图 5-38 所示。

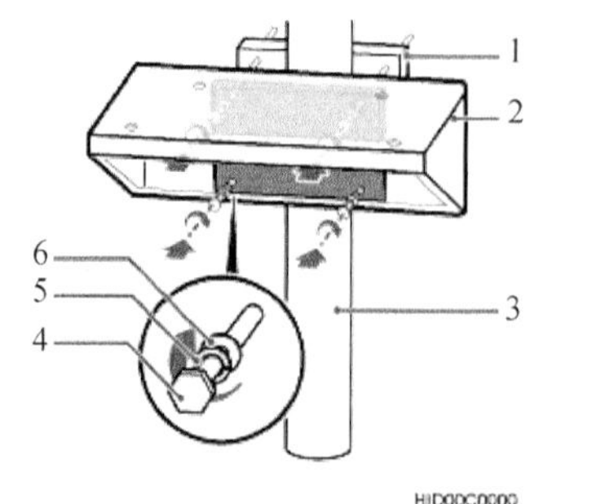

1——转接件；2——梯形安装件；3——抱杆；4——螺栓；5——弹垫；6——平垫。

图 5-38 安装梯形安装件

② 拆卸机柜顶部靠近机柜背面的两颗塑料螺钉，如图 5-39 所示。

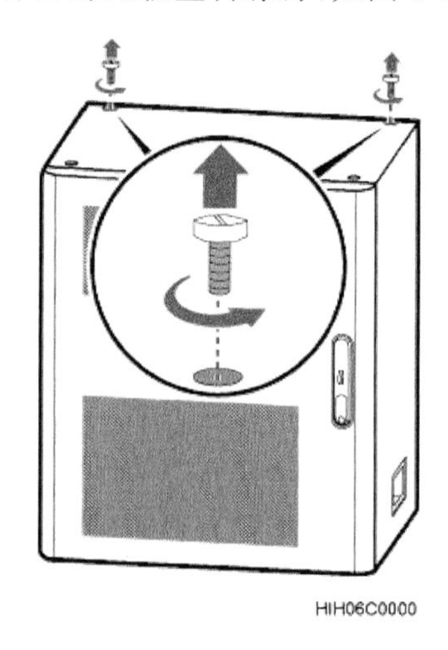

图 5-39 拆卸塑料螺钉

在机柜顶部安装紧固条，并用套筒扳手紧固两颗 M12×35 的螺栓，如图 5-40 所示。

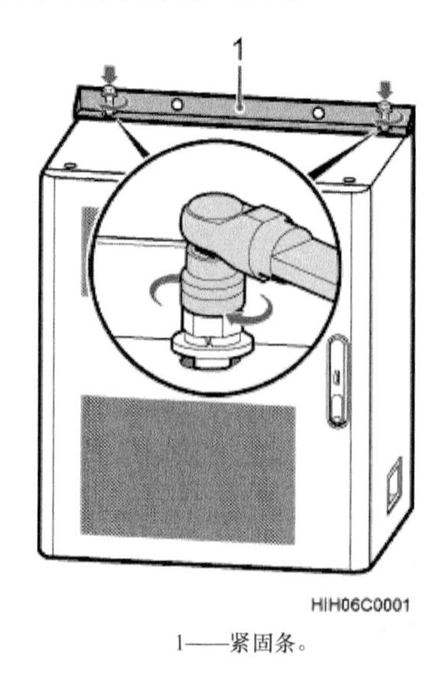

1——紧固条。

图 5-40 安装紧固条

③ 将机柜移动到梯形安装件上面，用 4 颗 M12×35 的螺栓紧固机柜和梯形安装件，并使用套筒扳手拧紧，如图 5-41、图 5-42 所示。

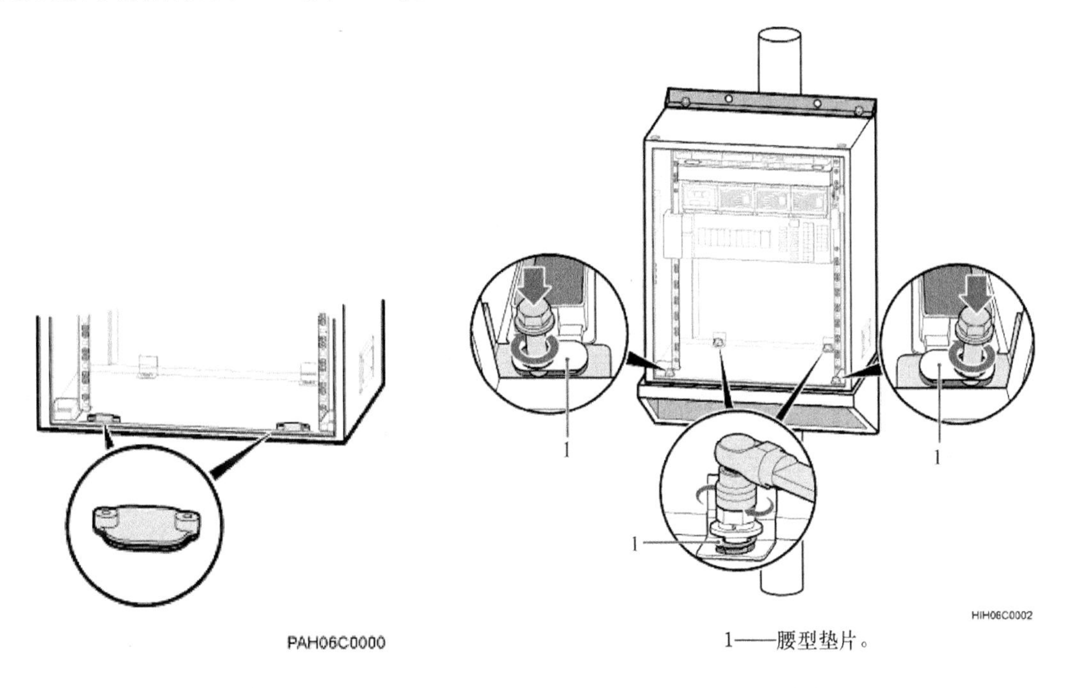

1——腰型垫片。

图 5-41　圆孔盖板位置　　　　图 5-42　安装机柜

④ 将 U 型安装件穿过机柜顶部紧固条上孔位，如图 5-43 所示。

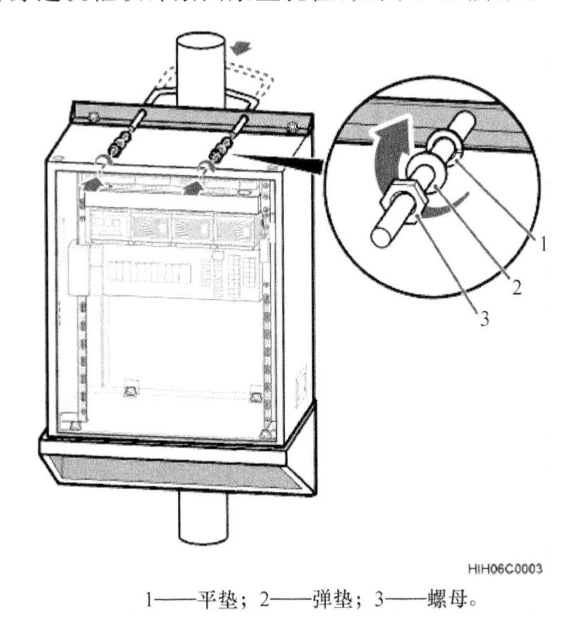

1——平垫；2——弹垫；3——螺母。

图 5-43　安装 U 型安装件

3. 在墙面上安装机柜

APM30H、TMC11H 机柜可以安装在墙面上，以下内容介绍机柜在墙面上安装的操作步骤和注意事项。

说明:机柜挂高不超过 10 m。

注意:在 APM30H 机柜的安装过程中,紧固机柜底部螺栓前,需先从机柜底部依次拆除 3 个假模块,在完成固定后,再依次将假模块复位。

操作步骤:

① 将画线模板紧贴在墙面上,根据画线模板上的标识标记 6 个安装孔位,如图 5-44 所示。

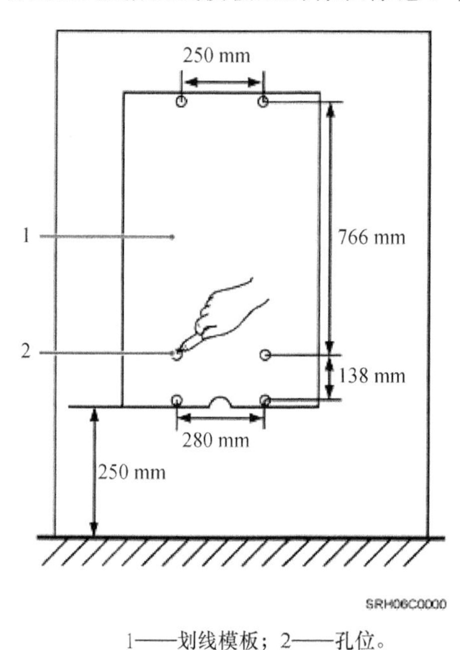

1——划线模板;2——孔位。

图 5-44 标记安装孔位

② 在定位点处打孔并安装膨胀螺栓,如图 5-45 所示。

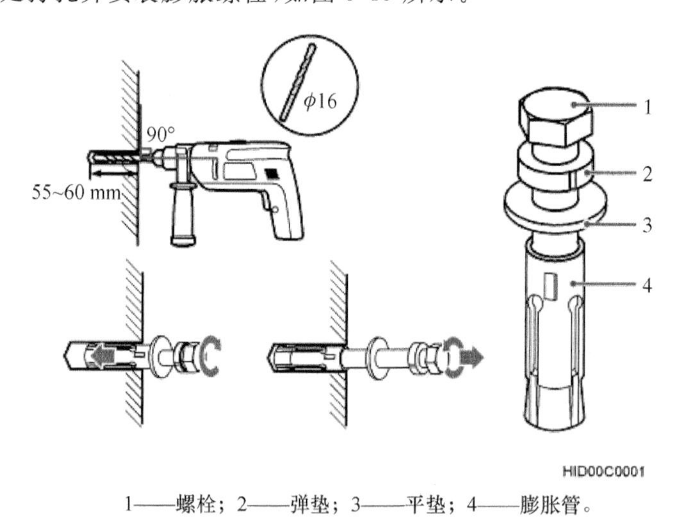

1——螺栓;2——弹垫;3——平垫;4——膨胀管。

图 5-45 安装膨胀螺栓

③ 将梯形安装件对准位于墙面下方的 4 个孔位,使用 4 颗 M12×60 的螺栓紧固梯形安装件,如图 5-46 所示。

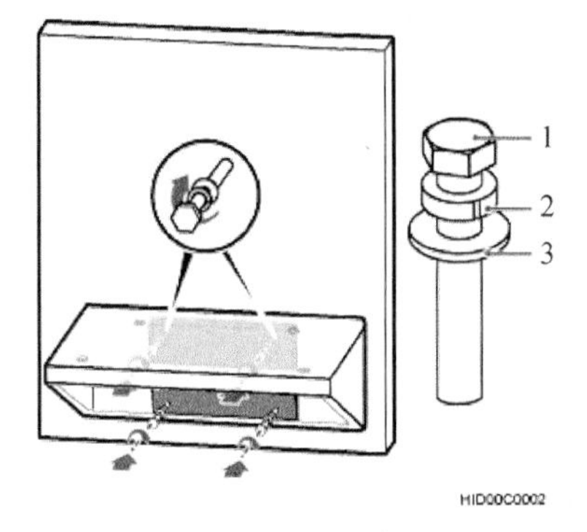

1——螺栓M12×60；2——弹垫；3——平垫。

图 5-46　安装梯形安装件

④ 拆除机柜顶部靠近机柜背面的两颗塑料螺钉，如图 5-47 所示。

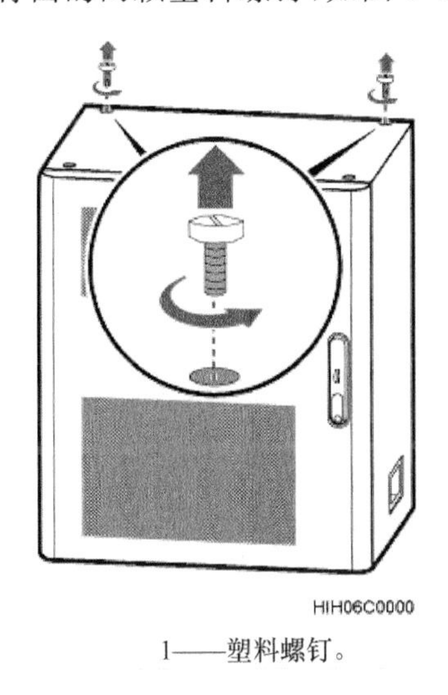

1——塑料螺钉。

图 5-47　拆卸塑料螺钉

⑤ 在机柜顶部安装紧固条，并用套筒扳手紧固两颗螺栓，如图 5-48 所示。

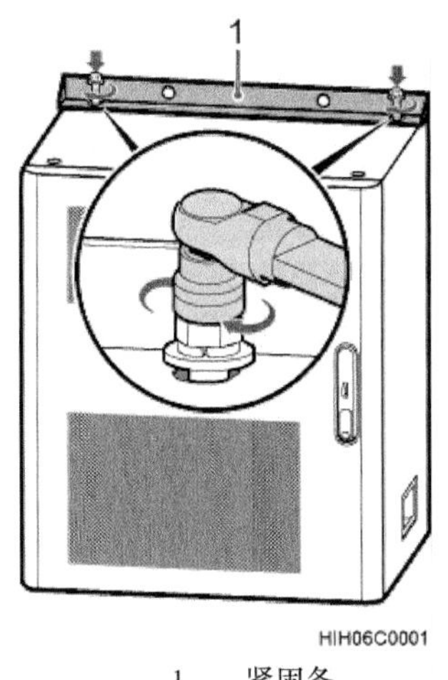

1——紧固条。

图 5-48　安装紧固条

⑥ 将机柜移动到梯形安装件上面，用 4 颗 M12×35 的螺栓紧固机柜和梯形安装件，并使用套筒拧紧，如图 5-49、图 5-50 所示。

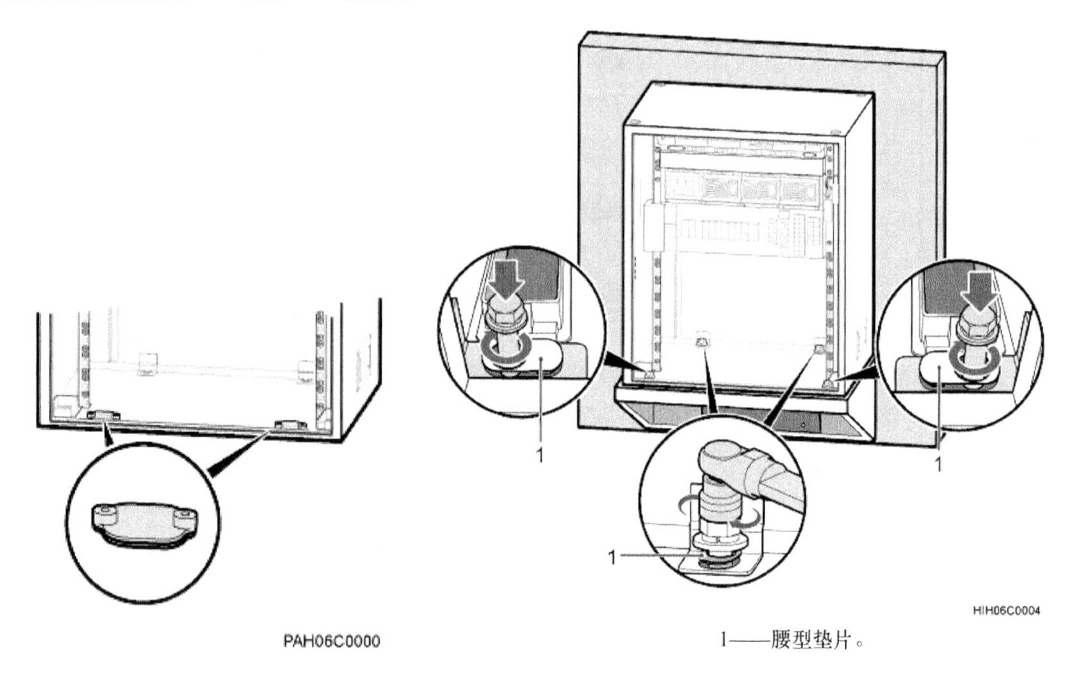

图 5-49　圆孔盖板位置　　　　图 5-50　安装机柜

⑦ 使用两颗螺栓，将紧固条固定在墙面上，如图 5-51 所示。

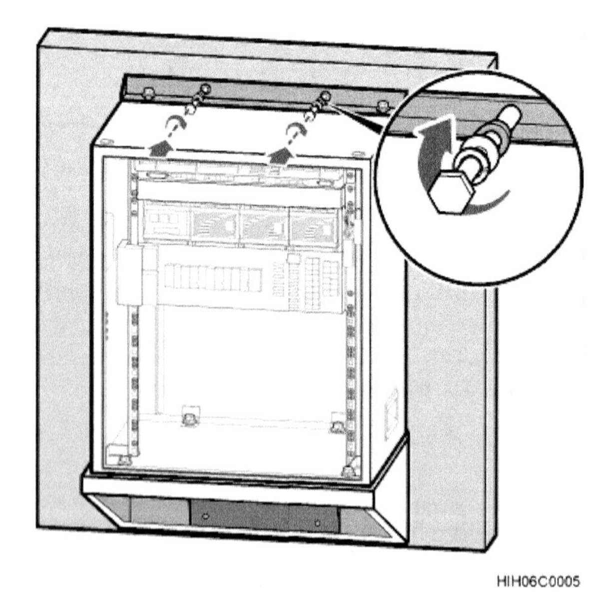

图 5-51　固定紧固条

5.3.3　安装 BBU3900 模块

介绍 BBU3900 模块安装在 19 英寸(48.26 cm)标准机柜中的方法和步骤。

1. 安装机框

介绍 BBU3900 安装在 19 英寸标准机柜中的步骤。

操作步骤：

① 安装两侧 BBU3900 走线爪。将走线爪与 BBU3900 盒体上孔位对齐，用 4 颗 M4 螺钉紧固，紧固力矩为 1.2 N・m，如图 5-52 所示。

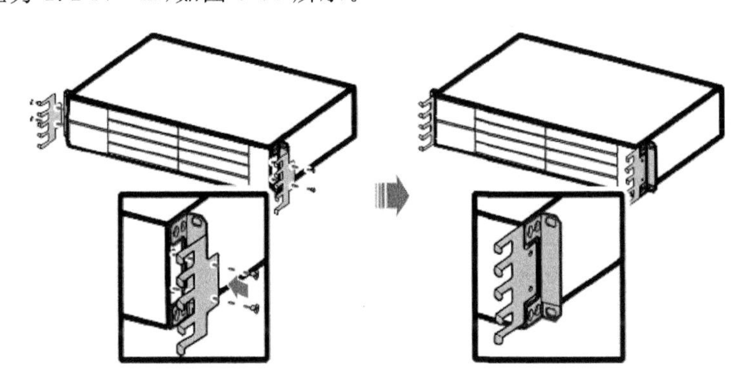

图 5-52　安装 BBU3900 走线爪

② 佩戴防静电手套，缓慢均匀将 BBU3900 沿着滑道推入机柜中。

③ 拧紧 4 颗 M6×16 面板螺钉，紧固力矩为 3 N・m，如图 5-53 所示。

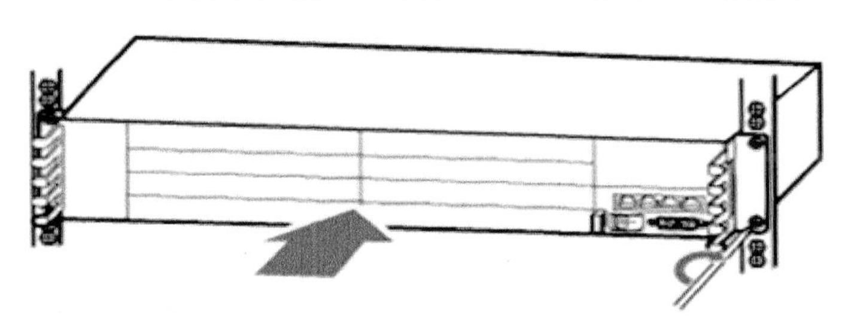

图 5-53　安装 BBU3900

2. 安装单板

介绍 BBU3900 单板安装在 BBU3900 机框的过程。CNPU 单板软件相关操作请参见 eS-CN231 配套产品资料。

说明：

① 安装单板前需要佩戴防静电手套，以避免单板、电子部件遭静电损坏；

② BBU3900 槽位如图 5-54 所示。

<table>
<tr><td rowspan="4">风扇
(槽位16)</td><td>槽位0</td><td>槽位4</td><td rowspan="2">电源0
(槽位18)</td></tr>
<tr><td>槽位1</td><td>槽位5</td></tr>
<tr><td>槽位2</td><td>槽位6</td><td rowspan="2">电源1
(槽位19)</td></tr>
<tr><td>槽位3</td><td>槽位7</td></tr>
</table>

图 5-54　BBU3900 槽位

③ BBU3900 单板配置原则如表 5-7 所示。

表 5-7 BBU3900 单板配置原则

单板名称	选配/必配	配置数量	安装槽位
LMPT	必配	1	Slot7
CNPU	选配	1	Slot6
LBBP	必配	1～6	Slot0～Slot5
FANc	必配	1	Slot16
UPEUc	必配	1	Slot19
UEIU	选配	0	Slot18
UFLPb	选配	0～2	Slot0～Slot7

操作步骤：

① 将单板模块缓缓推入要安装的槽位，卡紧后，用十字螺丝刀拧紧面板上的 2 颗 M3 螺钉(扭力矩：0.6 N·m)。

说明：LMPT、CNPU、LBBP、FANc、UPEUc、UEIU、UFLPb 单板的安装步骤相同。

② 空闲槽位须安装假面板。将假面板与空闲槽位对齐并卡紧后，用 M3 十字螺丝刀拧紧假面板上的 2 颗 M3 螺钉(扭力矩：0.6 N·m)。

5.3.4 安装线缆

介绍 BBU3900 安装在 19 英寸标准机柜场景下，保护地线、电源线、FE/GE 防雷转接线、传输线和 CPRI 光纤的安装步骤和注意事项。

1. 安装保护地线

现场需要安装的保护地线有：19 英寸标准机柜保护地线、BBU3900 保护地线和电源设备保护地线。

说明：BBU3900 保护地线用于保证 BBU3900 的良好接地。OMB501(AC)、OMB501(DC)、TP48200B 无须安装 BBU3900 保护地线。

BBU3900 保护地线规格如表 5-8 所示。

表 5-8 BBU3900 保护地线规格

线缆名称	一端	另一端	备 注
BBU3900 保护地线	OT 端子(6 mm^2，M4)	OT 端子(6 mm^2，M8)	黄绿色线缆

操作步骤：

① 制作 BBU3900 保护地线。

根据实际走线路径，截取长度适宜的电缆；给线缆两端安装 OT 端子，参见装配 OT 端子与电源电缆。

② 安装 BBU3900 保护地线。

BBU3900 保护地线 OT 端子为 M4 的一端连接到 BBU3900 上接地端子，另一端 M8 的 OT 端子连接到外部接地排(如果 19 英寸标准机柜有接地地排或接地螺钉，则另一端 M8 的 OT 端子连接到接地地排或接地螺钉上)，如图 5-55 所示。

说明：安装保护地线时，应注意压接 OT 端子的安装方向，如图 5-56 所示。

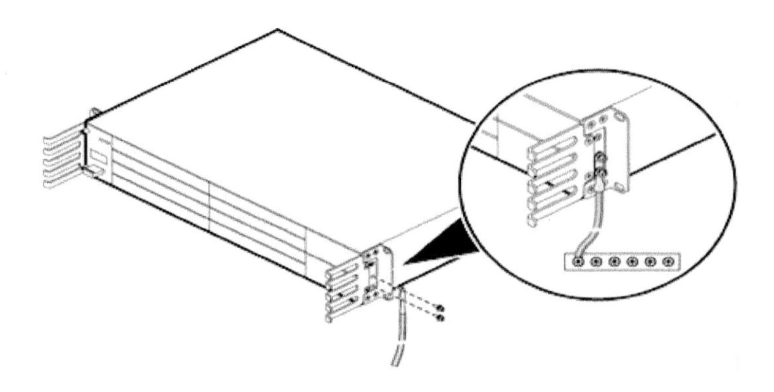

图 5-55　安装 BBU3900 保护地线

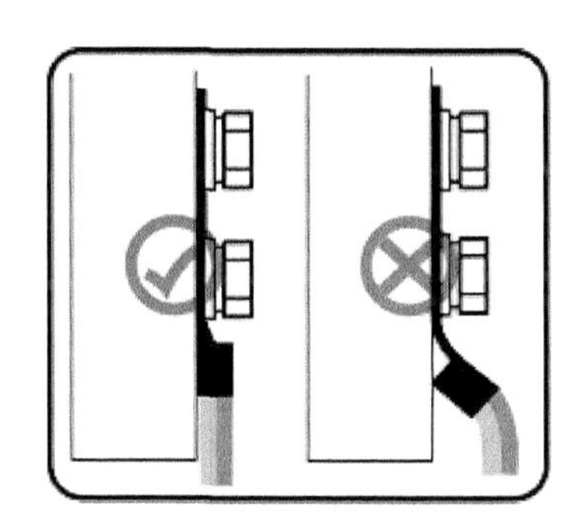

图 5-56　正确安装 OT 端子

2. 安装电源线

介绍 19 英寸标准机柜场景下，机柜电源线、BBU3900 电源线以及 eRRU 电源线的安装方法。

BBU3900 电源线用于连接电源设备和 BBU3900，以便从电源设备中取电。

(1) 19 英寸标准机柜场景

19 英寸标准机柜场景下，BBU3900 电源线的安装方法如下所示。

① 安装 BBU3900 电源线，如图 5-57 所示。

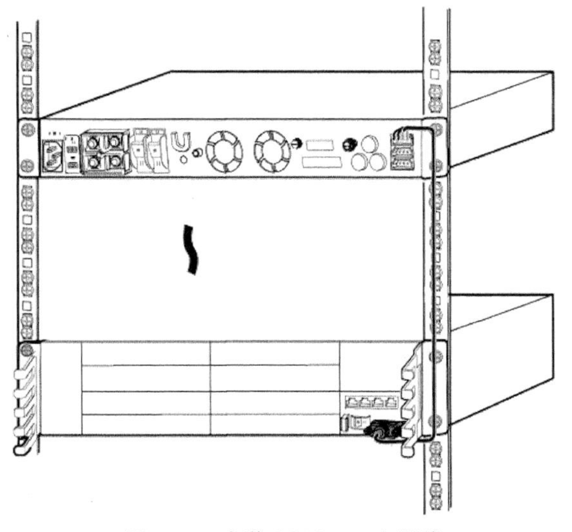

图 5-57　安装 BBU3900 电源线

BBU3900 电源线一端 3V3 连接器连接到 BBU3900 上 UPEUc 单板的"−48 V"接口，并拧紧连接器上螺钉，紧固力矩为 0.25 N·m。BBU3900 电源线另一端连接到 EPS 插框上"LOAD1"接口。若机柜采用非 EPS 供电设备，电源设备侧连接接口请参见配套产品资料。

② 用扎带捆扎固定线缆，并粘贴标签，具体操作要求可参考工程建设规范。

(2) OMB501(AC)机柜场景

OMB501(AC)机柜场景下，BBU3900 电源线如图 5-58 所示。

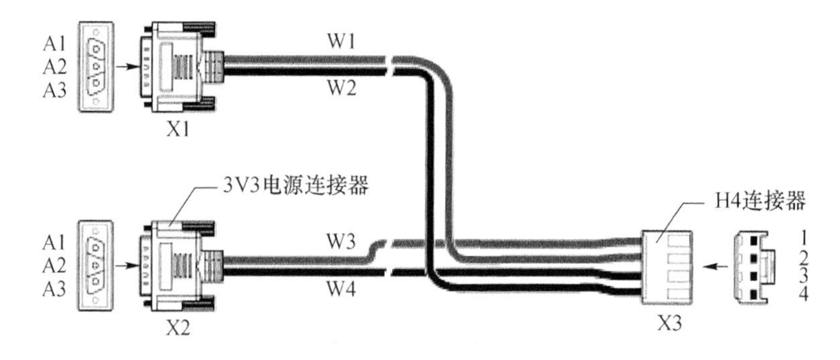

图 5-58　BBU3900 电源线

BBU3900 电源线安装方法如下所示。

① 安装 BBU3900 电源线，如图 5-59 所示。

- BBU3900 电源线的 3V3 连接器 X2 连接到 BBU3900 上 UPEUc 单板的"−48 V"接口，并拧紧连接器上的螺钉，紧固力矩为 0.25 N·m。
- BBU3900 电源线的 3V3 连接器 X1 连接到 HEUA 单板的"DC INPUT"接口。
- BBU3900 电源线另一端 H4 连接器连接 4815AF 的直流输出"LOAD1"接口上。

② 用扎带捆扎固定线缆，并粘贴标签，具体操作要求可参考工程建设规范。

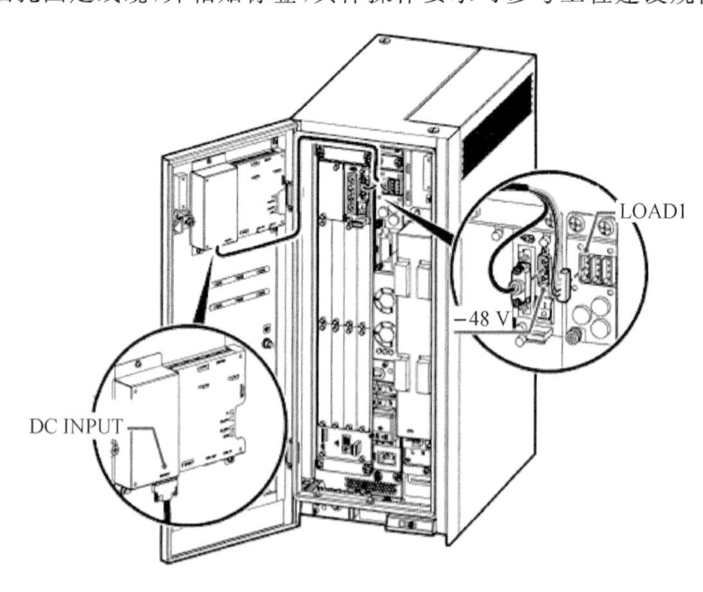

图 5-59　安装 OMB501(AC) BBU3900 电源线

(3) OMB501(DC)机柜场景

OMB501(DC)机柜场景下，BBU3900 电源线的安装方法如下所示。

① 安装 BBU3900 电源线，如图 5-60 所示。

- BBU3900 电源线一端 3V3 连接器连接到 BBU3900 上 UPEUc 单板的“－48 V”接口，并拧紧连接器上螺钉，紧固力矩为 0.25 N·m。
- BBU3900 另一端蓝色、黑色 OT 端子分别连接到 DCDU-03B 上“LOAD6”的“NEG(－)”和“RTN(＋)”接线端子。

说明：当 BBU3900 上安装了两块 UPEUc 电源板时，每块电源板需连接一根 BBU3900 电源线。两根 BBU3900 电源线的一端 3V3 连接器分别连接到 BBU3900 上 UPEUc 单板的“－48 V”接口，另一端快速安装型母端(压接型)连接器分别连接到 EPS 插框上“LOAD6”和“LOAD8”接口。

② 用扎带捆扎固定线缆，并粘贴标签，具体操作要求可参考工程建设规范。

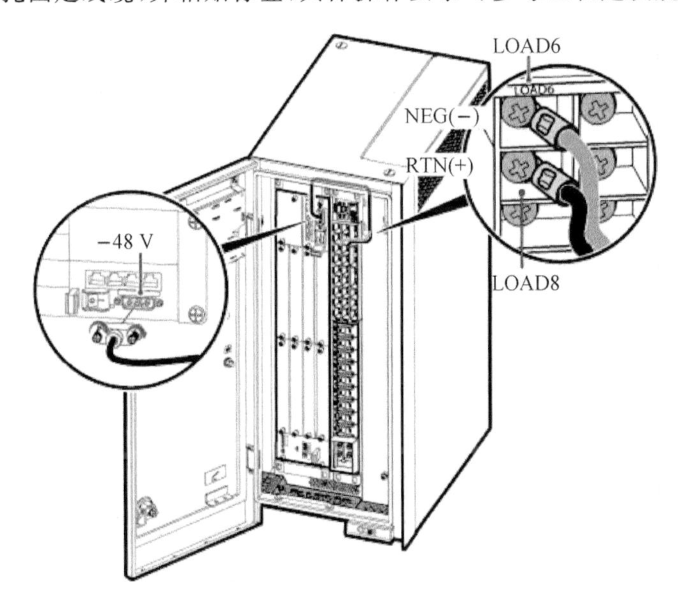

图 5-60 安装 OMB501(DC) BBU3900 电源线

(4) TP48200B 机柜场景

TP48200B 机柜场景下，BBU3900 电源线的安装方法如下所示。

① 安装 BBU3900 电源线。

- BBU3900 电源线一端 3V3 连接器连接到 BBU3900UPEUc 单板的“－48 V”接口，并拧紧连接器上的螺钉，紧固力矩为 0.25 N·m。
- BBU3900 电源线另一端蓝色、黑色线缆分别连接到 TP48200B 机柜的“－48 V”接口和“RTN(＋)”接口。

② 用扎带捆扎固定线缆，并粘贴标签，具体操作要求可参考工程建设规范。

(5) 安装 eRRU 电源线

介绍 19 英寸标准机柜场景下，eRRU 电源线的安装方法。eRRU 电源线用于连接电源设备和 eRRU，以便从电源设备中取电。

操作步骤：

① 安装 eRRU 电源线。

eRRU 电源线的电源设备连接器连接到电源设备对应的接口。

配套机柜 eRRU 电源线电源设备侧的连接方法如表 5-9 所示。其他 19 英寸标准机柜 eRRU 电源线连接到电源设备的方法,请参见机柜配套资料。

表 5-9 配套机柜 eRRU 电源线电源设备侧的连接方法

机柜类型	连接方法	说 明
APM30H	eRRU 电源线一端快速安装型母端(压接型)连接器连接到 EPS 上"RRU0"接口。快速安装型母端(压接型)连接器蓝色线缆对应 EPS 上左侧接口,黑色线缆对应 EPS 上右侧接口	EPS 最多可以给 6 个 eRRU 供电,eRRU 电源线可以连接 EPS 上"RRU0"~"RRU5"任意一个接口
OMB501(AC)	将蓝色线缆对应的 OT 端子连接至 4815AF 上"OUTPUT"的"RRU－"接口,黑色线缆对应的 OT 端子连接至 4815AF 上"OUTPUT"的"RTN(＋)"接口	—
OMB501(DC)	eRRU 电源线一端蓝色、黑/棕色 OT 端子分别连接到 DCDU-03B 上"Load0"接线端子的"NEG(－)"和"RTN(＋)"接口	－48 V 输入,支持 3 个直流 eRRU, eRRU 电源线可以连接到 DCDU－03B 上"Load0"~"Load5"任意一个接线端子
IMB03	eRRU 电源线蓝色线缆对应的 OT 端子连接到 4815AF 上"OUTPUT"的"RRU－"接口,黑色线缆对应的 OT 端子连接至 4815AF 上"OUTPUT"的"RRU＋"接口	—
TP48200B	eRRU 电源线一端蓝色、黑色线缆分别连接到 TP48200B 机柜的"－48 V"接口和"RTN(＋)"接口	—

eRRU 电源线另一端快速安装型母端(压接型)连接器连接至 eRRU。连接器上蓝色、黑色\棕色线缆分别对应 eRRU 配线腔内"NEG(－)"和"RTN(＋)"接口。

② 安装接地夹。

配套机柜 eRRU 电源线接地夹的安装方法如表 5-10 所示。其他 19 英寸标准机柜 eRRU 电源线接地夹的安装方法,请参见机柜配套资料。

表 5-10 配套机柜 eRRU 电源线接地夹的安装方法

机柜类型	参见章节
APM30H	安装接地夹方法一
OMB501(AC)	
OMB501(DC)	
IMB03	安装接地夹方法二
TP48200B	

③ 用扎带捆扎固定线缆,并粘贴标签,具体操作要求可参考工程建设规范。

3. 安装传输线

现场需要安装的传输线包括 FE/GE 网线和 FE/GE 光纤。

(1) 19 英寸标准机柜场景

19 英寸标准机柜场景下,FE/GE 网线的安装方法如下所示。

① 安装 FE/GE 网线。

- 将 FE/GE 网线的 RJ45 连接器连接到 LMPT 单板的“FE/GE0”接口或“FE/GE1”接口，如图 5-61 所示。
- 将 FE/GE 网线另一端连接到外部传输设备。

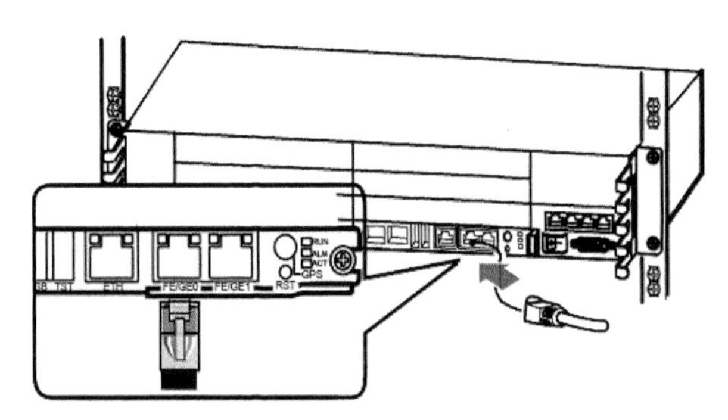

图 5-61　安装 FE/GE 网线

② 用扎带捆扎固定线缆，并粘贴标签，具体操作要求可参考工程建设规范。

(2) APM30H 机柜场景

APM30H 机柜场景下，FE/GE 网线的安装方法如下所示。

① 将 FE/GE 网线的一端连接到 UFLP 单板“OUTSIDE”侧的“FE/GE0”或“FE/GE1”接口，如图 5-62 所示。

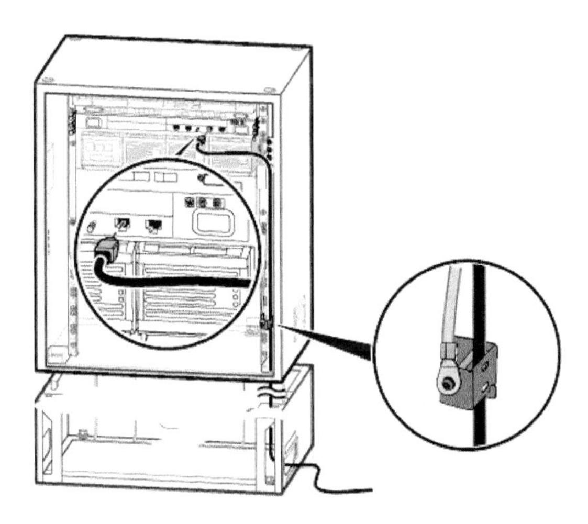

图 5-62　安装 FE/GE 网线

② 在距离机柜出线模块 1 m 以内的合适位置，给 FE/GE 网线安装接地夹，具体安装方法请参见安装接地夹方法一。

③ FE/GE 网线的另一端沿机柜右侧底部的出线模块穿出机柜。

④ 用扎带捆扎固定线缆，并粘贴标签，具体操作要求可参考工程建设规范。

4. 安装监控信号线

下面介绍监控信号线的安装方法。

(1) APM30H 机柜场景(不备电)

APM30H 机柜不备电场景下，监控信号线的安装方法如下所示。

① CMUA-BBU 监控信号线一端连接到 CMUA 单板的“COM_IN”接口，另一端连接到 BBU3900 上 UPEUc 单板的“MON1”接口，如图 5-63 所示。

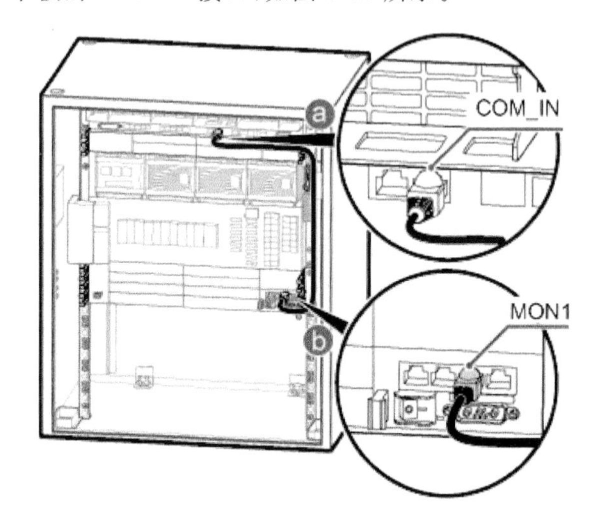

图 5-63　安装 APM30H 内部 CMUA-BBU 监控信号线

② 用扎带捆扎固定线缆，并粘贴标签，具体操作要求可参考工程建设规范。

(2) APM30H 机柜场景(备电)

APM30H 机柜备电场景下，监控信号线的安装方法如下所示。

① 安装 APM30H 内部 CMUA-BBU 监控信号线。CMUA-BBU 监控信号线一端连接到 CMUA 单板的“COM_IN”接口，另一端连接到 BBU3900 上 UPEUc 单板的“MON1”接口，如图 5-64 所示。

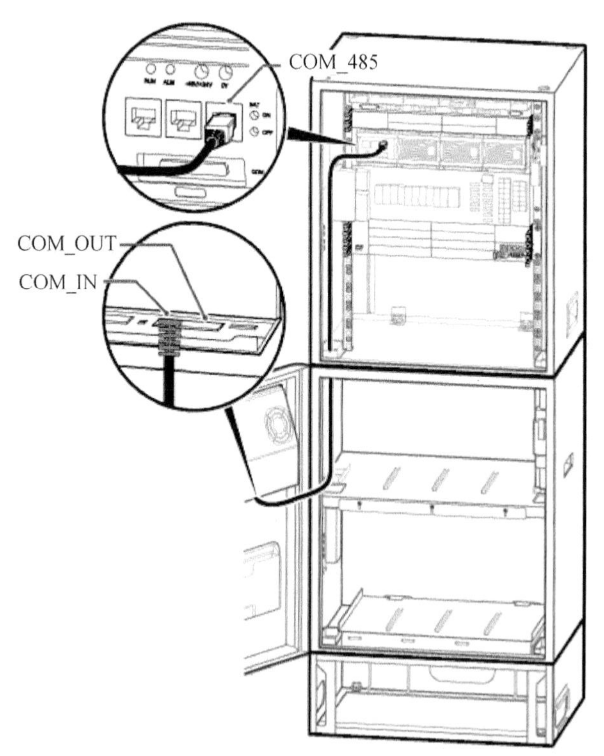

图 5-64　安装 APM30H 到 IBBS200D 的监控信号线

② 安装 AMP30H 到 IBBS200D 的监控信号线。监控线一端连接到 IBBS200D 柜门上 CMUA 单板的“COM_IN”接口，另一端连接到 APM30H PMU 模块的“COM_485”接口，如图 5-64 所示。

③ 按照工程规范要求，将线缆用线扣绑扎固定，粘贴标签。

④ 将出机柜部分线缆套上 PVC 波纹管，并将波纹管固定在机柜出线口，具体操作要求可参考工程建设规范。

(3) TP48200B 机柜场景

TP48200B 机柜场景下，监控信号线的安装方法如下所示。

① 将监控信号线裸线连接至 TP48200B 监控用户接口模块面板对应的端口。

② 用一字螺丝刀顶住干接点对应的白色触片，使干接点的金属弹片弹起。

③ 将监控信号线的裸线分别插入对应的干接点中，收回螺丝刀，固定干接点信号线。

④ 将监控信号线的 RJ45 连接器连接至 BBU3900 上 UPEUc 单板的“EXT-ALM0”或“EXT-ALM1”端口，如图 5-65 所示。

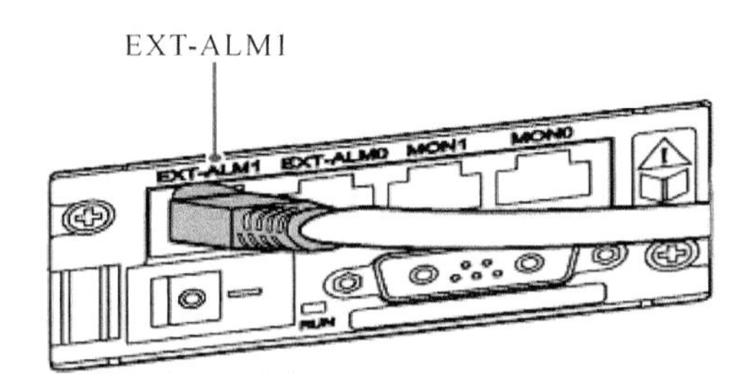

图 5-65　连接监控线至 UPEUc 单板

5. 安装 CPRI 光纤

CPRI 光纤用于连接 BBU3900 和 eRRU，传输 CPRI 信号。

操作步骤：

① 安装光模块，如图 5-66 所示。

- 将光模块上的拉环往下翻。
- 将光模块插入 LBBP 单板的“CPRI”接口。
- 将另一块相同型号的光模块插入 eRRU 的“CPRI”接口。
- 将光模块的拉环往上翻。

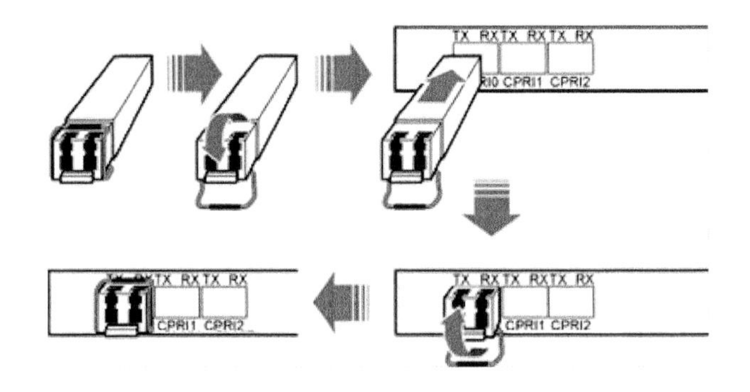

图 5-66　安装光模块

② 安装 CPRI 光纤。

拔去光纤连接器上的防尘帽。将 CPRI 光纤上标识为 2A 和 2B 的一端 DLC 连接器插入 LBBP 板上的光模块中，如图 5-67 所示。

当 BBU3900 和 eRRU 之间的光纤拉远距离为 10～20 km 时，需要在 LBBP 板上的光模块和 CPRI 光纤之间加上 3dB 光衰减器。

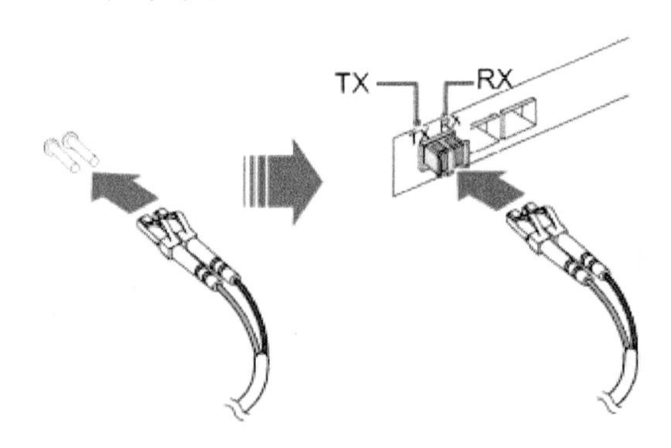

图 5-67　安装 CPRI 光纤

注意：如果采用两端均为 LC 连接器的光纤，则 BBU3900 单板上"TX"必须对接 eRRU 上的"RX"接口，BBU3900 单板上"RX"接口必须对接 eRRU 上的"TX"接口。

③ 将 CPRI 光纤沿机柜布线槽布线，经机柜出线孔出机柜。

④ 沿机柜右侧的走线空间布放线缆，用线扣绑扎固定，具体操作要求可参考工程建设规范。

⑤ 在连接 BBU3900 单板这一端的光纤尾纤处安装光纤缠绕管。光纤缠绕管安装范围一般位于光纤连接器到机柜上第一个扎线扣之间，如图 5-68 所示。

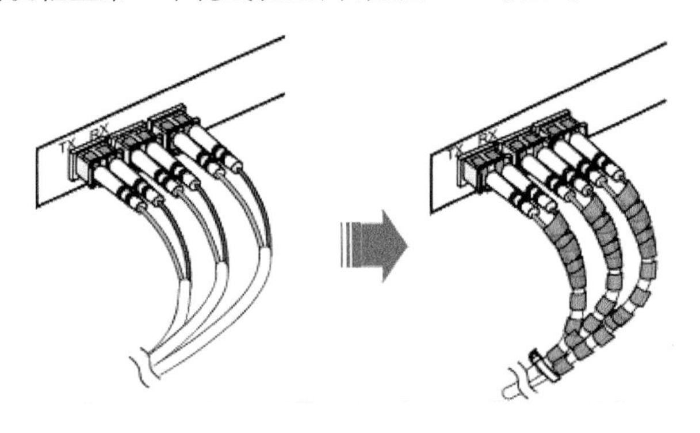

图 5-68　安装光纤缠绕管

6. 安装 GPS 时钟信号线

GPS 时钟信号线连接 GPS 天馈系统，可将接收到的 GPS 信号作为 BBU3900 的时钟基准。

操作步骤：

① 将 GPS 时钟信号线的 SMA 一端连接至 LMPT 单板的"GPS"接口，如图 5-69 所示。

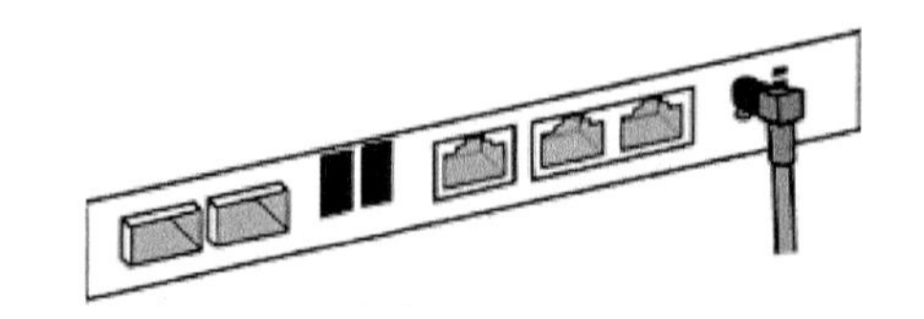

图 5-69　安装 GPS 时钟信号线至 BBU3900

② GPS 时钟信号线在机柜内布线，并通过出线模块将 GPS 时钟信号线的 N 母型接头一端连接至 GPS 防雷器的“Protect”端口，如图 5-70 所示。

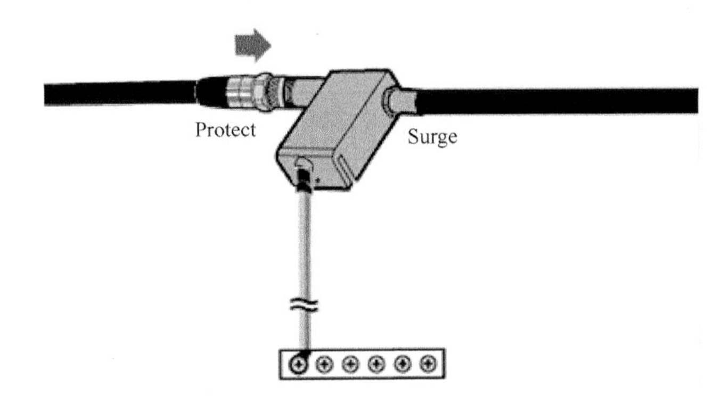

图 5-70　安装 GPS 时钟信号线至 GPS 防雷器

GPS 时钟信号线机柜内走线示意如图 5-71 所示。

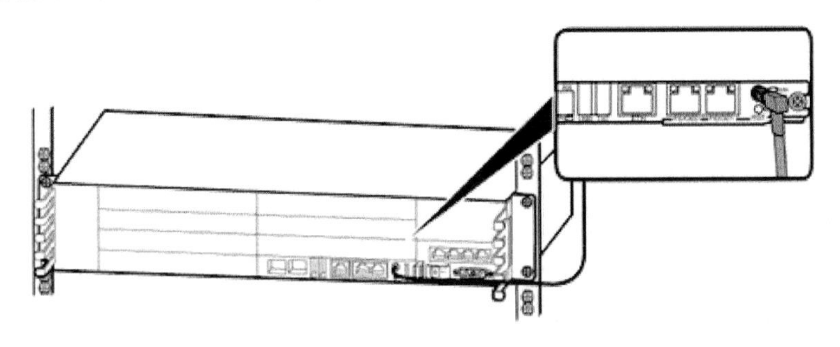

图 5-71　GPS 时钟信号线机柜内走线示意图

③ 用扎带捆扎固定线缆，并粘贴标签，具体操作要求可参考工程建设规范。

5.4　RRU 硬件安装

常用的 eRRU 型号有：eRRU3232、eRRU3253、eRRU3251 和 eRRU3255 等，本节以 eRRU3232 为例简述 eRRU 的安装步骤和方法。

5.4.1　安装流程

eRRU3232 的安装步骤主要包括安装 eRRU3232 模块、eRRU3232 光模块、安装 eRRU3232 线缆、eRRU3232 硬件安装检查和 eRRU3232 上电检查。

eRRU3232 实施安装前需要对安装所需附材、设备等进行检查、核对，确保安装所需附材、设备等到位，具体安装流程如图 5-72 所示。

5.4.2　安装 eRRU3232 模块

下面介绍抱杆安装以及墙面安装 eRRU3232 的方法及注意事项。

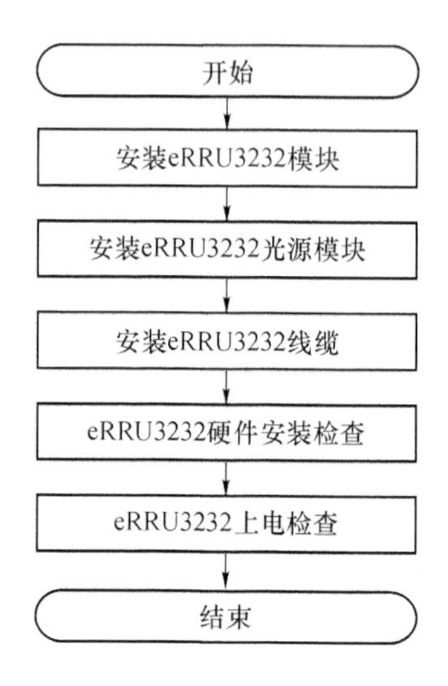

图 5-72　eRRU3232 安装流程

安装 eRRU3232 过程中需要注意以下事项。

- eRRU3232 射频接口不能承重，请勿将 eRRU3232 竖直放在地面上。
- eRRU3232 放置于地面时，需在 eRRU3232 下垫泡沫或纸皮以免损伤外壳。

1. 抱杆安装 eRRU3232

下面介绍抱杆安装单 eRRU3232、双 eRRU3232 的方法、步骤及注意事项。

(1) 安装单 eRRU3232

下面介绍在抱杆上安装单 eRRU3232 的步骤和注意事项。

说明：塔上安装时，需要在安装 eRRU3232 之前将 eRRU3232 及其安装件绑扎吊装上塔；确认主扣件的弹片已紧固好。

操作步骤：

① 标记主扣件的安装位置。

- 对于塔上安装，请参见安装空间要求标记出主扣件的安装位置。
- 对于地面安装，请参见图 5-73 标记出主扣件的安装位置。

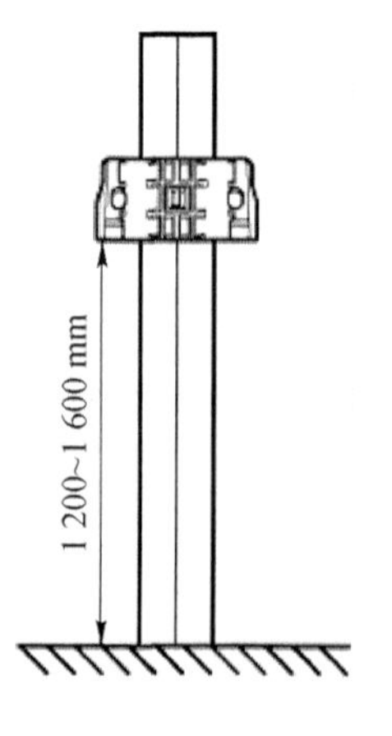

图 5-73　主扣件到地面的距离

② 将辅扣件一端的卡槽卡在主扣件的一个双头螺母上，然后将主、辅扣件套在抱杆上，再

将辅扣件另一端的卡槽卡在主扣件的另一个双头螺母上，如图 5-74 所示。

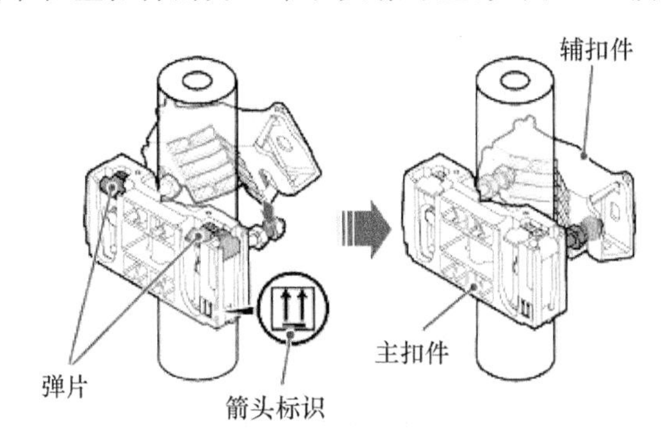

图 5-74　安装主辅扣件

说明：主扣件的安装方向应使箭头标识向上。

③ 用力矩扳手拧紧螺母，紧固力矩为 40 N·m，使主辅扣件牢牢地卡在杆体上，如图 5-75 所示。在此过程中，需要同步紧固两个双头螺母，确保主辅扣件两侧间距相同。

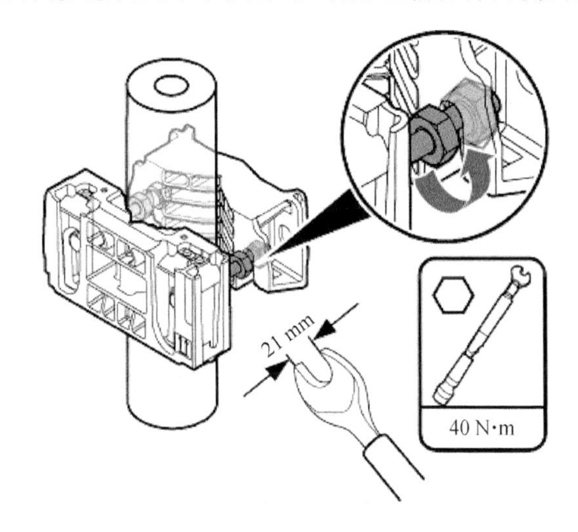

图 5-75　紧固主辅扣件至杆体

④ 将 eRRU3232 安装在主扣件上，当听见"咔嚓"的声响时，表明 eRRU3232 已安装到位，如图 5-76 所示。

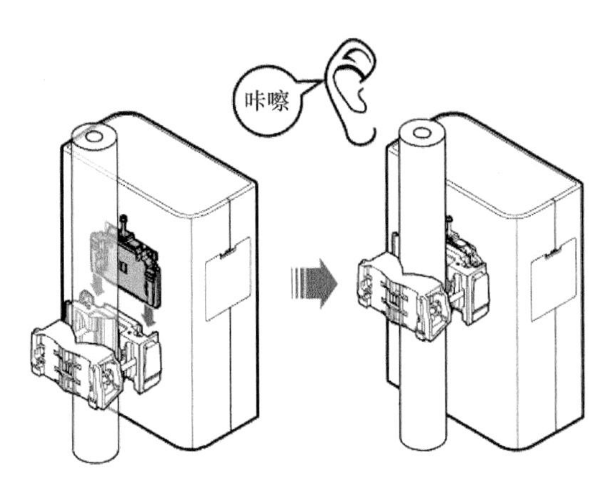

图 5-76　安装 eRRU3232 至主扣件

(2) 安装双 eRRU3232

下面介绍双 eRRU3232 安装在抱杆上的安装步骤和注意事项。

操作步骤:

① 先安装一个 eRRU3232,如图 5-77 所示。安装过程请参见安装单 eRRU3232。

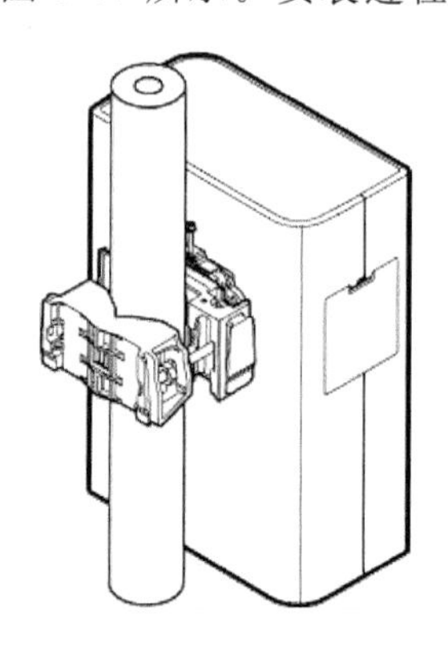

图 5-77　安装第一个 eRRU3232

在已安装 eRRU3232 的辅扣件上再安装一个主扣件,用于固定第二个 eRRU3232,如图 5-78 所示。

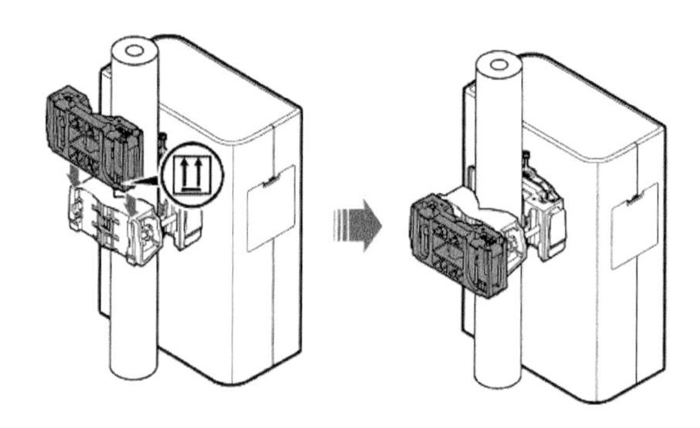

图 5-78　安装第二个主扣件

② 将第二个 eRRU3232 正面的盖板和塑料螺钉与背面的转接件和不锈钢螺钉互换位置,如图 5-79 所示。

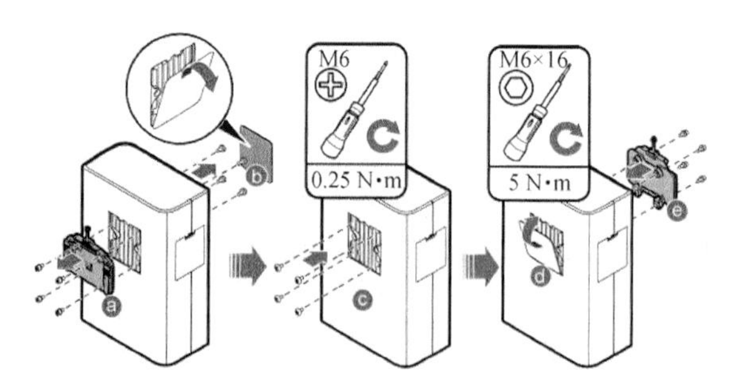

图 5-79　互换第二个 eRRU3232 正面的盖板与背面的转接件

- 使用内六角螺丝刀将 eRRU3232 背面的转接件拆卸下来。
- 拆卸 eRRU3232 正面的盖板,使用十字螺丝刀将塑料螺钉拆卸下来。
- 将塑料螺钉安装到 eRRU3232 的背面,用力矩螺丝刀拧紧螺钉,紧固力矩为 0.25 N · m。

• 将盖板安装到 eRRU3232 的背面。

• 将转接件安装到 eRRU3232 的正面，用力矩螺丝刀拧紧不锈钢螺钉，紧固力矩为 5 N·m。

③ 将第二个 eRRU3232 安装在主扣件上，在将 eRRU3232 挂在主扣件上的过程中，当听见“咔嚓”的声响时，表明 eRRU3232 已安装到位，如图 5-80 所示。

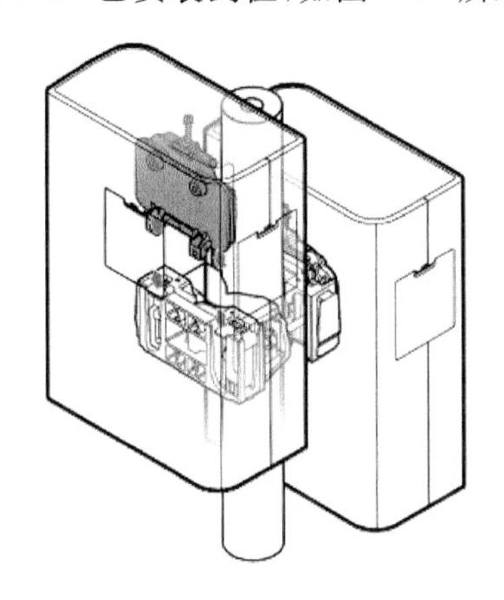

图 5-80　安装第二个 eRRU3232 至主扣件

2. 挂墙安装 eRRU3232

下面介绍挂墙安装 eRRU3232 的步骤和注意事项。

说明：挂墙安装 eRRU3232 时，需要注意以下几点。

• 对于单个 eRRU3232，墙体应能够承受 4 倍单个 eRRU3232 的重量而不损坏。

• 膨胀螺栓紧固力矩应达到 30 N·m，膨胀螺栓不会出现打转失效，且墙面不会出现裂纹损坏。

膨胀螺栓如图 5-81 所示。

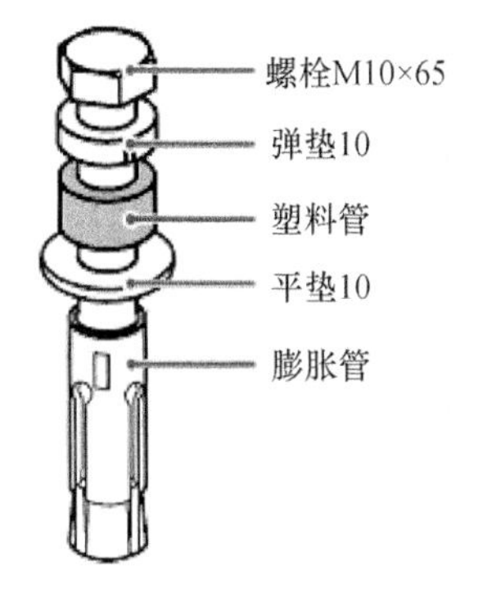

图 5-81　膨胀螺栓

操作步骤：

① 将辅扣件紧贴墙面，用水平尺调平安装位置，用记号笔标记定位点，如图 5-82 所示。

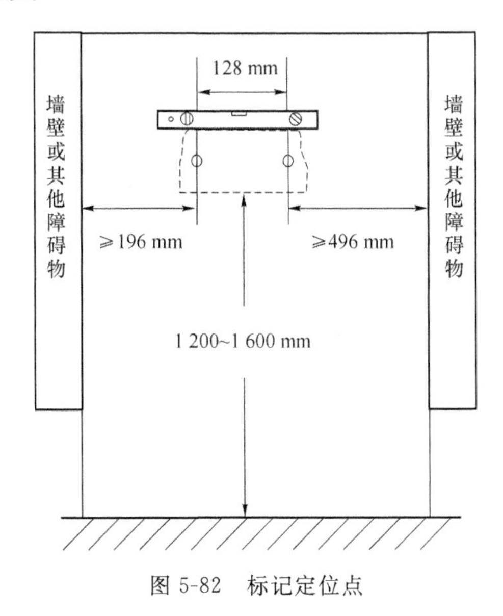

图 5-82　标记定位点

说明:建议辅扣件距离地面的高度为1 200～1 600 mm。

② 在定位点打孔并安装膨胀螺栓,如图5-83所示。

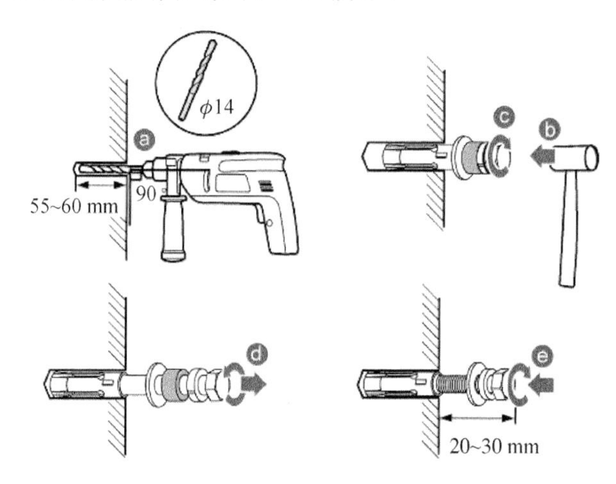

图5-83　打孔并安装膨胀螺栓

③ 选择钻头Φ14,用冲击钻在定位点处垂直墙面打孔,打孔深度55～60 mm。

小心:为防止打孔时粉尘进入人体呼吸道或落入眼中,操作人员应采取相应的防护措施。

- 用橡胶锤敲击膨胀螺栓,直至膨胀管全部进入孔内。
- 将膨胀螺栓略微拧紧,然后垂直放入孔中。

④ 依次取出M10×65螺栓、弹垫、塑料管和平垫。

⑤ 膨胀螺栓全部拔出后,要将塑料管丢弃。

⑥ 将膨胀螺栓部分拧入墙内。

注意:不要将膨胀螺栓全部拧入墙内,膨胀螺栓要露出墙外20～30 mm的距离。

⑦ 将辅扣件卡在膨胀螺栓上,用开口17 mm的力矩扳手拧紧膨胀螺栓,紧固力矩为30 N·m,辅扣件卡放时,安装方向注意箭头标识向上,如图5-84所示。

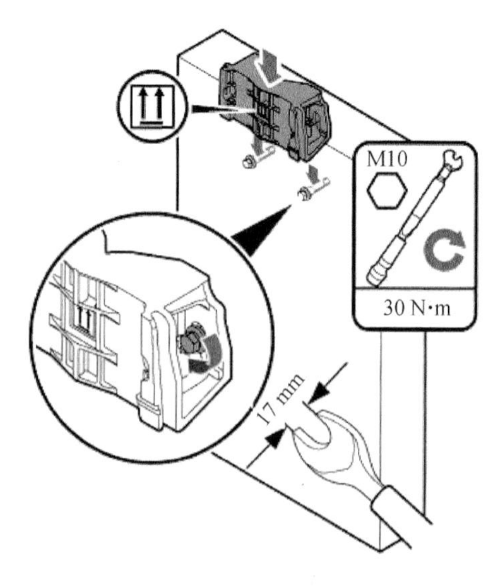

图5-84　将辅扣件卡在膨胀螺栓上

⑧ 拧下主扣件上的螺栓并放置适合位置,安装主扣件,如图5-85所示。

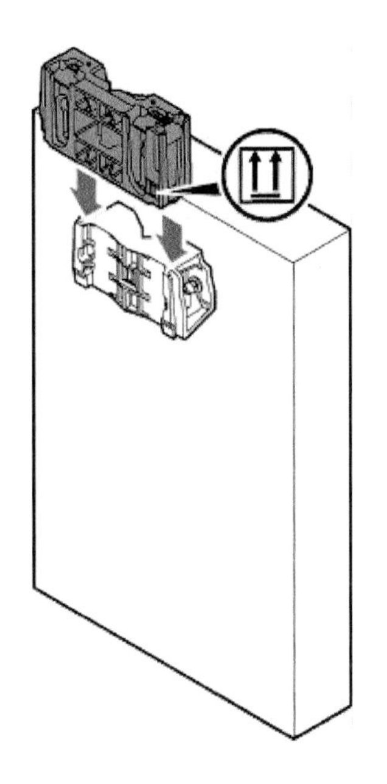

图 5-85　安装主扣件

⑨ 将 eRRU3232 安装在主扣件上，当听见“咔嚓”的声响时，表明 eRRU3232 已安装到位，如图 5-86 所示。

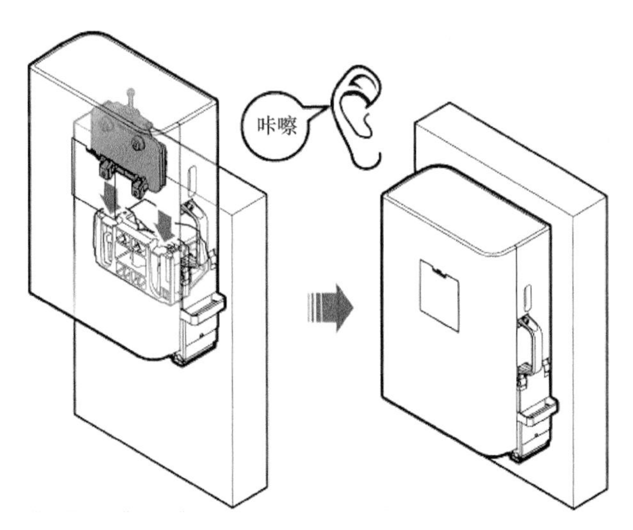

图 5-86　安装 eRRU3232 模块

5.4.3　安装 eRRU3232 光模块

介绍 eRRU3232 光模块的安装步骤和方法。

说明：通过光模块上的“SM”和“MM”标识可以区分光模块为单模光模块还是多模光模块：“SM”为单模光模块，“MM”为多模光模块。

操作步骤：

将光模块上的拉环往下翻，在 eRRU3232 的 CPRI 接口插紧光模块，然后将光模块的拉环往上翻，扣紧即可，如图 5-87 所示。

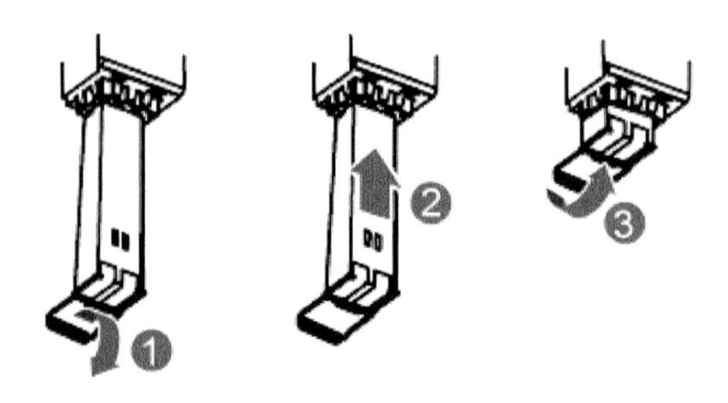

图 5-87　安装光模块

注意：

- 待安装光模块速率应与将要对应安装的 CPRI 接口速率匹配；
- 同一根光纤的两端光模块需保证为同一规格的光模块。如果 eRRU3232 侧连接了低速率的光模块，则整个链路的速率会被拉低，如果两端光模块的拉远距离不同，可能会导致光模块烧毁；
- 光模块暴露在外部环境的时间不宜超过 20 min，否则会引起光模块性能异常，因此拆开光模块包装后必须在 20 min 内插上光纤，不允许长时间不插光纤。

5.4.4　安装 eRRU3232 线缆

下面介绍 eRRU3232 线缆安装过程。安装 eRRU3232 线缆之前需要确保采用正确的防护措施，如防静电手套，以避免单板、电子部件遭静电损坏。

1. 线缆连接关系

介绍 eRRU3232 的线缆连接关系。

说明：eRRU3232 不支持电源线级联。

单 eRRU3232 配置线缆连接关系如图 5-88 所示。

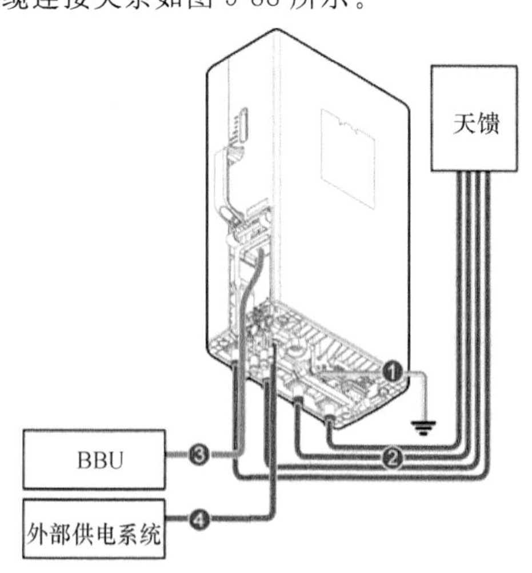

1——保护地线；2——eRRU3232射频跳线；3——CPRI光纤；4——eRRU3232电源线。

图 5-88　单 eRRU3232 配置线缆连接关系

2. 安装保护地线

下面介绍 eRRU3232 保护地线的安装步骤和方法。

说明：eRRU3232 保护地线线缆横截面积为 16 mm^2，两端的 OT 端子分别为 M6 和 M8。

操作步骤：

① 制作 eRRU3232 保护地线。

- 根据实际走线路径，截取长度适宜的线缆。
- 给线缆两端安装 OT 端子，参见装配 OT 端子与电源电缆。

② 安装 eRRU3232 保护地线。

将 eRRU3232 保护地线的 OT 端子(M6)连接到 eRRU3232 接地端子，OT 端子(M8)连接到外部接地排，使用力矩螺丝刀拧紧压线夹上的螺钉，紧固力矩为 4.8 N·m，如图 5-89 所示。

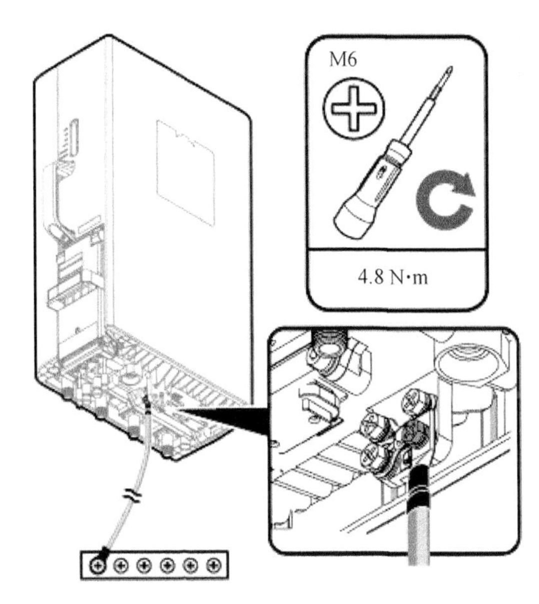

图 5-89　安装 eRRU3232 保护地线

说明：eRRU3232 不上塔安装时，通过接地线接到地排上，线长不超过 30 m。

- eRRU3232 上塔安装时，接地线长不超过 5 m，如果塔上没有接地排，用馈线固定夹固定在塔体做接地点。
- 安装保护地线时，应注意压接 OT 端子的安装方向，如图 5-90 所示。

③ 对 OT 端子连接处进行喷漆保护，喷漆需要覆盖整个 OT 端子连接处，具体操作请参见工程建设规范。

④ 用扎带捆扎固定线缆，并粘贴标签，具体操作要求可参考工程建设规范。

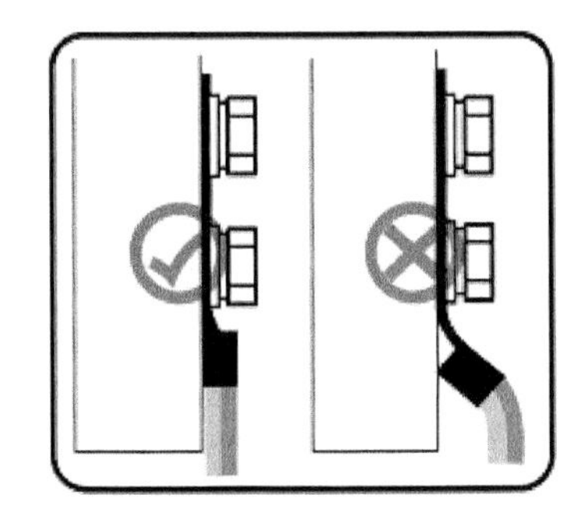

图 5-90　OT 端子安装方向

3. 安装射频跳线

下面介绍 eRRU3232 射频跳线的安装步骤和方法。

说明：不同应用场景，eRRU3232 配套不同的天线时，射频口配置原则不同，具体描述如下所示。

(1) 固定网络场景

普通场景下 eRRU3232 射频口和天线射频口 1 对 1 顺序连接即可。

eRRU3232 分裂成 2 个 2T2R 并配套使用 2 个 2path 天线,配对原则:射频口 1,2 一组,射频口 3,4 一组,每一组 2T2R 的射频口与 2path 天线间的射频跳线顺序连接,线缆配对连接示意如图 5-91 所示。

eRRU3232 仅配置 2T2R 并配套使用 1 个 2path 天线,此时配对原则:射频口 1,2 一组,或者射频口 3,4 一组,每一组 2T2R 的射频口与 2path 天线间的射频跳线顺序连接,以天线口连接射频口 1,2 一组为例,线缆配对连接示意如图 5-92 所示。

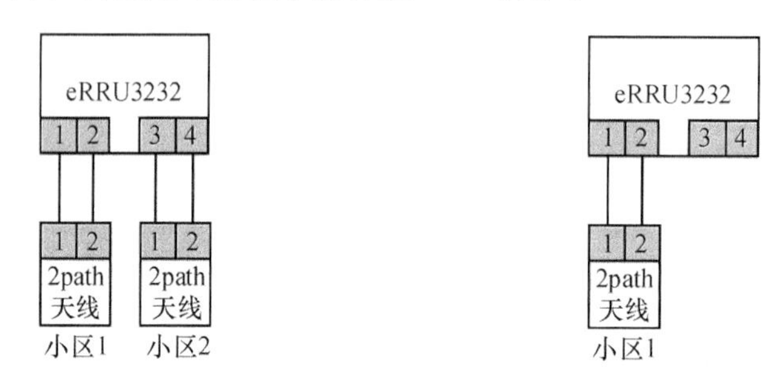

图 5-91 线缆配对连接示意图　　图 5-92 线缆配对连接示意图

(2) 应急通信车场景

应急通信车组网采用 4T4R 形态的 eRRU3232,单 path 功率为 20 W。2 个 eRRU3232 首先进行 path 分裂,然后每 2 个通道合并为 1 个 2T2R 通道组,其中静中通小区使用 3 个 2T2R 通道组,采用三扇区 2path 定向天线,天线形态为筒状;动中通小区使用 1 个 2T2R 通道组,采用 2 根全向天线。

eRRU3232 扇区间不合并,3 个静中通小区,1 个动中通小区,线缆配对连接示意如图 5-93 所示。

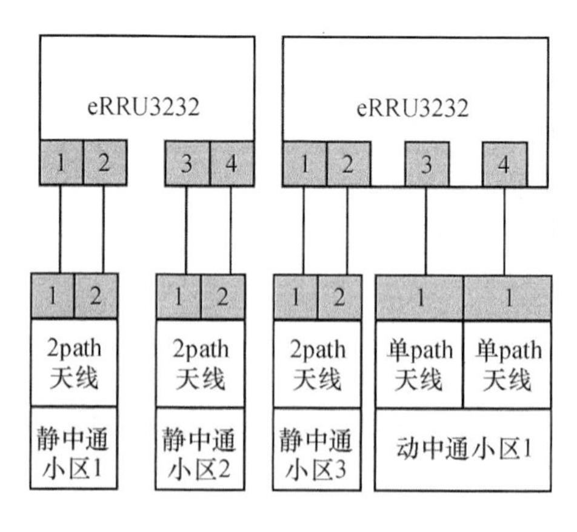

图 5-93 线缆配对连接示意图

为了减少由于静中通小区之间的干扰而导致用户在小区之间频繁切换,采用 eRRU3232 间和 eRRU3232 内混合合并方案,1 个静中通小区,1 个动中通小区,线缆配对连接示意如图 5-94 所示。

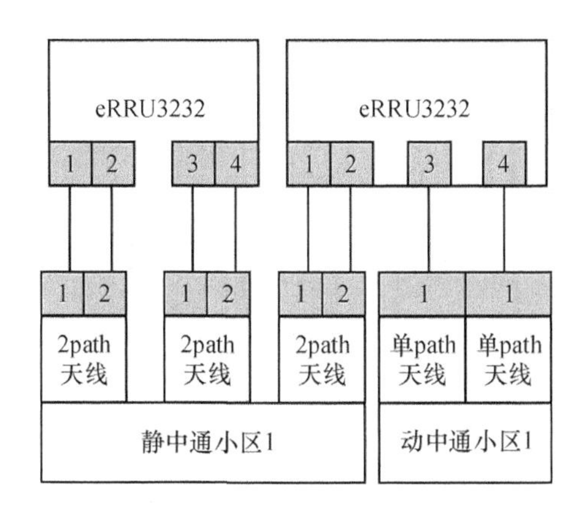

图 5-94 线缆配对连接示意图

操作步骤：

① 拆除待安装射频跳线射频接口的防尘帽。

② 将 eRRU3232 射频跳线的 N 型连接器连接到 ANT 接口，另一端连接到外部天馈系统，如图 5-95 所示。

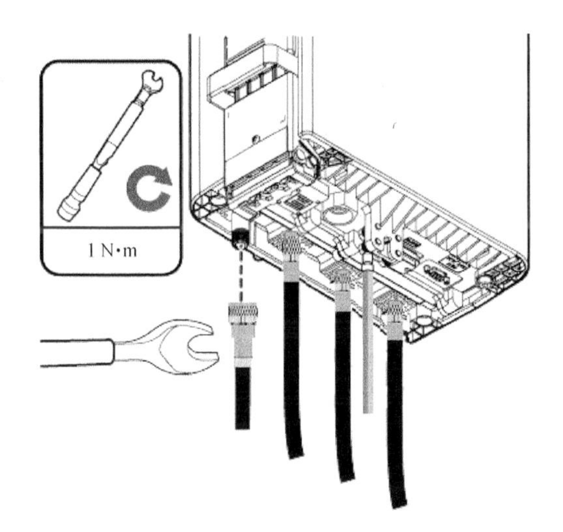

图 5-95 安装 eRRU3232 射频跳线

③ 对 eRRU3232 射频跳线的连接端口进行“1＋3＋3”（一层绝缘胶带，然后三层防水胶带，最后三层绝缘胶带）防水处理，如图 5-96 所示。

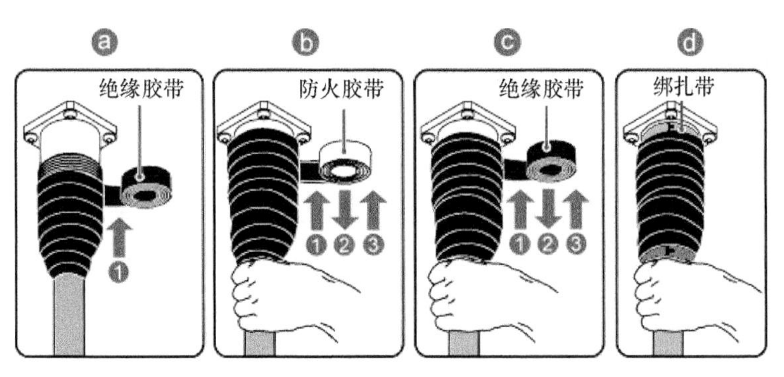

图 5-96 射频跳线的连接端口防水处理

说明:寒冷地区(甘肃、辽宁、青海、黑龙江、内蒙古、西藏、吉林、宁夏、新疆)使用特优型PVC绝缘胶带,其他地区使用普通PVC胶带。

- 缠绕防水胶带时,需均匀拉伸胶带,使其为原宽度的1/2。
- 逐层缠绕胶带时,上一层覆盖下一层约1/2左右,每缠一层都要拉紧压实,避免皱折和间隙。
- 缠绕一层绝缘胶带。胶带应由下往上逐层缠绕。
- 缠绕三层防水胶带。胶带应先由下往上逐层缠绕,然后从上往下逐层缠绕,最后再从下往上逐层缠绕。每层缠绕完成后,需用手捏紧底部胶带,保证达到防水效果。
- 缠绕三层绝缘胶带。胶带应先由下往上逐层缠绕,然后从上往下逐层缠绕,最后再从下往上逐层缠绕。每层缠绕完成后,需用手捏紧底部胶带,保证达到防水效果。

④ 用线扣绑扎胶带的两端。

⑤ 对未使用的射频接口的防尘帽进行防水处理,如图5-97所示。胶带选择及防水处理请参见步骤3。

注意:如果未使用的射频接口防尘帽缺失,需首先安装相应接口的防尘帽。

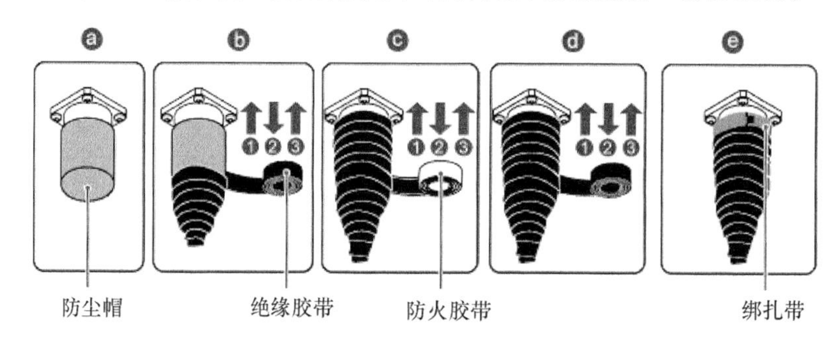

图5-97 防尘帽的防水处理

⑥ 布放线缆,用线扣绑扎固定,并粘贴标签,具体操作要求可参考工程建设规范。

布放线缆时,需要关注线缆的折弯半径要求,线缆的折弯半径要求具体如下所示。

- 馈线弯曲半径要求:7/8"馈线大于250 mm,5/4"馈线大于380 mm。
- 跳线弯曲半径要求:1/4"跳线大于35 mm,1/2"跳线(超柔)大于50 mm,1/2"跳线(普通)大于127 mm。
- 电源线、保护地线弯曲半径要求:不小于线缆直径的5倍。
- 光纤弯曲半径要求:不小于光纤直径的20倍。
- 信号线弯曲半径要求:不小于线缆直径的5倍。

4. 打开配线腔

下面介绍打开eRRU3232配线腔的步骤和方法。

操作步骤:

① 佩戴防静电手套以避免单板或电子部件遭到静电损害。

用M4十字螺丝刀将配线腔盖板上的1颗防误拆螺钉拧松,拉动把手,翻开eRRU3232配线腔,如图5-98所示。

② 拧松压线夹螺钉,打开压线夹,如图5-99所示。

5. 安装电源线

下面介绍eRRU3232电源线的安装步骤和方法。

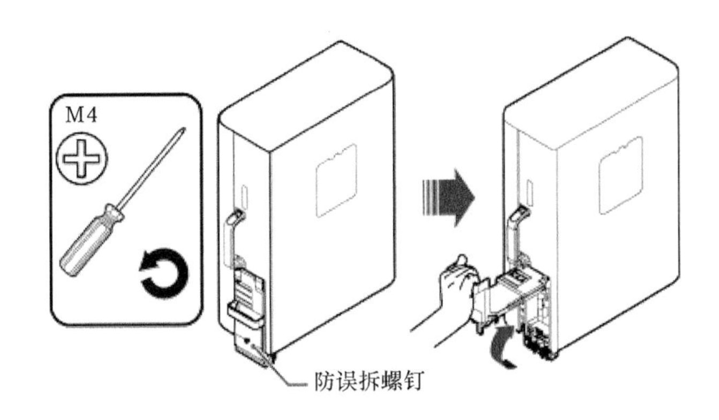

图 5-98　打开 eRRU3232 配线腔

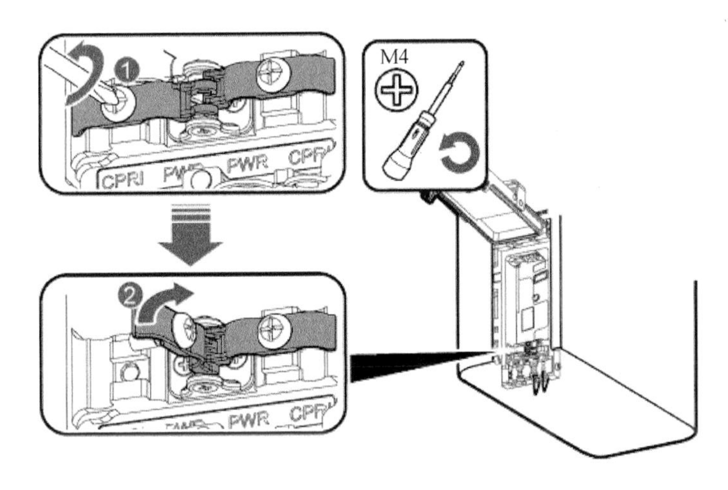

图 5-99　打开压线夹

说明：eRRU3232 电源线连接到电源一端需要现场做线。电源与 eRRU3232 应靠近安装，两者安装直线距离限制在 3 m 以内。电源与 eRRU3232 之间的交流电源线长度为 10 m，余长需要盘线处理。

操作步骤：

① 将 eRRU3232 电源线有 3 插针圆形连接器的一端连接到 eRRU3232 的电源接口，如图 5-100 所示。

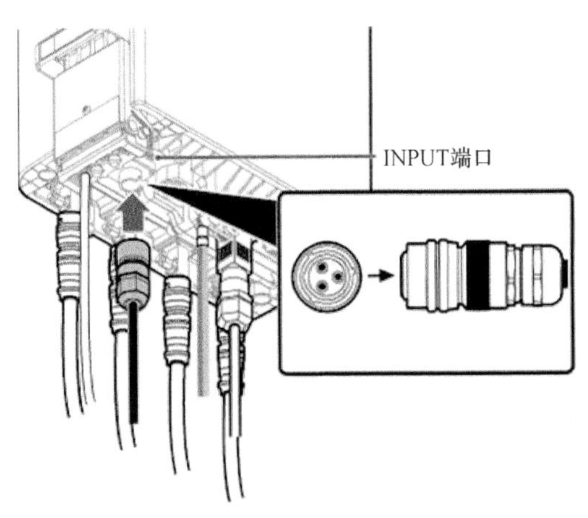

图 5-100　电源线到 eRRU3232 的连接

② 电源线另一端通过防雷盒连接到 eRRU3232 电源系统。

- 将外部输入交流电源线穿过防雷盒丝印为 IN 的 PG 头，电源线的 L、N、PE 线分别接到防雷盒的 Lin、Nin、PE 端。
- 将 eRRU3232 与防雷盒之间的电源线穿过防雷盒丝印为 OUT 的 PG 头，电源线的 L、N、PE 线分别接到防雷盒的 Lout、Nout、PE 端。
- 拧紧 PG 头，最后再用扳手拧 PG 头 1 或 2 圈，保证 PG 头防水。

防雷盒与 eRRU3232 之间的连线示意如图 5-101 所示。

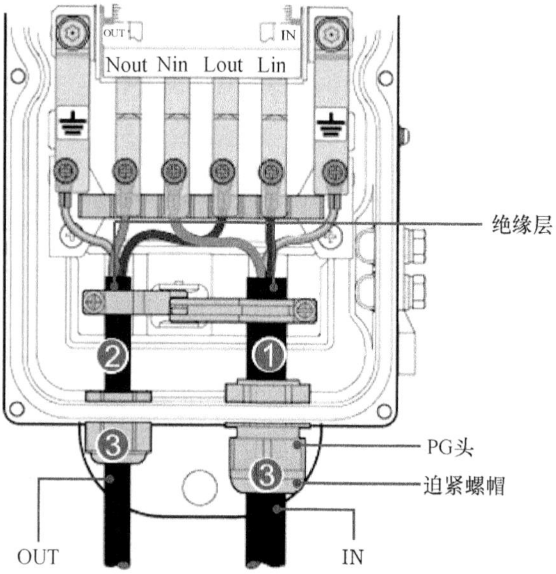

图 5-101　防雷盒线缆连接示意图

③ 对接入线缆接口进行防水处理。缠绕三层防水胶带，如图 5-102 所示。防水处理具体请参见安装射频跳线“1＋3＋3 防水处理方法”。

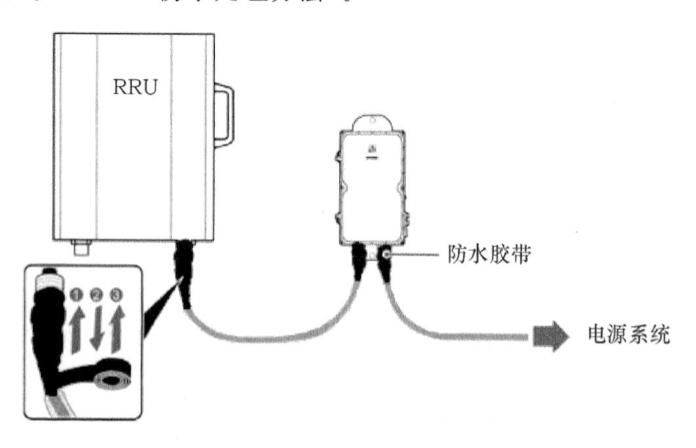

图 5-102　线缆接口防水示意图

④ 连接保护地线，如图 5-103 所示，接地夹制作方法请参见安装接地夹。

- 连接防雷盒与外部接地线。
- 连接防雷盒与 eRRU3232 之间的等电位线。

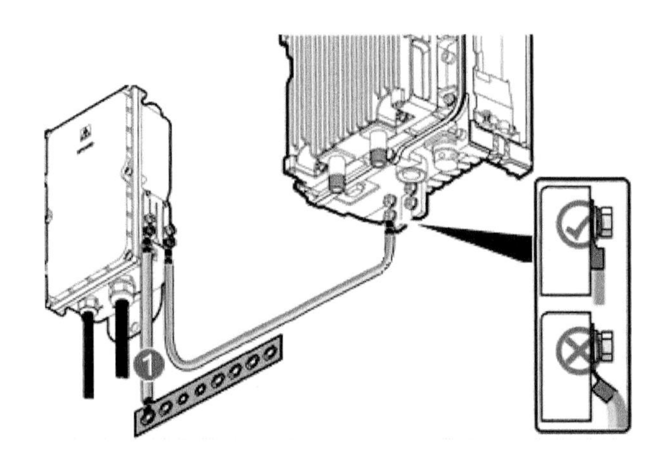

图 5-103　保护地线连接示意图

- 对保护地线接口进行喷漆处理。

⑤ 放线缆，用线扣绑扎固定，并粘贴标签，具体操作要求可参考工程建设规范。

6. 安装 CPRI 光纤

下面介绍 CPRI 光纤的安装步骤和方法。

说明：通过光模块上的“SM”和“MM”标识可以区分光模块为单模光模块还是多模光模块：“SM”为单模光模块，“MM”为多模光模块。

操作步骤：

① 将光模块上的拉环往下翻，在 eRRU3232 的接口和 BBU3900 的 CPRI 接口上分别插入光模块，然后将光模块的拉环往上翻，扣紧即可，如图 5-104 所示。

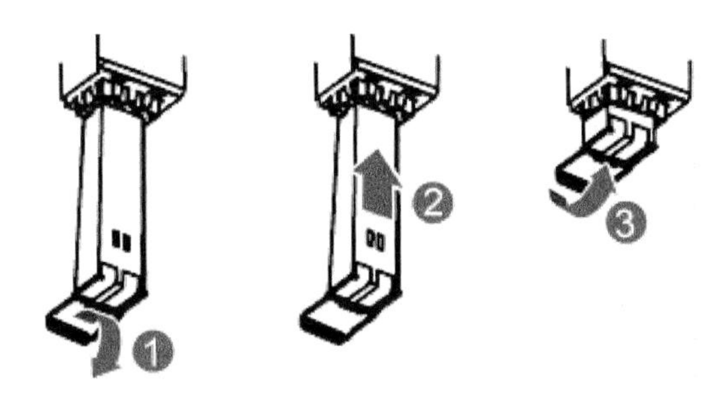

图 5-104　安装光模块

注意：

- 待安装光模块速率应与将要对应安装的 CPRI 接口速率匹配。
- 同一根光纤的两端光模块需保证为同一规格的光模块。如果 eRRU3232 侧连接了低速率的光模块，则整个链路的速率会被拉低；如果两端光模块的拉远距离不同，可能会导致光模块烧毁。
- 光模块长时间暴露在外部环境，会引起光模块性能异常，因此拆开光模块包装后必须在 20 min 内插上光纤，不允许长时间不插光纤。

② 将光纤上标签为 1A 和 1B 的一端连接到 eRRU3232 侧的光模块中，如图 5-105 所示。

注意：安装光纤时，为了避免发生强烈弯曲，光纤要安装在紧挨电源线的压线夹上。压线夹上螺钉的扭力矩为 1.4 N·m。

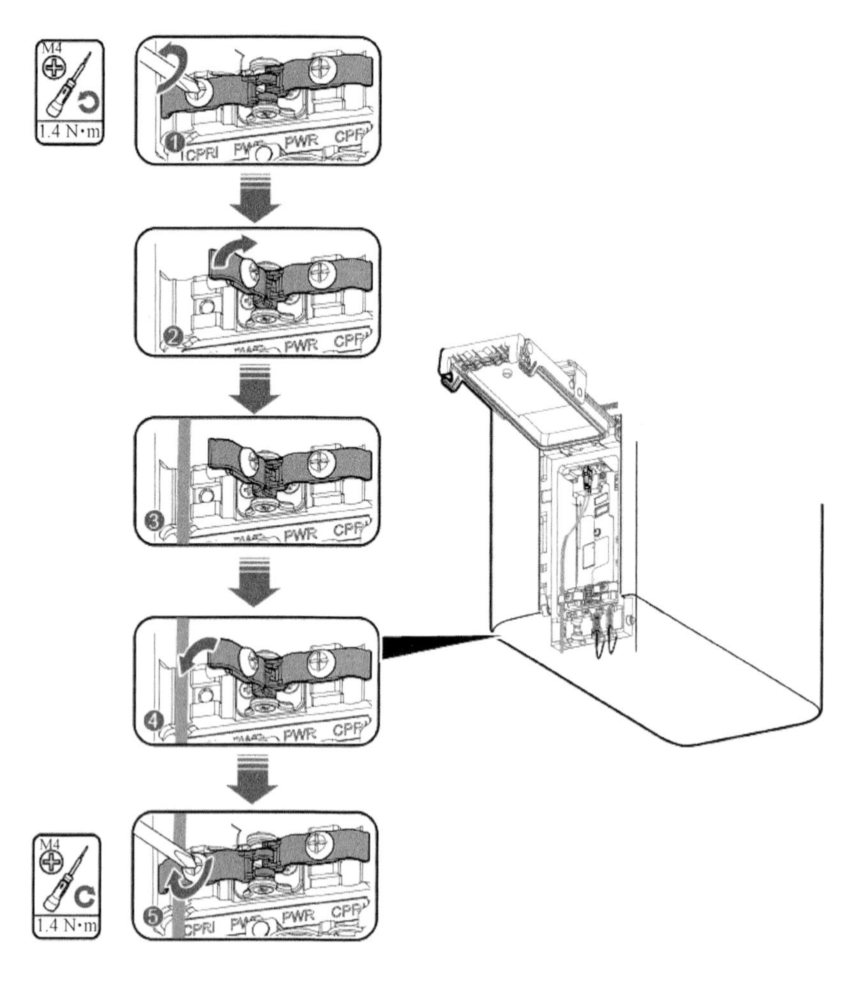

图 5-105　CPRI 光纤安装示意图

③ 将光纤上标签为 2A 和 2B 的一端连接到 BBU3900 侧光模块中,具体操作请参见《安装 BBU3900 硬件》。

④ 布放线缆,用线扣绑扎固定,并粘贴标签,具体操作要求可参考工程建设规范。

7. 关闭配线腔

下面介绍关闭 eRRU3232 配线腔的步骤和方法。

操作步骤:

① 关闭压线夹,使用力矩螺丝刀拧紧压线夹上的螺钉,紧固力矩为 1.4 N・m,如图 5-106 所示。

注意:操作过程中,配线腔中没有安装线缆的走线槽需用防水胶棒堵上。

② 将 eRRU3232 模块的配线腔盖板关闭,使用力矩螺丝刀拧紧配线腔盖板上的螺钉,紧固力矩为 0.8 N・m,如图 5-107 所示。

③ 在紧固配线腔盖前,线缆和防水胶棒需安装到位并且压在相应的槽位。

④ 取下防静电手套,收好工具。

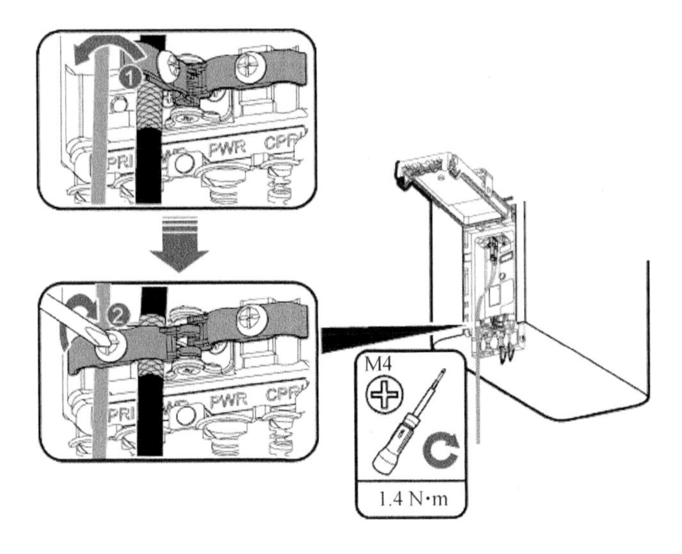

图 5-106 关闭压线夹

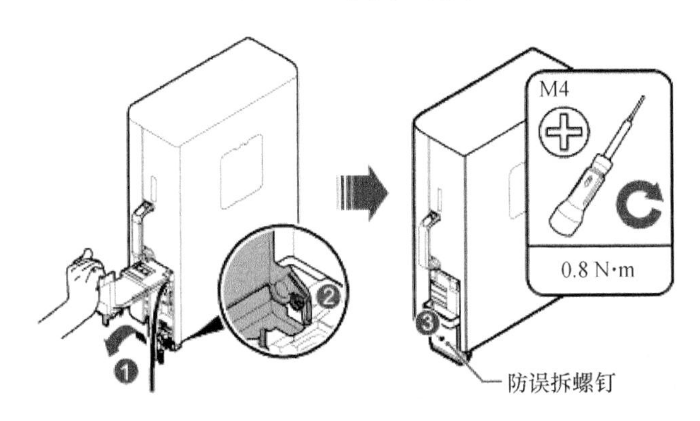

图 5-107 关闭配线腔

5.5 检查与评价

5.5.1 安装检查

1. BBU 安装检查

机柜及设备全部安装完成后，需要对安装项目、安装环境进行检查，并检查与电缆相关的项目是否正确。

(1) 机柜安装检查

机柜安装检查项如表 5-11 所示。

表 5-11 机柜安装检查表

序 号	检查项
1	机箱放置位置应严格与设计图纸相符

续 表

序 号	检查项
2	采用墙面安装方式时,挂耳的孔位与膨胀螺栓孔位配合良好,挂耳应与墙面贴合平整牢固
3	采用抱杆安装方式时,安装支架固定牢固,不松动
4	采用落地方式安装时,底座要安装稳固
5	机箱水平度误差应小于 3 mm,垂直偏差度应不大于 3 mm
6	所有螺栓都要拧紧(尤其要注意电气连接部分),平垫、弹垫要齐全,且不能装反
7	机柜清洁干净,及时清理灰尘、污物
8	外部漆饰应完好,如有掉漆,掉漆部分需要立即补漆,以防止腐蚀
9	预留空间未安装用户设备的部分要安装假面板
10	柜门开闭灵活,门锁正常,限位拉杆紧固
11	各种标识正确、清晰、齐全
12	安装模块未使用的出线孔需要用胶棒堵住

(2) 机柜安装环境检查

机柜安装环境检查项如表 5-12 所示。

表 5-12 机柜安装环境检查表

序 号	检查项
1	机柜外表应干净,不得有污损、手印等
2	线缆上无多余胶带、扎带等遗留
3	机柜周围不得有胶带、扎带线头、纸屑和包装袋等施工遗留物
4	所有周围的物品应整齐、干净,并保持原貌

(3) 电气连接检查

需要进行的机柜电气连接检查项如表 5-13 所示。

表 5-13 机柜电气连接检查

序 号	检查项目
1	所有自制保护地线必须采用铜芯电缆,且线径符合要求,中间不得设置开关、熔丝等可断开器件,也不能出现短路现象
2	对照电源系统的电路图,检查接地线是否已连接牢靠,交流引入线、机柜内配线是否已连接正确,螺钉是否紧固。确保输入、输出无短路
3	电源线、保护地线的余长应被剪除,不能盘绕
4	给电源线和保护地线制作端子时,端子应焊接或压接牢固
5	接线端子处的裸线及端子柄应使用热缩套管,不得外露
6	各 OT 端子处都应安装有平垫和弹垫,确保安装牢固,OT 端子接触面无变形,接触良好

(4) 线缆安装检查

需要进行的线缆安装检查项如表 5-14 所示。

表 5-14 线缆安装检查

序 号	检查项目
1	所有线缆的连接处必须牢固可靠,特别注意通信网线的连接可靠性,以及机柜底部的所有线缆接头的连接情况
2	电源线、地线、馈线、光缆、FE 信号线等不同类别线缆布线时应分开绑扎
3	射频电缆接头要安装到位,以避免虚连接而导致驻波比异常

(5) BBU3900 硬件安装检查

BBU3900 硬件安装检查如表 5-15 所示。

表 5-15 BBU3900 硬件安装检查表

序 号	检查项
1	BBU3900 单板都按规划正确安装在对应的槽位,且安装到位
2	BBU3900 机框安装牢固
3	BBU3900 线缆都按规划正确安装在对应的接口,且安装到位

2. BBU 上电检查

DBS3900 基站通电工作之前,需要对机柜本身和机柜内部件进行上电检查。

注意:设备打开包装后,7 天内必须上电;后期维护,下电时间不能超过 48 小时。

(1) 上电检查流程

基站采用 4815AF 作为供电模块,上电检查流程如图 5-108 所示。

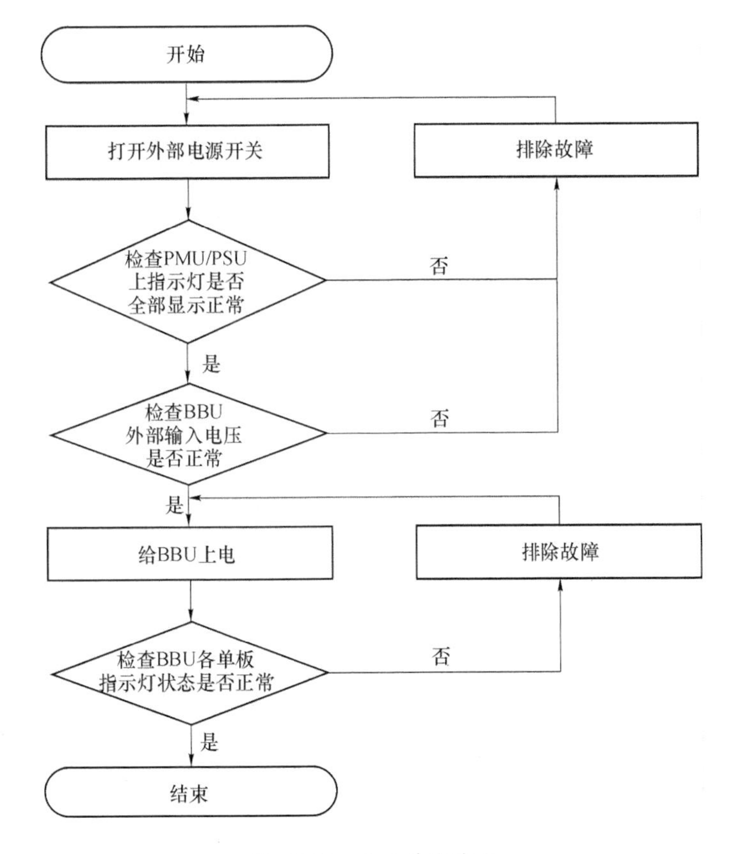

图 5-108 上电检查流程

说明:采用其他电源作为供电模块时,需对相关电源的指示灯及电压输出状态进行检查。

(2) 指示灯状态检查

PMU 指示灯正常状态如下:

- RUN 指示灯,闪烁;
- ALM 指示灯,常灭。

PSU 指示灯正常状态如下:

• RUN 电源指示灯，绿色常亮；
• ALM 保护指示灯，常灭；
• FAULT 故障指示灯，常灭。

LMPT、LBBP 指示灯正常状态如下：

• RUN 指示灯，1 s 亮，1 s 灭；
• ALM 指示灯，常灭；
• ACT 指示灯，常亮。

UPEUc 单板 RUN 指示灯状态：常亮。

FANc 模块 STATE 指示灯状态：绿色慢闪(1 s 亮，1 s 灭)。

3. RRU 安装检查

下面介绍安装完成后的 eRRU3232 硬件安装检查，包括设备安装检查和线缆安装检查。

(1) 设备安装检查

eRRU3232 设备安装检查具体信息如表 5-16 所示。

表 5-16 eRRU3232 设备安装检查表

序　号	检查项目
1	设备的安装位置严格遵循设计图纸，满足安装空间要求，预留维护空间
2	eRRU3232 安装在金属抱杆上时，扣件安装牢固，设备固定良好，没有松动现象
3	eRRU3232 安装在墙面上时，辅扣件的孔位对准膨胀螺栓的孔位并紧贴墙面，安装牢固，手摇不晃动
4	eRRU3232 配线腔未走线的走线槽中安装防水胶棒，配线腔盖板锁紧
5	eRRU3232 正常运行时，各指示灯显示正常
6	光纤两端采用同样规格的光模块，包括速率和传输距离都相同

(2) 线缆安装检查

eRRU3232 线缆安装检查具体信息如表 5-17 所示。

表 5-17 eRRU3232 线缆安装检查表

序　号	检查项目
1	保护地线采用黄绿色电缆。电源线 NEG(－)线采用蓝色电缆、RTN(＋)线采用黑色电缆
2	所有电源线、保护地线不得短路、不得反接
3	保护地线、电源线和信号线分开绑扎
4	接线端子处的裸线和线鼻柄应缠紧 PVC 绝缘胶带，不得外露
5	基站保护接地、建筑物的防雷接地应共用一组接地体
6	电源线、保护地线要采用整段材料，中间不能有接头
7	信号线连接器的连接必须牢固可靠
8	光纤弯折应在弯曲半径允许范围内，以避免造成光功率的损耗
9	仔细检查电源线的屏蔽层，确保可靠接地
10	已连接或闲置的 N 型连接器必须做好防水处理

4. RRU 上电检查

下面介绍 eRRU3232 上电检查过程。

注意：eRRU3232 打开包装后，24 小时内必须上电；后期维护，下电时间不能超过 24 小时。

eRRU3232 上电检查步骤如图 5-109 所示。

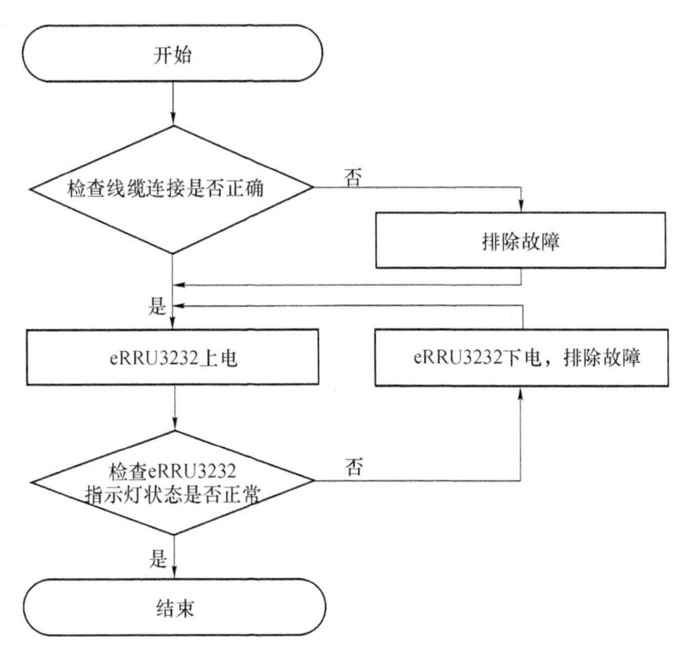

图 5-109　eRRU3232 上电检查

eRRU3232 支持 220 V/110 V AC 供电，在上电前，先将万用表调到“交流电压档”，检查电压是否在正常电压 100 V AC～240 V AC 范围内，如果在此范围内，电压正常，可给 eRRU3232 上电，上电后等待 3～5 s 指示灯亮。当 RUN 指示灯正常工作状态 1 s 亮、1 s 灭时，则表明 eRRU3232 上电正常。

5.5.2　项目评价

学习情境：eNodeB 安装调测

项目名称：eNodeB 硬件安装

班级：

小组：

考核评价表如表 5-18 所示。

表 5-18　考核评价表

学生姓名	项目各部分完成情况					
	学习工作态度(10 分)	BBU 硬件安装(30 分)	RRU 硬件安装(30 分)	检查验证与数据记录(10 分)	工作流程与规范(10 分)	团队协作(10 分)

教师总体评价：

教师签名：

日期：　　　年　　　月　　　日

参考答案

第1章

一、填空题

1. 成本较低　故障诊断容易　扩展性强　灵活性强

2. 高速上网　高清视频监控　高清视频点播　在线游戏

3. 中国移动　中国联通　中国电信

4. 2008年12月

5. 5 ms　50 ms　100 ms

6. 多径　可靠性　分集接收技术

7. 频率分集　空间分集　混合分集

8. GPRS　IS-95B

9. 移动终端定位　基于移动网络定位　混合定位

二、判断题

1-5. FFTFT　6-10. TFTFT

三、选择题

1. A　2. BC　3. ABCD　4. ABCD　5. D　6. C　7. AD　8. B

四、简答题

1. 与3GPP相比LTE技术有哪些优势？

答：通信速度更快，网络频谱更宽，通信更加灵活，智能性能更高，兼容性能更平滑，提供各种增值服务，实现更高质量的多媒体通信，频率使用效率更高，通信费用更加便宜。

2. 简述WiMAX与3G制式相比有哪些优势？

答：实现更远的传输距离，提供更高速的宽带接入，提供优良的最后一公里网络接入服务，提供多媒体通信服务。

3. 简述LTE网络对于三层交换能力的需求主要体现在哪几个方面？

答：多个eNode基站之间通过X2接口进行互通，单独一个eNode基站通过S1接口与多个S-GW和P-GW互通，S-GW和P-GW对于VLAN能力处理较弱，需要三层功能的支持。

第2章

一、填空题

1. 频分多路复用　时分多路复用　码分多路复用　空分多路复用
2. 频分多址　时分多址　码分多址　空分多址
3. 2个长度为5 ms　4个数据子帧　1个特殊子帧
4. DwPTS、GP、UpPTS、1 ms

二、判断题

1. T
2. F(还有频分双工方式)

第3章

一、填空题

1. 基带控制单元BBU　射频拉远单元RRU
2. 1 880～1 920 MHz　2 570～2 620 MHz
3. 20 m

二、选择题

1. ABCD　2. ABCD　3. ABCD

三、判断题

1. T
2. F(上述功能是LMPT单板功能)
3. T
4. T